建筑与市政工程施工现场专业人员职业培训教材

安全员岗位知识与专业技能

本书编委会 编

中国建材工业出版社

图书在版编目(CIP)数据

安全员岗位知识与专业技能 /《安全员岗位知识与专业技能》编委会编. —— 北京：中国建材工业出版社，2016.10（2018.10 重印）
建筑与市政工程施工现场专业人员职业培训教材
ISBN 978-7-5160-1701-2

Ⅰ. ①安… Ⅱ. ①安… Ⅲ. ①建筑工程－工程施工－安全技术－职业培训－教材 Ⅳ. ①TU714

中国版本图书馆 CIP 数据核字（2016）第 243178 号

安全员岗位知识与专业技能
本书编委会 编
出版发行：中国建材工业出版社
地　　址：北京市海淀区三里河路 1 号
邮　　编：100044
经　　销：全国各地新华书店
印　　刷：北京雁林吉兆印刷有限公司
开　　本：787mm×1092mm　1/16
印　　张：19
字　　数：420 千字
版　　次：2016 年 10 月第 1 版
印　　次：2018 年 10 月第 4 次
定　　价：53.00 元

本社网址：www.jccbs.com　　微信公众号：zgjcgycbs
本书如出现印装质量问题，由我社市场营销部负责调换。电话：(010)88386906

《建筑与市政工程施工现场专业人员职业培训教材》
编审委员会

主 编 单 位　中国工程建设标准化协会建筑施工专业委员会
　　　　　　　　北京土木建筑学会

副主编单位　"金鲁班"应用平台
　　　　　　　　《建筑技术》杂志社
　　　　　　　　北京万方建知教育科技有限公司

主要编审人员　吴松勤　葛恒岳　王庆生　陈刚正　袁　磊
　　　　　　　　刘鹏华　宋道霞　郭晓辉　邓元明　张　倩
　　　　　　　　宋　瑞　申林虎　魏文彪　赵　键　王　峰
　　　　　　　　王　文　郑立波　刘福利　丛培源　肖明武
　　　　　　　　欧应辉　黄财杰　孟东辉　曾　方　腾　虎
　　　　　　　　梁泰臣　姚亚亚　白志忠　张　渝　徐宝双
　　　　　　　　李达宁　崔　铮　刘兴宇　李思远　温丽丹
　　　　　　　　曹　烁　李程程　王丹丹　高海静　刘海明
　　　　　　　　张　跃　吕　君　梁　燕　杨　梅　李长江
　　　　　　　　刘　露　孙晓琳　李芳芳　张　蔷　王玉静
　　　　　　　　安淑红　庞灵玲　付海燕　段素辉　董俊燕

前　言

　　随着工程建设的不断发展和建筑科技的进步，国家及行业对于工程质量安全的严格要求，对于工程技术人员岗位职业技能要求也不断提高，为了更好地贯彻落实《建筑与市政工程施工现场专业人员职业标准》(JGJ/T 250—2011)和2015年最新颁布的《建筑业企业资质管理规定》对于工程建设专业技术人员素质与专业技能要求，全面提升工程技术人员队伍管理和技术水平，促进建设科技的工程应用，完善和提高工程建设现代化管理水平，我们组织编写了这套《建筑与市政工程施工现场专业人员职业培训教材》。本丛书旨在从岗前考核培训到实际工程现场施工应用中，为工程专业技术人员提供全面、系统、最新的专业技术与管理知识，满足现场施工实际工作需要。

　　本丛书主要依据现场施工中各专业岗位的实际工作内容和具体需要，按照职业标准要求，针对各岗位工作职责、专业知识、专业技能等知识内容，遵循易学、易懂、能现场应用的原则，划分知识单元、知识讲座，这样既便于上岗前培训学习时使用，也方便日常工作中查询、了解和掌握相关知识，做到理论结合实践。本丛书以不断加强和提升工程技术人员职业素养为前提，深入贯彻国家、行业和地方现行工程技术标准、规范、规程及法规文件要求；以突出工程技术人员施工现场岗位管理工作为重点，满足技术管理需要和实际施工应用，力求做到岗位管理知识及专业技术知识的系统性、完整性、先进性和实用性相统一。

　　本丛书内容丰富、全面、实用，技术先进，适合作为建筑与市政工程施工现场专业人员岗前培训教材，也是建筑与市政工程施工现场专业人员必备的技术参考书。

　　由于时间仓促和能力有限，本书难免有谬误之处和不完善的地方，敬请读者批评指正，以期通过不断修订与完善，使本丛书能真正成为工程技术人员岗位工作的必备助手。

编委会
2016年10月

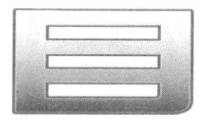

第1部分 施工资源环境、安全检查 1

第1单元 现场施工安全防护及检查 1
- 第1讲 施工安全工作基本常识 1
- 第2讲 施工现场安全防护 7
- 第3讲 现场施工消防安全 15

第2单元 施工安全教育培训 25
- 第1讲 建筑工人安全培训 25
- 第2讲 日常安全教育及记录 28
- 第3讲 现场施工安全活动与记录 31

第3单元 劳动保护用品 33
- 第1讲 劳动防护用品管理 33
- 第2讲 劳动防护用品的配备与使用管理 34
- 第3讲 工人劳动防护用品配备 38

第2部分 施工作业安全管理 41

第1单元 安全施工组织设计与安全专项方案编制 41
- 第1讲 安全施工组织设计的编制 41
- 第2讲 危险性较大分项工程安全专项施工方案的编制 45
- 第3讲 施工安全紧急预案的编制方法 48

第2单元 施工安全技术措施与技术交底的编制 55
- 第1讲 施工安全技术措施的编制 55
- 第2讲 施工安全技术交底的编制 58

第3单元 现场施工安全隐患检查与处理 59
- 第1讲 施工安全管理隐患检查 59
- 第2讲 现场管理隐患检查 63
- 第3讲 施工现场保卫消防隐患检查 66
- 第4讲 施工现场环境保护问题的监督管理 68

第4单元 环境保护与绿色施工管理要求 70
- 第1讲 绿色施工环境保护技术要点 70
- 第2讲 施工现场生活区设置和管理 72
- 第3讲 施工现场和料具管理 75

第3部分 施工安全事故处理

第1单元 建设工程应急救援预案与演练
- 第1讲 应急救援预案 ... 78
- 第2讲 应急救援演练 ... 85

第2单元 建设工程事故处理
- 第1讲 建设安全生产事故分类 ... 93
- 第2讲 事故报告与调查处理 ... 98
- 第3讲 应急救护与自救 ... 104
- 第4讲 工伤处理 ... 112

第4部分 施工安全资料管理

第1单元 施工安全资料分类及管理职责
- 第1讲 施工安全管理资料的分类 ... 117
- 第2讲 施工安全资料的管理职责 ... 118

第2单元 施工单位安全资料与归档
- 第1讲 施工单位安全管理资料 ... 119
- 第2讲 施工安全管理资料组卷与归档 ... 127

第5部分 危险性较大分项工程安全施工技术

第1单元 土方及基坑工程专项安全 施工技术
- 第1讲 土方开挖工程施工安全技术 ... 129
- 第2讲 基坑支护工程施工安全基本要求 ... 134
- 第3讲 钢木支护施工安全技术 ... 135
- 第4讲 碎石压浆混凝土桩支护施工安全技术 ... 139
- 第5讲 土钉墙支护施工安全技术 ... 140
- 第6讲 地下连续墙支护施工安全技术 ... 142
- 第7讲 沉井施工安全技术 ... 143

第2单元 建筑降水、排水工程专项安全施工技术
- 第1讲 基本要求 ... 144
- 第2讲 排水井排水 ... 145
- 第3讲 地表水排除 ... 146
- 第4讲 管井井点降水 ... 146
- 第5讲 轻型井点降水 ... 146

第3单元 脚手架工程专项安全施工技术
- 第1讲 基本要求 ... 147
- 第2讲 竹脚手架搭设与拆除施工安全技术 ... 151
- 第3讲 扣件式钢管脚手架搭设与拆除施工安全技术 ... 155
- 第4讲 门式钢管脚手架搭设与拆除施工安全技术 ... 158

第5讲　碗扣式钢管脚手架搭设与拆除施工安全技术 161
　　第4单元　模板工程施工专项安全施工技术 164
　　　　第1讲　模板安装与拆除施工安全基本要求 164
　　　　第2讲　木模板（含木夹板）安装、拆除施工安全技术 166
　　　　第3讲　定型组合钢模板安装与拆除施工安全技术 167
　　　　第4讲　大模板安装与拆除施工安全技术 170
　　　　第5讲　台模（飞模）安装与拆除施工安全技术 171
　　　　第6讲　滑动模板安装与拆除施工安全技术 172
　　　　第7讲　爬模安装与拆除施工安全技术 173
　　第5单元　起重吊装工程专项安全施工技术 175
　　　　第1讲　起重吊装操作安全技术 175
　　　　第2讲　吊索吊具安全要求 177
　　　　第3讲　常用小型起重设备操作安全技术 178
　　第6单元　拆除、爆破工程专项安全施工技术 181
　　　　第1讲　拆除工程施工安全技术 181
　　　　第2讲　爆破工程施工安全技术 182
　　　　第3讲　瞎炮处理安全技术 184

第6部分　建筑分项工程安全施工技术 185

　　第1单元　钢筋工程安全施工技术 185
　　　　第1讲　钢筋运输与堆放 185
　　　　第2讲　钢筋制作加工 186
　　　　第3讲　钢筋绑扎与安装 187
　　　　第4讲　预应力钢筋工程 188
　　第2单元　混凝土工程安全施工技术 191
　　　　第1讲　现浇混凝土工程 191
　　　　第2讲　预应力混凝土工程 194
　　　　第3讲　钢筋混凝土预制构件装运、堆放、吊装 197
　　第3单元　砌体工程安全施工技术 200
　　　　第1讲　基本要求 200
　　　　第2讲　砖砌体工程 201
　　　　第3讲　中、小型砌块砌体工程 201
　　　　第4讲　石砌体工程 202
　　第4单元　钢结构工程安全施工技术 203
　　　　第1讲　钢结构焊接施工 203
　　　　第2讲　钢结构吊装 205
　　第5单元　建筑防水工程安全施工技术 205
　　　　第1讲　基本要求 205

第2讲	熬油施工	206
第3讲	卷材铺贴	207

第6单元 屋面工程安全施工技术 208
- 第1讲 盖瓦（黏土瓦）屋面 208
- 第2讲 石棉水泥波形瓦屋面 208
- 第3讲 轻型复合板屋面 209
- 第4讲 轻质隔热夹心板屋面 209

第7单元 建筑装饰工程安全施工技术 210
- 第1讲 抹灰工程 210
- 第2讲 油漆工程 211
- 第3讲 门窗工程 212
- 第4讲 幕墙工程 213

第7部分 施工机械机具安全操作要求 215

第1单元 土石方施工机械安全操作 215
- 第1讲 基本要求 215
- 第2讲 挖掘装载机安全操作 216
- 第3讲 推土机安全操作 217
- 第4讲 拖式铲运机安全操作 219
- 第5讲 平地机安全操作 221
- 第6讲 蛙式夯实机安全操作 222
- 第7讲 振动冲击夯安全操作 223

第2单元 桩基工程施工机械安全操作 224
- 第1讲 基本要求 224
- 第2讲 柴油打桩锤安全操作 225
- 第3讲 振动桩锤安全操作 226
- 第4讲 履带式打桩机（三支点式）安全操作 228
- 第5讲 静力压桩机安全操作 229
- 第6讲 转盘钻孔机安全操作 230
- 第7讲 螺旋钻孔机安全操作 231
- 第8讲 全套管钻机安全操作 233

第3单元 钢筋混凝土施工机械安全操作 234
- 第1讲 钢筋加工机械安全操作 234
- 第2讲 混凝土搅拌机安全操作 238
- 第3讲 混凝土泵安全操作 239
- 第4讲 混凝土喷射机安全操作 241
- 第5讲 插入式振动器安全操作 242
- 第6讲 附着式、平板式振动器安全操作 242

第7讲　混凝土振动台安全操作 ... 243
　第4单元　装饰工程施工机械安全操作 ... 243
　　　第1讲　木工机械安全操作 ... 243
　　　第2讲　抹灰和涂饰机械安全操作 ... 246
　　　第3讲　手持电动工具安全操作 ... 249
　　　第4讲　空气压缩机安全操作 ... 251
　第5单元　焊接与切割作业安全操作 ... 252
　　　第1讲　基本规定 ... 252
　　　第2讲　封闭空间内的安全要求 ... 256
　　　第3讲　氧燃气焊接及切割安全 ... 257
　　　第4讲　电弧焊接及切割安全 ... 261
　　　第5讲　电阻焊安全 ... 264
　　　第6讲　电子束焊接安全 ... 266
　第6单元　设备安装工程机械安全操作 ... 267
　　　第1讲　发电机安全操作 ... 267
　　　第2讲　电动机安全技术 ... 268
　　　第3讲　动力与电气装置操作安全基本要求 ... 269

第8部分　高处作业、现场临时用电安全技术 ... 276
　第1单元　施工现场高处作业 ... 276
　　　第1讲　高处作业基本规定 ... 276
　　　第2讲　临边作业的安全防护 ... 277
　　　第3讲　洞口作业的安全防护 ... 278
　　　第4讲　攀登作业的安全防护 ... 279
　　　第5讲　悬空作业的安全防护 ... 282
　　　第6讲　操作平台的安全防护 ... 284
　　　第7讲　交叉作业的安全防护 ... 285
　　　第8讲　高处作业安全防护设施的验收 ... 285
　第2单元　外电线路及电气设备防护 ... 286
　　　第1讲　电工及用电人员安全基本要求 ... 286
　　　第2讲　外电线路防护 ... 286
　　　第3讲　电气设备防护 ... 287
　第3单元　施工现场临电接地与防雷 ... 287
　　　第1讲　基本要求 ... 287
　　　第2讲　保护接零 ... 289
　　　第3讲　接地与接地电阻 ... 289
　　　第4讲　防雷 ... 290
　第4单元　施工照明用电安全 ... 291

第 1 讲 基本要求 291
第 2 讲 照明供电 291
第 3 讲 照明装置 292

参考文献 294

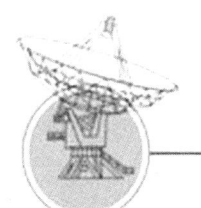

第1部分

施工资源环境、安全检查

第1单元 现场施工安全防护及检查

第1讲 施工安全工作基本常识

一、反对"三违"

员工遵章守纪,是实现安全生产的基础。员工在生产过程中,不仅要有熟练的技术,而且必须自觉遵守各项操作规程和劳动纪律,远离"三违"。即违章指挥、违章操作、违反劳动纪律。

二、"三宝"、"四口"、"十临边"

(1)"三宝"指安全帽、安全带、安全网的正确使用。
(2)"四口"指楼梯口、电梯井口、预留洞口、通道口。
(3)"十临边"通常指尚未安装栏杆或栏板的阳台周边、无外脚手架防护的楼面与屋面周边、分层施工的楼梯与楼梯段边、井架、施工电梯或外脚手架等通向建筑物的通道的两侧边、框架结构建筑的楼层周边、斜道两侧边、卸料平台外侧边、雨篷与挑檐边、水箱与水塔周边等处。

三、三级安全教育

三级安全教育是每个刚进企业的新员工(包括新招收的合同工、临时工、学徒工、农民工、大中专毕业实习生和代培人员)必须接受的首次安全生产方面的基本教育。即公司(企业)、项目(或工程处、施工队、工区)、班组这三级。

四、三不伤害

施工现场每一个操作人员和管理人员都要增强自我保护意识,切实做到"不伤害自己,不伤害他人,不被他人伤害"。同时也要对安全生产自觉负起监督的责任,做到"我保护他人不受伤害",才能达到开展全员安全教育活动的目的。

五、"三落实"活动

即施工班组的每周安全活动要做到时间、人员、内容"三落实"。

六、"三懂三会"能力

即懂得本岗位和部门有什么火灾危险性,懂得灭火知识,懂得预防措施;会报火警,会使用灭火器材,会处理初起火灾。

七、建筑施工"五大伤害"

建筑施工属事故多发行业。建筑施工的特点:是生产周期长,工人流动性大,露天高处作业多,手工操作多,劳动繁重,产品变化大,规则性差,施工机械品种繁多等,且是动态变化,具有一定的危险性。而建筑施工的不安全隐患也多存在于高处作业、交叉作业、垂直运输以及使用各种电气设备工具上,综合分析伤亡事故主要发生在高处坠落、施工坍塌、物体打击、机具伤害和触电等五个方面。

从事故发生的部位看,主要集中在洞口和临边作业发生事故、在各类脚手架上作业发生事故、在安装和拆卸塔吊时发生事故、在模板工程中发生事故。如能采取措施消除这"五大伤害",建筑施工伤亡事故将大幅度下降。所以,这"五大伤害"也就是建筑施工安全技术要解决的主要问题。

八、十项安全技术措施

(1)按规定使用安全"三宝"。
(2)机械设备防护装置一定要齐全有效。
(3)塔吊等起重设备必须有限位保险装置,不准"带病"运转,不准超负荷作业,不准在运转中维修保养。
(4)架设电线线路必须符合当地电业局的规定,电气设备必须全部接零接地。
(5)电动机械和手持电动工具要设置漏电保护器。
(6)脚手架材料及脚手架的搭设必须符合规程要求。
(7)各种缆风绳及其设置必须符合规程要求。
(8)在建工程的楼梯口、电梯口、预留洞口、通道口,必须有防护设施。
(9)严禁赤脚或穿高跟鞋、拖鞋进入施工现场,高空作业不准穿硬底和带钉易滑的鞋靴。

（10）施工现场的悬崖、陡坎等危险地区应设警戒标志，夜间要设红灯示警。

九、施工现场行走或上下的"十不准"

（1）不准从正在起吊、运吊中的物件下通过。
（2）不准从高处往下跳或奔跑作业。
（3）不准在没有防护的外墙和外壁板等建筑物上行走。
（4）不准站在小推车等不稳定的物体上操作。
（5）不得攀登起重臂、绳索、脚手架、井字架、龙门架和随同运料的吊盘及吊装物上下。
（6）不准进入挂有"禁止出入"或设有危险警示标志的区域、场所。
（7）不准在重要的运输通道或上下行走通道上逗留。
（8）未经允许不准私自进入非本单位作业区域或管理区域，尤其是存有易燃易爆物品的场所。
（9）严禁在无照明设施，无足够采光条件的区域、场所内行走、逗留。
（10）不准无关人员进入施工现场。

十、防止违章和事故的十项操作要求

即做到"十不盲目操作"：

（1）新工人未经三级安全教育，复工换岗人员未经安全岗位教育，不盲目操作。
（2）特殊工种人员、机械操作工未经专门安全培训，无有效安全上岗操作证，不盲目操作。
（3）施工环境和作业对象情况不清，施工前无安全措施或作业安全交底不清，不盲目操作。
（4）新技术、新工艺、新设备、新材料、新岗位无安全措施，未进行安全培训教育、交底，不盲目操作。
（5）安全帽和作业所必须的个人防护用品不落实，不盲目操作。
（6）脚手、吊篮、塔吊、井字架、龙门架、外用电梯、起重机械、电焊机、钢筋机械、木工平刨、圆盘锯、搅拌机、打桩机等设施设备和现浇混凝土模板支撑、搭设安装后，未经验收合格，不盲目操作。
（7）作业场所安全防护措施不落实，安全隐患不排除，威胁人身和国家财产安全时，不盲目操作。
（8）凡上级或管理干部违章指挥，有冒险作业情况时，不盲目操作。
（9）高处作业、带电作业、禁火区作业、易燃易爆作业、爆破性作业、有中毒或窒息危险的作业和科研实验等其他危险作业的，均应由上级指派，并经安全交底；未经指派批准、未经安全交底和无安全防护措施，不盲目操作。

（10）隐患未排除，有自己伤害自己、自己伤害他人、自己被他人伤害的不安全因素存在时，不盲目操作。

十一、防止高处坠落、物体打击的十项基本安全要求

（1）高处作业人员必须着装整齐，严禁穿硬塑料底等易滑鞋、高跟鞋，工具应随手放入工具袋中。

（2）高处作业人员严禁相互打闹，以免失足发生坠落危险。

（3）在进行攀登作业时，攀登用具结构必须牢固可靠，使用必须正确。

（4）各类手持机具使用前应检查，确保安全牢靠。洞口临边作业应防止物件坠落。

（5）施工人员应从规定的通道上下，不得攀爬脚手架、跨越阳台，在非规定通道进行攀登、行走。

（6）进行悬空作业时，应有牢靠的立足点并正确系挂安全带；现场应视具体情况配置防护栏网、栏杆或其他安全设施。

（7）高处作业时，所有物料应该堆放平稳，不可放置在临边或洞口附近，并不可妨碍通行。

（8）高处拆除作业时，对拆卸下的物料、建筑垃圾都要加以清理和及时运走，不得在走道上任意乱置或向下丢弃，保持作业走道畅通。

（9）高处作业时，不准往下或向上乱抛材料和工具等物件。

（10）各施工作业场所内，凡有坠落可能的任何物料，都应先行撤除或加以固定，拆卸作业要在设有禁区、有人监护的条件下进行。

十二、防止机械伤害的"一禁、二必须、三定、四不准"

（1）一禁。

不懂电器和机械的人员严禁使用和摆弄机电设备。

（2）二必须。

1）机电设备应完好，必须有可靠有效的安全防护装置。

2）机电设备停电、停工休息时必须拉闸关机，按要求上锁。

（3）三定。

1）机电设备应做到定人操作，定人保养、检查。

2）机电设备应做到定机管理、定期保养。

3）机电设备应做到定岗位和岗位职责。

（4）四不准。

1）机电设备不准带病运转。

2）机电设备不准超负荷运转。

3）机电设备不准在运转时维修保养。
4）机电设备运行时，操作人员不准将头、手、身伸入运转的机械行程范围内。

十三、防止车辆伤害的十项基本安全要求

（1）未经劳动、公安交通部门培训合格持证人员，不熟悉车辆性能者不得驾驶车辆。

（2）应坚持做好例保工作，车辆制动器、喇叭、转向系统、灯光等影响安全的部件如作用不良不准出车。

（3）严禁翻斗车、自卸车车厢乘人，严禁人货混装，车辆载货应不超载、超高、超宽，捆扎碰牢同可靠、应防止车内物体失稳跌落伤人。

（4）乘坐车辆应坐在安全处，头、手、身不得露出车厢外，要避免车辆启动制动时跌倒。

（5）车辆进出施工现场，在场内掉头、倒车，在狭窄场地行驶时应有专人指挥。

（6）现场行车进场要减速，并做到"四慢"，即：道路情况不明要慢，线路不良要慢，起步、会车、停车要慢，在狭路、桥梁弯路、坡路、叉道、行人拥挤地点及出入大门时要慢。

（7）在临近机动车道的作业区和脚手架等设施，以及在道路中的路障应加设安全色标、安全标志和防护措施，并要确保夜间有充足的照明。

（8）装卸车作业时，若车辆停在坡道上，应在车轮两侧用楔形木块加以固定。

（9）人员在场内机动车道应避免右侧行走，并做到不平排结队有碍交通；避让车辆时，应不避让于两车交会之中，不站于旁有堆物无法退让的死角。

（10）机动车辆不得牵引无制动装置的车辆，牵引物体时物体上不得有人，人不得进入正在牵引的物与车之间，坡道上牵引时，车和被牵引物下方不得有人作业和停留。

十四、防止触电伤害的十项基本安全操作要求

根据安全用电"装得安全、拆得彻底、用得正确、修得及时"的基本要求，为防止触电伤害的操作要求有：

（1）非电工严禁拆接电气线路、插头、插座、电气设备、电灯等。

（2）使用电气设备前必须要检查线路、插头、插座、漏电保护装置是否完好。

（3）电气线路或机具发生故障时，应找电工处理，非电工不得自行修理或排除故障。

（4）使用振捣器等手持电动机械和其他电动机械从事湿作业时，要由电工接好电源，安装上漏电保护器，操作者必须穿戴好绝缘鞋、绝缘手套后再进行作业。

（5）搬迁或移动电气设备必须先切断电源。

(6) 搬运钢筋、钢管及其他金属物时，严禁触碰到电线。

(7) 禁止在电线上挂晒物料。

(8) 禁止使用照明器烘烤、取暖，禁止擅自使用电炉和其他电加热器。

(9) 在架空输电线路附近工作时，应停止输电，不能停电时，应有隔离措施，要保持安全距离，防止触碰。

(10) 电线必须架空，不得在地面、施工楼面随意乱拖，若必须通过地面、楼面时应有过路保护，物料、车、人不准压踏碾磨电线。

十五、起重吊装的"十不吊"规定

(1) 起重臂和吊起的重物下面有人停留或行走不准吊。

(2) 起重指挥应由技术培训合格的专职人员担任，无指挥或信号不清不准吊。

(3) 钢筋、型钢、管材等细长和多根物件必须捆扎牢靠，多点起吊。单头"千斤"或捆扎不牢靠不准吊。

(4) 多孔板、积灰斗、手推翻斗车不用四点吊或大模板外挂板不用卸甲不准吊。预制钢筋混凝土楼板不准双拼吊。

(5) 吊砌块必须使用安全可靠的砌块夹具，吊砖必须使用砖笼，并堆放整齐。木砖、预埋件等零星物件要用盛器堆放稳妥，叠放不齐不准吊。

(6) 楼板、大梁等吊物上站人不准吊。

(7) 埋入地下的板桩、井点管等以及粘连、附着的物件不准吊。

(8) 多机作业，应保证所吊重物距离不小于3m，在同一轨道上多机作业，无安全措施不准吊。

(9) 六级以上强风不准吊。

(10) 斜拉重物或超过机械允许荷载不准吊。

十六、气割、电焊的"十不烧"规定

(1) 焊工必须持证上岗，无特种作业人员安全操作证的人员，不准进行焊、割作业。

(2) 凡属一、二、三级动火范围的焊、割作业，未经办理动火审批手续，不准进行焊、割。

(3) 焊工不了解焊、割现场周围情况，不得进行焊、割。

(4) 焊工不了解焊件内部是否安全时，不得进行焊、割。

(5) 各种装过可燃气体，易燃液体和有毒物质的容器，未经彻底清洗，排除危险性之前，不准进行焊、割。

(6) 用可燃材料作保温层、冷却层、隔热设备的部位，或火星能飞溅到的地方，在未采取切实可靠的安全措施之前，不准焊、割。

(7) 有压力或密闭的管道、容器，不准焊、割。

（8）焊、割部位附近有易燃易爆物品，在未作清理或未采取有效的安全措施之前，不准焊、割。

（9）附近有与明火作业相抵触的工种在作业时，不准焊、割。

（10）与外单位相连的部位，在没有弄清有无险情，或明知存在危险而未采取有效的措施之前，不准焊、割。

第2讲　施工现场安全防护

一、基槽、坑、沟、大孔径桩、扩底桩工程安全防护

（1）土方开挖对周边建筑物、构筑物的防护措施要求。

1）土方开挖前必须制定保证周边建筑物、构筑物安全的措施并经技术部门审批后方准施工。在确保土方开挖、基坑暴露期间的安全外，还必须保证邻近建（构）筑物、道路、管线的安全。需要进行降排水的，应慎重考虑降排水产生的沉降，根据需要采取有效的措施，并加强监测。

2）施工现场应当按深基坑支护工程设计方案、施工要求配备应急抢险器材和人员。

3）基坑开挖完成后，地下结构工程的施工单位应当及时施工，防止基坑长时间暴露。

4）用于土方施工的机械进场，经验收合格后方可使用，机械操作人员必须持证上岗。

5）配合机械清底、平地、修坡等人员，必须在机械回转半径以外作业；如必须进入回转半径内作业时，应先停止机械回转并制动，方可开始作业，机上、机下人员应随时取得密切联系。

（2）坑、沟的临边防护要求。

1）在基础施工前及开挖槽、坑、沟土方前，建设单位必须以书面形式向施工企业提供详细的与施工现场相关的地下管线资料，施工企业采取有效措施保护地下各类管线。

2）基础施工前应具备完整的岩土工程勘察报告及设计文件。

3）基坑施工应编制施工方案，方案要有针对性。当基坑深度超过3m时，要由专业施工技术人员编制安全专项施工方案，经企业技术部门审核、企业技术负责人签字后报监理单位，由监理单位总监理工程师审核、签字。实行施工总承包，应由专业分包单位技术负责人和总包单位企业技术负责人签字后报监理单位，由监理单位总监理工程师审核、签字。由施工企业技术负责人、监理单位总监理工程师签字。

4）根据现场土质条件及基坑周边情况，采取合理的支护措施。深度在5m以内的基槽（坑）、管沟边坡最陡坡度执行《建筑施工安全检查标准》（JGJ 59—2011）

要求。

5）土方开挖前必须制订保证周边建筑物、构筑物安全的措施，应纳入土方方案中。方案应经监理单位审核、签字后方准施工。

6）雨期施工期间，基坑周边必须要有良好的排水系统和设施。

7）危险处和通道处及行人过路处开挖的槽、坑、沟，必须采取有效的防护措施，防止人员坠落，夜间应设红色标志灯。

8）开挖槽、坑、沟深度超过1.5m，应根据土质和深度情况按规定放坡或加可靠支撑，并设置人员上下坡道或爬梯，爬梯两侧应用密目网封闭。开挖槽、坑、沟深度超过5m时，必须设置马道，坡度不小于1∶3。开挖深度超过2m的，必须在边沿处设立两道防护栏杆，用密目网封闭。

9）槽、坑、沟边1m以内不得堆土、堆料、停置机具。

（3）大孔径桩、扩底桩的防护要求。

1）大孔径桩及扩底桩施工，必须严格执行《大直径扩底灌注桩技术规程》（JGJ/T 225-2010）。

2）人工挖大孔径桩的施工企业必须具备总承包一级以上资质或地基与基础工程专业承包一级资质。

3）编制人工挖大孔径桩及扩底桩施工方案必须经企技术部门审核，经企业技术负责人签字后报监理单位，由监理单位总监理工程师审核、签字。

4）挖大孔径桩及扩底桩必须制定防坠人、落物、坍塌、人员窒息等安全措施。挖大孔径桩必须采用混凝土护壁，混凝土强度达到规定的强度和养护时间后，方可进行下层土方开挖。下孔作业前应进行有毒、有害气体检测，排除孔内有害气体。并向孔内输送新鲜空气或氧气，确认安全后方可下孔。孔下作业人员连续作业不得超过2h，并设专人监护。施工作业时，保证作业区域通风良好。

5）人工挖空必须采用混凝土护壁，其首层护壁应根据土质情况做成沿口护圈。护圈混凝土强度达到5MPa以后，方可进行下层土方的开挖。

6）孔口应设置防护设施，严防人员或物件坠落孔内，孔下作业人员应戴安全帽。

7）严格按照挖孔桩的施工顺序进行施工，第一节桩孔土方挖完后，必须浇筑第一节混凝土护壁，待第一节混凝土护壁达到设计强度后方可进行第二节土方开挖。分节逐步进行。挖孔扩底桩严禁用炸药扩底。

8）基础施工时降水（井点）工程的井口，必须设置牢固防护盖板或围栏和警示标志。完工后，必须及时将井口填实。

9）深井或地下管道施工及防水作业区，应采取有效的通风措施，并进行有毒、有害气体检测。特殊情况必须采取特殊的防护措施，防止发生中毒事故。

（4）对地下管线保护的要求。

1）要求建设单位提供各类地下设施资料（包括电缆、燃气、上水、污水、雨水、中水、热力管线的分布和现状资料）。

2）施工单位对建设方提供的地下设施资料进行勘察核实，对所有地下管线的位置设置警示牌（或警示标识）。

3）根据管线走向及具体位置，在地面上做出标志（用白灰标识）。

4）对于已探明的地下管线，应采取适当的措施进行保护，以防止施工对管线的损害，保护方案应事先取得管线所属部门的同意并得到监理工程师的书面批准。

5）管线开挖过程中先进行人工探坑，然后视管线深度、位置，确定采用机械开挖或人工开挖的方法。靠近电力电缆等周边2m内的土方必须人工开挖。

6）管线挖出后应及时采取保护措施，如采用支架、悬吊、套管、设置挡板等措施，如遇到燃气管道应及时检测管道是否泄漏，并严格执行动火作业程序，对于燃气、电力管线，应设置集水坑，防止管线被浸泡。

7）对于道路下的给水管线和压力污水管线，除采取以上措施外，在车辆穿越时，还要确保管线受力后不变形，不断裂。

8）对于本工程中所有管线的位置设置警示牌。

9）严禁私自利用、损坏原有管线。

二、脚手架搭设及作业防护要求

（1）脚手架搭设及作业防护的要求。

1）构（配）件选择要求。

①钢管应选用符合现行国家标准《直缝电焊钢管》（GB/T 13793-2008）或《低压流体输送用焊接钢管》（GB/T 3091-2008）中Q235-A级的普通钢管，其材质性能应符合现行国家标准《碳素结构钢》（GB/T 700-2006）的有关规定。

②钢管规格 $\phi 48\times 3.5mm$，壁厚最小值不得小于3.0mm。除满足上述规定外钢管不应有压扁、锈蚀、弯曲以及焊缝开裂等缺陷并在钢管内外壁涂刷防锈漆。

③扣件应采用可锻铸铁制造，其材质应符合现行国家标准《钢管脚手架扣件》（GB 15831-2006）的有关规定。

④脚手板应符合现行行业标准《建筑施工扣件式钢管脚手架安全技术规范》（JGJ 130-2011）的规定。

2）搭设要求。

①脚手架搭设高度小于24m时，底部应铺设通长脚手板；搭设高度大于24m时，底部应铺设通长脚手板或增设专用底托。

②立杆搭设应符合下列规定：

a.当立杆基础不在同一高度上时，必须将高处的纵向扫地杆向低处延长两跨与立杆固定，高低差不应大于1m。靠边坡上方的立杆轴线到边坡的距离不应小于500mm。

b.立杆接长除顶层顶步外，其余各层各步接头必须采用对接扣件连接。

c.立杆顶端宜高出女儿墙上皮1m，高出檐口上皮1.5m。

③水平杆搭设应符合下列规定：

a. 纵向水平杆应设置在立杆内侧,其长度不宜小于 3 跨。
b. 纵向水平杆接长宜采用对接扣件连接,也可采用搭接。
c. 横向水平杆应放置在纵向水平杆上部,靠墙一端至墙装饰面距离不宜大于 100mm。
d. 主节点处必须设置横向水平杆。

④杆件的对接、搭接应符合下列规定:
a. 杆件接头应交错布置,两根相邻杆件接头不应设置在同步或同跨内,接头位置错开距离不应小于 500mm,各接头中心至最近主节点的距离不宜大于纵距的 1/3。
b. 搭接接头的搭接长度不应小于 1m,应采用不少于 3 个旋转扣件固定。

⑤扫地杆设置应符合下列要求:
a. 纵向扫地杆必须连续设置,钢管中心距地面或垫板不得大于 200mm。
b. 脚手架底部主节点处应设置横向扫地杆,其位置应在纵向扫地杆下方。

⑥剪刀撑设置应符合下列要求:
应在脚手架外侧立面整个长度和高度方向连续设置剪刀撑。
a. 剪刀撑杆件接长可采用搭接或对接,斜杆与立杆交结点必须设扣件连接。
b. 横向斜撑设置:一字形、开口形双排脚手架的两端均必须设置横向斜撑。24m 以上双排脚手架,除拐角应设置横向斜撑外,中间每隔 6m 设置一道。

⑦连墙件设置应符合下列规定:
a. 架体搭设高度在 6m 以下时,可采用加抛撑的方法保持架体稳定。
b. 架体搭设高度在 6m 以上时必须设置连墙件,连墙件与结构的连接应为刚性连接。
c. 连墙件的竖向间距不宜大于层高,且小于 4m;横向间距不宜超过开间尺寸,且小于 6m。
d. 连墙件应靠近主节点设置,距离主节点不得大于 300mm。
e. 开口形脚手架的两端及脚手架的开口处必须设置连墙件。
f. 连墙件应采用双扣件与结构拉结。
g. 连墙件应从底层第一步纵向水平杆处开始设置。
h. 严禁使用仅有拉筋的柔性连墙件。

⑧扣件安装应符合下列规定:
a. 螺栓拧紧力矩应控制在 40~65N·m 之间。
b. 主节点处固定横向水平杆、纵向水平杆、横向斜撑等用的直角扣件、旋转扣件的中心点的相互距离不应大于 150mm。
c. 对接扣件开口应朝上或朝内。
d. 各杆件端头伸出扣件盖板边缘的长度不应小于 100mm。

⑨连墙件、剪刀撑、横向斜撑应随立杆、纵横向水平杆同步搭设。
⑩架体应通过连墙件与建筑物连接牢固。
⑪脚手板的设置应符合下列规定:

a. 作业层脚手板应铺满、铺稳,离开施工墙面不宜大于120~150mm。

b. 脚手板应设置在不少于三根的横向水平杆上,可采用对接平铺,也可采用搭接铺设。

c. 脚手板对接平铺时,接头处必须设两根横向水平杆,脚手板外伸长度应取130~150mm;脚手板搭接铺设时,接头必须支在横向水平杆上,搭接长度应大于200mm,其伸出横向水平杆的长度不应小于100mm。

d. 作业层端部脚手板探头长度应取150mm,其板长两端均应与支承杆可靠固定。

⑫搭设高度大于 24m 的双排脚手架应采用钢丝绳保险体系,钢丝绳不得参与受力计算。

⑬铺板层小横杆设置间距不得大于立杆纵距的1/2。

⑭塔式起重机、电梯、物料提升机、卸料平台等需要断开或开口处除设置连墙件外还须设置横向斜撑。

⑮脚手架基础必须平整坚实,有排水措施,满足架体支搭要求,确保不沉陷、不积水。

3)高大脚手架设计方案

①当搭设高度超过 24m 时,应进行架体稳定性计算。

②计算内容应为包括立杆、连墙件、基础等部位的整体稳定性计算。

③应按《建筑施工扣件式钢管脚手架安全技术规范》(JGJ 130-2011)中的计算公式进行计算。

三、工具式脚手架搭设及作业防护

(1)附着式升降脚手架安全技术要求。

1)附着升降脚手架有专项的施工组织设计方案,对所有部件的强度、刚度、稳定性、变形和抗倾覆、螺栓、焊缝连接点强度、吊具、索具、支承部位工程结构等都应有计算验算,专项方案应当由总承包单位技术负责人及相关专业承包单位技术负责人签字。经施工单位审核合格后报监理单位,由项目总监理工程师审核签字。

2)生产或经营单位有建设部颁发的生产和使用证,有当地安全监督部门发放的准用证。

3)专业队伍安装,证件齐全,责任到人升降机操作人员应持证上岗。

4)水平梁与主框架应是定型产品,节点必须采用焊接或螺栓连接,不得采用钢管扣件连接。

5)架宽0.9~1.1m,架高不大于5倍的层高,直线支承跨度不大于8m,折线或曲线跨度不大于5.4m,悬挑出长度不大于3m,面积不大于110m 2。搭设规范要求同落地脚手架。

6)要架沿竖向侧在每层楼应有固定拉接,在任何情况下不少于两处,所有拉结牢固可靠所有吊具、索具、同步自动升降装置、显示控制等均应符合规定,有效。

7）每层合理严密铺设脚手板，绑扎牢固。在每一作业层外侧必须设双层防护栏杆（高 0.6~1.2m）及不低于 180mm 挡脚板。架外侧密目网严密防护，无空洞，架与墙之间严密可靠封闭，最底层除满铺脚手板外，在下方同时用安全网或密目网封严。升降时架体上严禁站人。

8）防坠落装置与提升设备分别装在两套支承结构上，灵敏可靠。防倾斜装置应是定型产品（不许用扣件连接），垂直度不大于 3cm，导向间隙小于 5mm，升降中上部悬臂部分不大于架高 2/5 或不超过 6m，与建筑物可靠连接。

9）搭设及每次升降前有详细交底。搭好及升降后有检查验收，并有记录，有责任人签字。架上有上下行人通道。升降时下方设安全警戒线，有专人负责。

（2）电梯井架、平台搭设要求。

1）电梯安装用脚手架（以下简称电梯井架）支搭前，安装电梯单位要向施工单位提出架子使用要求，架子施工单位要参照本章规定和使用要求拟定电梯井架搭设方案，报上级技术技术负责人和监理单位审批后，交架子工实施。

2）电梯井架应使用钢管支搭或采取钢丝绳吊架子。使用其他材料必须经公司技术监理单位审核批准，并报监理单位审核批准。

3）电梯井架绑完后，要经使用单位、施工单位、监理单位施工、技术、安全负责人共同验收，签字后方可使用。

4）架子搭完后任何人不准擅自拆改，因安装需要局部拆改架子时，需经架子工工长批准，由架子工进行拆改作业。

5）电梯井架每步至少铺三分之二的脚手板，所留的上人孔道要互相错开，留孔一侧要加一道护身栏。脚手板铺好后必须绑牢，不准任意移动。在电梯井架上的人员必须挂牢安全带。

6）在电梯井架上从事电焊作业时，严禁使用井架钢管或钢丝绳做地线。

7）采用电梯自升安装方法施工时，所需搭设的上下临时操作台必须符合挑架子和操作平台架子的有关规定，在上层操作台的下面要铺满脚手板或满挂安全网。下层操作台要做到不倾斜、不晃动。安装电梯时严禁抛扔任何物料，所有小型工具应装在工具袋内，严禁任何人向架井内抛物料。

8）结构施工电梯井搭设脚手架必须依据《建筑施工扣件式钢管手架安全技术规范》编写专项方案并有计算，超过 30m 以上应加卸荷。

9）电梯井施工使用定型平台时必须用不小于 14 号工字钢做支撑点，严禁借用大模板穿墙螺栓做支撑点。

10）每升降一次必须进行检查验收并填写验收单，合格后方可使用。

（3）外挂脚手架搭设的要求。

1）外挂脚手架应编制专项方案，对所有部件的强度、刚度、稳定性、变形和抗倾覆、螺栓、焊缝连接点强度，吊具、索具、支承部位工程结构等都应有计算验算，并经应为企业技术部门审核，经企业技术负责人签字后报监理单位，由监理单位总监理工程师审核、签字。

2）外挂架子采用预制焊接的定型边框为立杆的其立杆间距不得大于2m。穿墙钩要加垫板用双螺栓与墙体固定牢，并有防脱钩装置的措施。

3）外挂架子悬挂点穿墙螺栓必须有足够的强度，满足施工需要，穿墙螺栓加垫板用双螺母紧固，挂钩必须有防脱钩装置，同时悬挂点处的建筑物结构强度必须满足施工需要。提升：外挂架提升必须在上层墙体浇筑完成后且混凝土强度达7.5MPa进行（以2~3d的同条件试块为准）。每片设两个吊点。

4）起吊前用钢丝绳先兜住挂架两端支撑架内侧平台，挂好钩后清理平台上物品，松开穿墙螺栓，平稳提吊。提升顺序按流水段顺序。

5）外挂架搭设完毕应形成一个封闭整体，转角处、错台位置应用钢管安全网封闭严密。外挂架使用的钩头螺栓在安装前，应检查周围的混凝土是否坚硬、牢固；若发现混凝土有松散或不密实，应立即采取加固措施。

（4）移动作业平台的搭设。

1）操作平台应由专业技术人员按现行相应规范进行设计，图纸应编写施工设计方案。

2）操作平台的面积不应超过10m^2，高度不应超过5m。还应进行稳定计算，并减小立柱的长细比。

3）操作平台采用48×3.5mm钢管以扣件连接，采用门式架或承插式钢管脚手架部件，按产品使用要求组成。平台次梁间距不应大于100cm；台面满铺5cm厚的脚手板。

4）操作平台四周必须按临边作业要求设置防护栏杆，并应布置登高扶梯。

四、"三宝"、"四口"和临边防护

（1）"三宝"指安全帽、安全带、安全网，见本章第一节相关内容。

（2）"四口"的安全防护要求。

1）"四口"是指楼梯口、电梯井口、预留洞口、通道口。

2）1.5m×1.5m以下的孔洞，用坚实盖板盖住，有防止挪动、位移的措施。1.5m×1.5m以上的孔洞，四周设两道防护栏杆，中间支搭水平安全网。结构施工中伸缩缝和后浇带处加固定盖板防护。

3）电梯井口必须设高度不低于1.2m的金属防护门。电梯井内首层和首层以上每隔四层设一道水平安全网，安全网应封闭严密。

4）管道井和烟道必须采取有效防护措施，防止人员、物体坠落。墙面等处的竖向洞口必须设置固定式防护门并有警示标志。结构施工中，电梯井和管道竖井不得作为垂直运输通道和垃圾通道。

5）楼梯踏步及休息平台处，必须设两道牢固防护栏杆或立挂安全网。回转式

楼梯间支设首层水平安全网，每隔四层（10m）设一道水平安全网。

阳台栏板应随层安装，不能随层安装的，必须在阳台临边处设一道防护栏杆。防护栏杆设上下两道水平杆，并立挂密目安全网。两道防护栏杆用密目网密封。

6）建筑物楼层邻边四周，未砌筑、安装围护结构时，必须设一道防护栏杆，防护栏杆设上下两道水平杆，并立挂密目安全网。两道防护栏杆立挂安全网。

7）建筑物出入口必须搭设宽于出入通道两侧的防护棚，建筑超过24m的棚顶应满铺不小于50mm厚度的脚手板。通道两侧用密目安全网封闭。多层建筑防护棚长度不小于3m，高层不小于6m，防护棚高度不低于3m。

8）因施工需要临时拆除洞口、临边防护的，必须专人监护。监护人员撤离前，必须将原防护设施复位。

（3）"五临边"的安全防护要求。

1）"五临边"是指深度超过2m的槽、坑、沟的周边；在施工程无外脚手架的屋面（作业面）和框架结构楼层的周边；井字架、龙门架、外用电梯和脚手架与建筑物的通道、上下跑道和斜侧道的两侧边；尚未安装栏板、栏杆阳台、料台、挑平台的周边；在施工程的楼梯口的梯段边。

2）五临边必须设置防护栏杆，防护栏杆由上、下两道横杆及栏杆柱组成，上横杆离地高度1.2m，下杆离地高度0.6m。坡度大于1∶2的斜屋面，防护栏杆应高于1.5m，并加挂安全立网。横杆长度大于2m时，必须加设栏杆柱；给水排水沟槽、桥梁工程、泥浆池等临边危险部位应进行有效防护。

3）各种垂直运输卸料平台临边防护必须到位，侧边设1.2m高两道防护栏杆和安全网全封闭，进料口设置防护门。或者采用1.2m高定型彩钢板全封闭，平台口还应设置含踢脚防护的安全门或活动防护栏杆。卸料平台底板要求采用厚4cm以上木板、钢板等硬质板材铺设，并设有防滑条，严禁只采用毛竹脚手片。

悬挑式钢平台的搁置点与上部拉结点必须位于建筑物上，不得设置在脚手架等施工设备上。斜拉杆或钢丝绳，构造上宜两边各设前后两道，两道中的每一道均应作单道受力计算使用。

五、高处作业防护

（1）使用落地式脚手架必须使用密目安全网沿架体内侧进行封闭，网之间连接牢固并与架体固定，安全网要整洁、美观。

（2）凡高度在4m以上的建筑物不使用落地式脚手架的，首层四周必须支固定3m宽的水平安全网（高层建筑支6m宽双层网），网底距接触面不得小于3m（高层不得小于5m）。高层建筑每隔四层（10m）还应固定一道3m宽的水平安全网，网接口处必须连接严密。支搭的水平安全网直至无高处作业时方可拆除。

（3）在2m以上高度从事支模、绑钢筋等施工作业时必须有可靠的施工作业面，并设置安全、稳固的爬梯。物料必须堆放平稳，不得放置在临边和洞口附近，也不得妨碍作业、通行。建筑施工对施工现场以外人或物可能造成危害的，应当采取安全防护措施。施工交叉作业时,应当制订相应的安全措施,并指定专职人员进行检查与协调。

第3讲　现场施工消防安全

一、现场消防机构建设、人员配备、消防安全职责

(1)机构建设、人员配备。

施工企业的消防保卫工作必须按照"谁主管,谁负责"的原则,确定一名主要领导负责此项工作。实行施工总承包的,由总承包负责。分包企业向总包企业负责,接受总承包企业的统一领导和监督检查。施工现场应根据工程规模,建立相应的保卫、消防组织,配备保卫、消防人员。

(2)消防安全职责。

施工单位应当履行下列消防安全义务:

1)制定并落实消防安全管理措施和消防安全操作规程。

2)建立本项目消防安全责任考核奖惩制度。

3)开展消防安全宣传教育和消防知识培训。

4)进行经常性的内部防火安全检查,及时制止、纠正违法违章行为,发现并消除火灾隐患。

5)按规定配备消防设施、器材并指定专人维护管理,保证消防设施、器材的正常有效使用。

6)按规定设置安全疏散指示标志和应急照明设施,保证消防安全疏散指示标志、应急照明处于正常状态。

7)保证疏散通道、安全出口畅通。不得占用疏散通道或在疏散通道、安全出口上设置影响疏散的障碍物,不得在生产工作期间封闭安全出口,不得遮挡安全疏散指示标志。

8)消防值班人员、巡逻人员坚守岗位,不得擅离职守。

9)火灾发生后及时报警,迅速组织扑救和人员疏散。不得不报、迟报、谎报火警,或者隐瞒火灾情况。

10)制定并完善火灾扑救和应急疏散预案,并至少每半年进行一次演练。

11)对项目施工人员至少每年进行一次消防安全培训。

12)建立健全并统一保管消防档案。消防档案应当翔实和全面反映本单位消防安全工作的基本情况,并根据情况变化及时补充、更新。

13)严格落实有关动用明火的管理制度。公众聚集场所在营业期间禁止动火施工;在非营业期间施工需要使用明火时,施工单位和使用单位应当共同采取措施,将施工区和使用区进行防火分隔,清除动火区域的易燃物、可燃物,配备消防器材,

专人监护,保证施工和使用范围的消防安全。

14) 在消防安全重点部位设置明显的防火标志,实行严格管理。

(3) 义务消防队组织。

施工现场应当根据消防法规的有关规定,建立义务消防队,配备相应的消防装备、器材,并组织开展消防业务学习和灭火技能训练,提高预防和扑救火灾的能力。

1) 义务消防队组建原则。

①义务消防队(组)的人员数,一般不得少于职工总人数的5%~10%的比例标准建队;火灾危险性较大的按不少于职工总数的30%;各种物资仓库不少于70%的比例建队。

②义务消防队员力求精干,应选拔热爱消防工作,身体健康的生产骨干、班组长、特殊工种的职工群众参加。

③施工现场防火负责人是义务消防组织的组织指挥者。义务消防队一般应设正副队长,应由具有一定组织能力,熟悉消防基本知识的安全保卫部门人员担任。

④义务消防队可根据实际需要与可能建立防火宣传、检查、火灾扑救等小组。在进行火灾扑救时,一般分为灭火组、抢救组、通信组、警戒组等。

⑤义务消防队应建立必要的学习、训练、执勤制度。定期组织队员学习消防知识,训练扑救初起火灾的技能。每年至少集中整训一次。队员调离岗位要及时补充调整,使队伍保持充足的力量。

2) 义务消防队应达到的"两知,三会"标准。

①两知:知防火知识、知灭火知识。

②三会:会报火警、会疏散自救、会协助救援。

二、防火宣传标志、消防通道设置要求

施工现场要有明显的防火宣传标志。

(1) 宣传标语(每年市消防局下发的宣传标语):施工现场应挂有宣传标语,主要有:

1) 预防为主,防消结合。

2) 遵守消防法律法规,减少火灾事故发生。

3) 增强防火意识,掌握逃生常识。

4) 严禁圈占消防设施,确保疏散通道畅通。

5) 居安思危,防患于未然。

6) 消除火灾隐患,构建和谐社会。

7) 隐患险于明火,防范胜于救灾,责任重于泰山。

(2) 宣传标志。

1) 指示标志:紧急出口、疏散通道方向、水泵结合器、火警电话、灭火设备、灭火器、地下消火栓。

2) 禁止标志:禁止阻塞、禁止吸烟、禁止烟火、禁止放易燃物、禁止燃放鞭

炮等。

3）警告标志：当心火灾——易燃物质、当心火灾——氧化物。

三、防火检查和巡查

（1）防火巡查。

施工单位必须明确专人应当进行每日防火巡查，并确定巡查的人员、内容、部位和频次。巡查的内容包括：

1）用火、用电有无违章情况。
2）安全出口、疏散通道是否畅通，安全疏散指示标志、应急照明是否完好。
3）消防设施、器材和消防安全标志是否在位、完整。
4）消防安全重点部位的人员在岗情况。

防火巡查人员应当及时纠正违章行为，妥善处置火灾危险，无法当场处置的，应当立即报告。发现初起火灾，应当立即报警并及时扑救。防火巡查应当填写巡查记录，巡查人员及其主管人员应当在巡查记录上签名。

（2）防火检查。

1）火灾隐患的整改以及防范措施的落实情况。
2）安全疏散通道、疏散指示标志、应急照明和安全出口情况。
3）消防车道、消防水源情况。
4）灭火器材配置及有效情况。
5）用火、用电有无违章情况。
6）重点工种人员以及其他员工消防知识的掌握情况。
7）消防安全重点部位的管理情况。
8）易燃易爆危险物品和场所防火防爆措施的落实情况以及其他重要物资的防火安全情况。
9）消防值班情况和设施运行、记录情况。
10）防火巡查情况。
11）消防安全标志的设置情况和完好、有效情况。
12）其他需要检查的内容。

防火检查应填写检查记录。检查人员和被检查单位（部门）负责人应在检查记录上签名。

四、施工现场消防安全管理常见问题

（1）凡有下列行为之一为严重违章：

1）施工组织设计中未编制消防方案或危险性较大的作业，如防水施工、保温材料安装使用、施工暂设搭建和冷却塔的安装及其他易燃、易爆物品的未编制防火措施。

2）进行电焊作业、油漆粉刷或从事防水、保温材料、冷却塔安装等危险作业时，无防火要求措施，也未进行安全交底。明火作业与防水施工、外墙保温材料等较大危险性作业进行违章交叉作业，存在较大火灾隐患的。

3）明火作业无审批手续、非焊工从事电气焊、割作业，动火前未清理易燃物。

4）施工暂设搭建未按防火规定使用非燃材料而采用易燃、可燃材料作围护结构的。

5）在建筑工程主体内设置员工集体宿舍，设置的非燃品库房内住宿人员。

6）在建筑物或库房内调配油漆、稀料。

7）将在施建筑物作为仓库使用或长期存放大量易燃、可燃材料。

8）施工现场吸烟。

9）工程内使用液化石油气钢瓶。

10）冬期施工工程内采用炉火作取暖保温措施的。

11）将住宿或办公区域安全出口上锁、遮挡、或者占用、堆放物品或者影响疏散通道畅通的。

（2）凡下列问题为重大隐患：

1）施工现场未设消防车道。

2）施工现场的消防重点部位（木工加工场所、油料及其他仓库等）未配备消防器材。

3）施工现场无消防水源，或消火栓严重不足，未采取其他措施的。

4）消火栓被埋、压、圈、占。因消火栓开启工具不匹配，不能及时开启出水的。

5）施工现场进水干管直径小于100mm，无其他措施的。

6）高度超过24m以上的建筑未设置消防竖管，或在正式消防给水系统投入使用前，拆除或者停用临时消防竖管的。

7）消防竖管未设置水泵结合器，或设置水泵结合器，消防车无法靠近，不能起灭火作用的。

8）消防泵的专用配电线路，未引自施工现场总断路器的上端，不能保证连续不间断供电。

9）冬期施工消火栓、消防泵房、竖管无防冻保温措施，造成设备、管路被冻，不能出水，起到灭火作用的。

10）将安全出口上锁、遮挡，或者占用、堆放物品，或者影响疏散通道畅通的。

11）消防设施管理、值班人员和防火巡查人员脱岗的。

12）生活区食堂使用液化气瓶到期未检验，无安全供气协议；工程内或生产区域使用液化石油气的。

五、明火作业的管理

（1）电焊、气焊规定。

1）电、气焊作业人员必须经公安消防监督部门委托的单位考试合格后方能上岗。

2）电、气焊作业前必须经单位防火负责人或保卫消防部门审批，办理动火证。用火审批人员要对用火地点情况明、底数清，不具备消防安全条件的不得开具用（动）火证，危险性较大的要到现场查看并采取严格的安全措施。作业人员必须按动火证限定的时间、地点、范围进行电气焊割作业，用火证当日有效。用火地点变换，要重新办理用火证手续，作业结束，交回动火证。

3）电、气焊割作业前，必须仔细检查作业地点的安全状况。必须清除周围一切可燃物，备足必要的灭火器材或灭火用水，并设专人现场监护。

4）焊、割存放过化学危险物品的容器或设备，在处于危险状况时不得进行焊割。必须采取安全清洗后，方准进行焊割。

5）焊割操作不准与油漆、喷漆、木工等易燃易爆操作同部位、同时间上下交叉作业。严禁在有火灾爆炸危险的场所进行焊割作业。

6）电焊机必须设立专用地线，不准将地线搭接在建筑物、机器设备或各种管道、金属架上。

7）氧气瓶导管、软管、瓶阀及减压阀不得与油脂、沾油物品接触。氧气瓶和乙炔瓶应分开放置，并不得倾倒和受热。

8）焊工要严格遵守操作规程，点火前要检查焊割器具软管、接口螺丝是否处于安全状态。

9）在遇有五级以上大风等恶劣气候时，高空、露天焊割作业应停止。

10）作业完毕或焊工离开现场时，必须切断气源、电源，检查现场，确无火险方可离去。

（2）焊工的十不焊、割。

1）焊工没有操作证，不能进行焊割作业。

2）未办理动火审批手续，不能擅自进行焊割作业。

3）焊工不了解焊、割现场情况，不能盲目焊割。

4）焊工不了解焊、割件内部是否安全，不能焊割。

5）盛过有可燃气体、易燃液体、有毒物质的各种容器，未经彻底清洗前，大型油罐、气桶清洗后，未经气体测爆或测爆后间隔2h以上时，不能焊割。

6）用可燃材料作保温、隔声、隔热的部位，火花能飞溅到的地方，在未采取切实可靠的安全措施前，不能焊割。

7）有压力或密封的容器、管道不得焊割。

8）焊割部位附近堆有易燃、易爆的物品，在未彻底清理或未采取安全有效措施前，不能进行焊割。

9）与外单位相接触的部位，在没有弄清外单位有否影响，或明知存在危险又未采取有效的安全措施前，不能焊割。

10）焊割场所与附近其他工程互相有抵触时，不能焊割。

(3) 燃气用火规定。

1) 不得在建设工程内和生产区域使用液化石油气。

2) 钢瓶到期应进行年检，并与供气单位签订安全供气协议，并留存为其供气储罐站的燃气经营许可证。

3) 不得在用可燃性材料作夹芯的彩钢板房内使用液化石油气。

4) 施工单位生活区食堂燃气用火必须符合燃气规定，用火点和燃气罐不能放置在同一房间内。

5) 施工单位应当对室内燃气设施和用气设备进行日常检查，发现室内燃气或者用气设备异常、燃气泄漏时，应当关闭阀门、开窗通风，禁止在现场动用明火、开关电器、拨打电话，并及时向燃气供应单位报修。

6) 燃气罐运输和使用过程中的规定如下：

①禁止倒灌瓶装液化气。

②禁止摔、砸、滚动、倒置气瓶。

③严禁用烘、烤、煮、蒸等方法加热气瓶。

④禁止倾倒瓶内残液或者拆修瓶阀等附件。

⑤使用明火检查燃气泄漏。

⑥装卸时严禁抛撞。

⑦使用时要有专人管理，停火时要将总开关关闭，经常检查无泄漏。

7) 地下建筑严禁储存和使用液化石油气。

8) 严禁使用无年检合格证或已过使用期限报废的液化气瓶。

9) 冬期施工严禁工程内采取明火保温施工，宿舍内严禁明火取暖。

10) 施工现场内禁止吸烟。

11) 施工现场严禁存放、燃放烟花爆竹。

六、消防器材的配备

(1) 建筑灭火器的配置方法。

1) 确定各灭火器配备场所内的使用性质、危险等级、可燃物数量、火灾蔓延速度以及扑救难度等因素划分为三级。即：严重危险级、中危险级、轻危险级。要根据规范的要求（见《建筑灭火器配置设计规范》附录二）确定配置场所的危险等级。

2) 确定各灭火器配置场所的火灾种类

火灾种类应根据物质及其燃烧特性划分为以下几类：

A 类火灾：指含固体可燃物，如木材、棉、麻、纸张等燃烧的火灾。

B 类火灾：指甲、乙、丙类液体、如汽油、煤油、柴油、甲醇、乙醚、丙酮等燃烧的火灾。

C 类火灾：指可燃气体、如煤气、天然气、甲烷、乙炔、氢气等燃烧的火灾。

D 类火灾：指可燃金属，如钾、钠、镁、钛、锆、铝镁合金等燃烧的火灾。

E类火灾：（带电火灾）指带电物体燃烧的火灾。

（2）灭火器的选择。

1）扑救A类火灾应选用水型、泡沫、磷酸铵盐干粉、卤代烷型灭火器。

2）扑救B类火灾应选用干粉、泡沫、卤代烷、二氧化碳型灭火器，扑救极溶性溶剂B类火灾不得选用化学泡沫灭火器。

3）扑救C类火灾应选用干粉、卤代烷、二氧化碳型灭火器。

4）扑救带电火灾应选用卤代烷、二氧化碳、干粉型灭火器。

5）扑救ABC类火灾和带电火灾应选用磷酸铵盐干粉、卤代烷型灭火器。

（3）灭火器的设置。

1）灭火器应设置在明显和便于取用的地点，且不得影响安全疏散。

2）灭火器应设置稳固，其铭牌必须朝外。

3）手提式灭火器宜设置在挂钩、托架上或灭火器箱内，其顶部离地面高度应小于1.5m；底部离地面高度不宜小于0.15m。

4）一个灭火器配置场所内的灭火器不能少于2具。每个设置点的灭火器不宜多于5具。

（4）灭火器的维护保养。

1）使用单位必须加强对灭火器的日常管理和维护，定期进行维护保养和维修检查。建立维护管理档案，明确维护管理责任人，并且对维护情况进行定期检查。灭火器的档案资料，应记明配置类型、数量、设置位置、检查维修单位（人员）、更换药剂时间等有关情况。

2）单位应当至少每12个月组织或委托维修单位对所有灭火器进行一次功能性检查。灭火器不论已经使用还是未使用，距出厂日期满5年，以后每隔2年，必须进行水压试验等检查。凡使用过和失效不能使用的灭火器，必须更换已损件和重新充装灭火剂和驱动气体。凡干粉灭火器距出厂日期满10年的，二氧化碳灭火器距出厂日期满12年的，均应予以强制报废，重新选配灭火器。

七、消防设施的设置和配备及消防道路要求

（1）消火栓。

1）施工现场消火栓应布局合理，消防干管直径不小于100mm，消火栓处昼夜要设明显标志，配备足够的水龙带，周围3m内不得存放物品。

2）地下消火栓必须符合防火规范。

（2）消防竖管设置、泵房的配置要求。

1）超过24m的建设工程，应当安装临时消防竖管，管径不得小于75mm，每层设消火栓口，配备足够的水龙带。消防供水要保证足够的水源和水压，严禁消防竖管做为施工用水管线。

2）消防竖管应设置水泵接合器，满足施工现场火灾扑救的消防供水要求。

3）在正式消防给水系统投入使用前，不得拆除或者停用临时消防竖管。

4）消防泵房应用非燃材料建造，位置设置合理，便于操作，并设专人管理，保证消防供水。

5）消防泵的专用配电线路，应引自施工现场总断路器的上端，要保证连续不间断供电。

依据公安部 61 号令规定：单位应当按照建筑消防设施检查维修保养有关规定的要求，对建筑消防设施的完好有效情况进行检查和维修保养。

（3）施工现场消防道路。

施工现场必须设置临时消防车道。其宽度不得小于 3.5m，并保证临时消防车道畅通，禁止在临时车道上堆物、堆料或挤占临时消防车道。

八、材料设备的存放与使用

施工材料、易燃可燃材料的存放、清理，易燃易爆物品的存放要求、防火措施，氧气、乙炔瓶的使用与存放，要求如下：

（1）施工暂设和施工现场使用的安全网、围网和保温材料应当符合消防安全规范，不得使用易燃或者可燃材料。

（2）施工单位应当按照仓库防火安全管理规则存放、保管施工材料。

（3）建设工程内不准存放易燃易爆化学危险物品和易燃可燃材料。对易燃易爆化学危险物品和压缩可燃气体容器等，应当按其性质设置专用库房分类存放。施工中使用易燃易爆化学危险物品时，应当制订防火安全措施；不得在作业场所分装、调料；不得在建设工程内使用液化石油气；使用后的废弃易燃易爆化学危险物料应当及时清除。

（4）在肥槽内防水施工作业应有双向疏散梯道。

（5）氧气瓶、乙炔瓶工作间距不得小于 5m，两瓶与明火作业距离不得小于 10m。建筑工程内禁止存放氧气瓶、乙炔瓶。

九、施工现场住宿及临建房屋消防规定

（1）在建建筑工程主体内不得设置员工集体宿舍及可燃材料库房，设置的非燃品库房内不得住宿人员。

（2）在建设工程外设置宿舍的，禁止使用可燃材料作分隔和使用电热器具。设置的应急照明和疏散指示标志应当符合有关消防安全要求。

（3）临建房屋消防规定。

1）施工现场临建房屋要选非燃建材；用作办公、住宿的临建房屋设置区与作业区应当分开，并保持安全距离。

2）临建房屋应由具备电工资格的人员统一安装电气线路，电气线路应采用金属管或经阻燃处理的难燃型硬质塑料管保护，且不应敷设在易燃、可燃结构内。

3）建设工程总承包单位负责施工现场临建房屋消防安全管理工作。总承包单

位主要负责人是单位的消防安全责任人,对本单位的消防安全工作全面负责。

4)施工总承包单位应结合临建房屋的性质,制订消防安全管理措施。

5)办公区、宿舍区应制订火灾时人员应急疏散预案,并每年入冬前组织一次演练。

6)施工单位应将施工作业区与生活区等分开设置。

建筑工程主体结构与非施工作业区临建房屋的防火间距不得小于10m。

生活区、办公区域内采用非燃材料搭建的临时房屋之间的防火间距不得小于4m。

7)施工现场临建房屋内各房间建筑面积超过60m^{2}时,至少设置2个疏散门。多层施工现场临建房屋的疏散楼梯不应少于两个且应分散布置,设置两部疏散楼梯确有困难时,可设置一部金属竖向梯作为第二安全出口。

8)施工现场临建房屋内未经消防保卫人员和电气主管人员批准不得使用电热器具,严禁私接乱拉电线、明火取暖。

十、保温材料使用管理

(1)施工总承包单位对施工现场保温材料的消防安全使用情况负全责,并制订相应的消防安全管理制度,各分包单位要具体落实其各项安全制度。建设方指定分包的工程,建设方应对其分包的单位负责管理并承担管理责任。

(2)施工单位应选用经过阻燃处理的保温材料(氧指数检测结果判定为B1级),并留存相关检测报告存档备查。

(3)严格落实施工现场用火用电措施,总包单位统一开具动火证,并由安全员和看火人共同核查动火点周围环境后,10m范围内无可燃易燃物方可动火施工;保温材料施工周围10m范围内禁止动火作业;禁止动火动焊与铺设保温材料交叉作业,防止引发火灾事故。

(4)施工期间,施工单位应加强保温材料的存放管理,随时清理遗留在施工现场废弃的保温材料。

(5)保温作业应分区段施工,各区段间应保持一定的防火间距,同时做到边固定保温材料、边涂抹水泥砂浆,尽量缩短保温材料裸露时间。

十一、消防教育和培训

(1)施工单位应开展下列消防安全教育工作。

1)施工单位应定期开展形式多样的消防安全宣传教育。

2)建设工程施工前应对施工人员进行消防安全教育。

3)在建设工地醒目位置、施工人员集中住宿场所设置消防安全宣传栏,悬挂消防安全挂图和消防安全警示标识;对新上岗和进入新岗位的职工(施工人员)进行上岗前消防安全培训。

4）对在岗的职工（施工人员）至少每年进行一次消防安全培训。

5）施工单位至少每半年组织一次灭火和应急疏散演练。

6）对明火作业人员进行经常性的消防安全教育。

（2）总承包单位要组织分包单位管理人员、保安、成品保护人员以及施工人员等进行全员消防安全教育培训，教育培训应当包括：

1）有关消防法规、消防安全制度和保障消防安全的操作规程。

2）本岗位的火灾危险性和防火措施。

3）有关消防设施的性能、灭火器材的使用方法。

4）报火警、扑救初起火灾以及自救逃生的知识和技能。

（3）施工单位应落实电焊、气焊、电工等特殊工种作业人员持证上岗制度，电焊、气焊等危险作业前，应对作业人员进行消防安全教育，强化消防安全意识，落实危险作业施工安全措施。

（4）通过消防宣传进企业，职工要做到"三知三会"，即知道本岗位的火灾危险性、知道消防安全措施、知道灭火方法；会正确报火警、会扑救初期火灾、会组织疏散人员。

十二、消防资料

施工单位应建立健全消防档案。消防档案应包括消防安全基本情况和消防安全管理情况，消防档案应翔实，全面反映施工单位消防工作的基本情况，并附有必要的图表，根据情况变化及时更新。单位应对消防档案统一保管、备查。

（1）消防安全基本情况应当包括以下内容：

1）施工现场的基本情况和消防安全重点部位情况。

2）工程消防审批有关资料。

①送审报告（施工单位加盖公章的书面申请）。

②《北京市消防局建筑设计消防审核意见书》。

③《北京市建筑工程施工现场消防安全审核申请表》。

④施工现场消防安全措施方案、防火负责人和消防保卫人员名单。

⑤施工组织设计和方案。

⑥保卫消防方案。

3）消防管理组织机构和各级消防安全责任人。

4）消防安全责任协议。

5）消防安全制度。

6）消防设施灭火器材情况。

7）义务消防队情况。

8）与消防有关的重点工种人员情况。

9）新增消防产品、防火材料的合格证明材料（施工现场一般是指对临建房屋围护结构的保温材料及现场使用的安全网、围网和施工保温材料的检测情况）。

10）灭火和应急疏散预案。

（2）消防安全管理情况应当包括以下内容：

1）公安消防机构填发的各种法律文书。

2）防火检查、巡查记录。

3）火灾隐患及其整改记录。

4）消防设施定期检查记录，灭火器材维修保养记录，燃气、电气设备监测（包括防雷、防静电）等记录资料。

5）消防安全培训记录。

6）明火作业审批手续。

7）易燃、易爆化学危险物品，防水施工，保温材料安装、使用、存放的审批手续和措施。

8）灭火和应急疏散预案的演练记录。

9）火灾情况记录。

10）消防奖惩情况记录。

第2单元 施工安全教育培训

第1讲 建筑工人安全培训

一、建筑工人安全教育培训相关规定

（1）各省、自治区、直辖市建设厅（建委），根据企业职工情况，分别规定安全教育时间和要求。

（2）建筑施工企业对新进场工人和调换工种的职工，必须按规定进行安全教育和技术培训，经考核合格，发给证书方准上岗。

（3）采用新技术、新工艺、新设备施工和调换工作岗位时，要对操作人员进行新技术操作和新岗位的安全教育，未经教育不得上岗操作。

（4）要定期培训企业各级领导干部和安全干部，其中施工队长，工长（施工员）、班组长是安全教育的重点。

（5）电工、焊工、架子工、司炉工、爆破工、机械操作工及起重工、打桩机和各种机动车辆司机等特殊工人除进行一般安全教育外，还要经过本工种的安全技术教育，经考核合格发证后，方准独立操作；每年还要进行一次复审。对从事有尘毒危害作业的工人，要进行尘毒危害和防治知识教育。

二、新工人三级安全教育

新进公司职工（包括新调入人员、实习生、代培人员等）及新入场工人必须进行三级安全教育，并经考试合格后方可上岗。

1. 一级（公司级）安全教育

时间应不少于 15h，其教育内容包括：

（1）职业安全卫生有关知识；

（2）国家有关安全生产法令、法规和规定；

（3）本公司和同类型企业的典型事故及教训；

（4）本公司的性质、生产特点及安全生产规章制度；

（5）安全生产基本知识、消防知识及个体防护常识。

2. 二级（项目级）安全教育

时间应不少于 15h，其教育内容包括：

（1）本单位概况，施工生产或工作特点，主要设施、设备的危险源和相应的安全措施和注意事项；

（2）本单位安全生产实施细则及安全技术操作规程；

（3）安全设施、工具、个人防护用品、急救器材、消防器材的性能和使用方法等；

（4）以往的事故教训。

3. 三级（班组级）安全教育

时间应不少于 20h，由班长或班组安全员负责教育，可采取理论了解和实际操作相结合的方式进行，新工人经班组安全教育考核合格后，方可指定师傅带领进行工作或学习。其教育内容包括：

（1）本岗位（工种）安全操作规程；

（2）发现紧急情况时的急救措施及报告方法；

（3）本岗位（工种）的施工生产程序及工作特点和安全注意事项；

（4）本岗位（工种）设备、工具的性能和安全装置、安全设施、安全监测、监控仪器的作用，防护用品的使用和保管方法。

三级安全教育、考试、考核情况，要逐级填写在三级安全教育卡片上，建立安全教育档案。三级安全教育完毕，经公司安全管理部门审核后，方可准许发放劳动保护用品和本工种所享受的劳保待遇。未经三级安全教育或考试不合格，不得分配工作，否则由此而发生的事故由分配及接受其工作的单位领导负责。

三、特种作业人员安全培训

（1）直接从事对操作者本人，尤其对他人和周围设施的安全有重大危害因素的作业者通称为特种作业人员，如起重工、电焊工、架子工、司机等。

（2）特种作业人员必须具备的基本条件如下：

1）年满十八周岁。

2）初中以上文化程度。

3）工作认真负责，遵章守纪。

4）身体健康，无妨碍从事本工种作业的疾病和生理缺陷。

5）按上岗要求的技术业务理论考核和实际操作技能考核成绩合格。

（3）考核与发证。

1）经考核成绩合格者，发给"特种作业人员操作证"；不合格者，允许补考一次。补考仍不合格者，应重新培训。

2）考核与发证工作，由特种作业人员所在单位负责组织申报，地、市级劳动行政主管部门负责实施。

3）离开特种作业岗位一年以上的特种作业人员，需重新进行安全技术考核，合格者方可从事原作业。

4）考核内容严格按照《特种作业人员安全技术培训考核大纲》进行。考核包括安全技术理论考试与实际操作技能考核，以实际操作技能考核为主。

（4）复审及其他。

1）劳动行政主管部门及特种作业人员所在单位，均需建立特种作业人员的管理档案。

2）取得"特种作业人员操作证"者，每两年进行一次复审。未按期复审或复审不合格者，其操作证自行失效。复审由特种作业人员所在单位提出申请，由发证部门负责审验。

3）项目部将已培训合格的特种作业人员登记造册，并报公司。特种作业和机械操作人员的安全培训，由分公司企管部负责。参加专业性安全技术教育和培训，经考核合格取得市级以上劳动行政主管部门颁发的"特种作业操作证后"，方可独立上岗作业。

四、外包单位及外来人员安全教育

（1）外包人员入场作业前必须接受入场安全教育，并经考核合格后方可入场使用。安全教育内容主要包括本单位施工生产特点、入场须知、所从事工作的性质、注意事项和事故教训等。

（2）对外包单位的安全教育，由使用单位安全部门负责，受教育时间不得少于8h，并在工作中指定专人负责管坤和检查。

（3）对外借人员的安全教育，由用工单位负责，经考核后，方能允许进入现场施工。

（4）对进入施工现场参观人员的安全教育，项目负责人负责；其教育内容为有关项目的安全规定及安全注意事项，并安排专人陪同。

第 2 讲 日常安全教育及记录

一、经常性安全生产宣传教育

经常性安全生产教育形式可采用安全活动日、班前班后会、各种安全会议、安全技术交底、广播、黑板报、标语、简报、电视、播放录像等,结合公司生产、施工任务开展安全生产经常性教育。

1. 经常性安全生产宣传内容

(1) 宣传安全生产经验,树立搞好安全生产的信心,克服"事故难免论"。

(2) 宣传"安全生产,人人有责",动员全体职工人人重视、人人动手安全生产和文明施工。

(3) 宣传党和政府十分重视劳动保护工作,体现党和政府对劳动者的无限关怀,激发职工的工作积极性。

(4) 宣传安全生产在政治上和经济上的重大意义,使每个职工能时刻重视安全生产工作,牢固树立"安全第一"的思想。

(5) 教育职工克服麻痹思想,克服安全生产工作"重视主体工程,忽视收尾工程","重视高大危险工程,忽视一般工程"的错误倾向。

(6) 宣传"生产必须安全,安全为了生产"的关系,使职工懂得不重视安全生产,会给企业、劳动者本人以及社会、家庭带来损失与不幸。

(7) 教育职工尊重科学,按客观规律办事,不违章指挥,不违章作业,使职工认识到安全生产规章制度是长期实践经验的总结,有的付出了血的代价,要自觉地学习规程,执行规程。

2. 经常性安全教育知识内容

(1) 安全标准、制度等知识。

(2) 经常性安全教育的主要内容。

(3) 防触电和触电后急救知识。

(4) 防尘、防毒、防电光伤眼等基本知识。

(5) 安全法制知识教育,增强安全法制观念,严格按章办事,领导不违章指挥,工人不违章作业。

(6) 脚手架、吊篮安全使用知识,如不准随意拆除架子或吊篮的任何杆件和部件。

(7) 防止起重伤害事故基本知识,如严格安全纪律,不准随意乱开动起重机械,不准随意乘坐起重装置升降,不准乘坐井架、龙门架、吊笼等。

3. 经常性安全生产宣传教育的形式

经常性安全生产宣传教育的形式多种多样,应贯彻及时性、严肃性、真实性,做到简明、醒目,避免恐怖形象。既要有批评,也要有表扬,不仅要指出什么是错

误的,同时也应指出怎样才是正确的。具体形式有:

(1) 举办事故分析会;
(2) 举办安全保护广播;
(3) 举办安全保护展览;
(4) 举办劳动保护讲座;
(5) 举办安全生产训练班;
(6) 举办安全保护报告会;
(7) 建立安全保护教育室;
(8) 举办安全保护文艺演出;
(9) 放映安全保护幻灯或电影;
(10) 书写安全标志和标语口号;
(11) 办安全保护黑板报、宣传栏;
(12) 印发安全保护简报、通报等;
(13) 张贴悬挂安全保护挂图或宣传画;
(14) 组织家属做职工安全生产思想工作;
(15) 施工现场入口处的安全纪律标牌。

二、季节性教育及节假日特殊安全教育

(1) 由项目部结合季节特征,凡是自然条件变化,大风、大雪、暴雨、冰冻或雷雨季节,应抓住气候变化特点,进行安全教育。

(2) 节假日特殊教育。节假日前后,人员容易疏忽而放松安全生产,应抓住主要环节,进行安全教育。

1) 集体宿舍内严禁使用电加热器,严禁使用明火与电炉。

2) 节日期间,如果动用明火,要严格按照动火升级审批制度进行审批。

3) 工地加班加点,要思想集中,遵守安全纪律,严格做好交接班工作,严禁酒后作业。

4) 节日期间不使用的机械设备及电气设备,应切断电源、拔掉保险丝、电箱上锁;移动电具、危险物品应妥善保管。

5) 节后开工前,应认真组织对周围环境、机具设备机动车辆、现场设施进行检查,确认正常方可施工,并相应做好记录。

6) 对节日期间必须使用的机械设备、机动车辆、现场设施、防火器材等,应组织专业人员,进行一次技术状况的检查,确认良好才能使用。

三、其他形式的安全教育

(1) 新工艺、新技术、新设备、新品种投产使用前,各主管部门要写出新的安全操作规程,对岗位和有关人员进行安全教育,经考试合格后,方可从事新人岗

位工作。

（2）对严重违章违纪职工，由所在单位安全部门进行单独再教育，经考察认定后，再回岗工作。

（3）对脱离操作岗位（如产假、病假、学习、外借等）六个月以上重返岗位操作者，应进行岗位复工教育。

（4）参加特殊区域、高危场所作业（如附着脚架、塔吊、升降机、高支撑模板等）的人员，在作业前，必须进行有针对性的安全教育。

（5）职工在公司内调动工作岗位变动工种（岗位）时，接受单位应对其实行二、三级安全教育，经考试合格后，方可从事新岗位工作。

四、安全教育记录

项目经理部对新入场、转场及变换工种的施工人员必须进行安全教育，经考试合格后方可上岗作业；同时应对施工人员每年至少进行两次安全生产培训，并对被教育人员、教育内容、教育时间等基本情况进行记录，见表1—1。

表1—1 作业人员安全教育记录表

作业人员安全教育记录表		编号	
工程名称		主讲人	
教育主题		培训对象	
培训时间		培训地点		培训人数	
培训部门		培训学时		记录整理人	

培训内容：

接受培训人员签名：

第3讲 现场施工安全活动与记录

一、日常安全会议

（1）公司安全例会每季度一次，由公司质安部主持，公司安全主管经理、有关科室负责人、项目经理、分公司经理及其职能部门（岗位）安全负责人参加，总结一季度的安全生产情况，分析存在的问题，对下季度的安全工作重点作出布置。

（2）公司每年末召开一次安全工作会议，总结一年来安全生产上取得的成绩和不足，对本年度的安全生产先进集体和个人进行表彰，并布置下一年度的安全工作任务。

（3）各项目部每月召开安全例会，由其安全部门（岗位）主持，安全分管领导、有关部门（岗位）负责人及外包单位负责人参加。传达上级安全生产文件、信息；对上月安全工作进行总结，提出存在问题；对当月安全工作重点进行布置，提出相应的预防措施。推广施工中的典型经验和先进事迹，以施工中发生的事故教育班组干部和施工人员，从中吸取教训。由安全部门做好会议记录。

（4）各项目部必须开展以项目全体、职能岗位、班组为单位的每周安全日活动，每次时间不得少于 2h，不得挪作他用。

（5）各班组在班前会上要进行安全讲话，预想当前不安全因素，分析班组安全情况，研究布置措施。做到"三交一清"（即交施工任务、交施工环境、交安全措施和清楚本班职工的思想及身体情况）。

（6）班前安全讲话和每周安全活动日的活动要做到有领导、有计划、有内容、有记录，防止走过场。

（7）工人必须参加每周的安全活动日活动，各级领导及部门有关人员须定期参加基层班组的安全日活动，及时了解安全生产中存在的问题。

二、每周的安全日活动内容

（1）检查安全规章制度执行情况和消除事故隐患。
（2）结合本单位安全生产情况，积极提出安全合理化建议。
（3）学习安全生产文件、通报，安全规程及安全技术知识。
（4）开展反事故演习和岗位练兵，组织各类安全技术表演。
（5）针对本单位安全生产中存在的问题，展开安全技术座谈和攻关。
（6）讲座分析典型事故，总结经验、吸取教训，找出事故原因，制订预防措施。
（7）总结上周安全生产情况，布置本周安全生产要求，表扬安全生产中的好人好事。
（8）参加公司和本单位组织的各项安全活动。

三、班前安全活动

班前安全活动是班组安全管理的一个重要环节,是提高班组安全意识,做到遵章守纪,实现安全生产的途径。建筑工程安全生产管理过程中必须做好此项活动。

(1)每个班组每天上班前 15min,由班长认真组织全班人员进行安全活动,总结前一天安全施工情况,结合当天任务,进行分部分项的安全交底,并做好交底记录。

(2)对班前使用的机械设备、施工机具、安全防护用品、设施、周围环境等要认真进行检查,确认安全完好,才能使用和进行作业。

(3)对新工艺、新技术、新设备或特殊部位的施工,应组织作业人员对安全技术操作规程及有关资料的学习。

(4)班组长每月 25 日前要将上个月安全活动记录交给安全员,安全员检查登记并提出改进意见之后交资料员保管。

四、班前讲话记录

各作业班组长于每班工作开始前必须对本班组全体作业人员进行班前安全活动交底,其内容应包括:本班组安全生产须知和个人应承担的责任,以及本班组作业中的危险点和相应的安全措施等,见表1—2。

表1—2 班组班前讲话记录表

班组班前讲话记录表		编号	
工程名称		施工单位	
作业部位		作业内容	
作业班组		作业人数	
日　期		天气情况	
班前讲话内容			
参加活动的人员名单			

第3单元　劳动保护用品

劳动防护用品，是指劳动者在劳动过程中为免遭或减轻事故伤害或职业危害所配备的防护装备，是为从事建筑施工作业的人员和进入施工现场的其他人员配备的个人防护装备。

第1讲　劳动防护用品管理

一、劳动防护用品采购规定

（1）建筑施工企业应建立健全劳动防护用品购买，验收，保管，发放，使用，更换，报废管理制度。同时应建立相应的劳动防护用品管理台账，管理台账保存期限不得少于两年，以保证劳动保护用品的质量具有可追溯性。

（2）企业应建立劳动防护用品合格分供方名册，查验劳动保护用品生产厂家或供货商的生产、经营资格，验明劳动防护用品的合格证明、"CCC"证或生产许可证、法定检验机构出具的检验报告等相关质量证明资料齐全；劳动防护用品必须符合国家标准或行业标准，同时劳动防护用品必须有安全标志。不能提供全部上述劳动保护用品资料者不得采购。

二、劳动防护用品验收规定

（1）施工企业采购、个人使用的安全帽、安全带及其他劳动防护用品等，必须符合《安全帽》（GB2811-2007）、《安全带》（GB6095-2009）及其他劳动保护用品相关国家标准的要求，不得采购和使用无厂家名称，无产品合格证，无安全标志的劳动防护产品。

（2）施工企业采购的安全帽、安全带等其他劳动防护用品，必须经公司安全生产技术部门检查、验收合格后，必须外观合格、使用有效期内，方可办理入库手续。

（3）进货单位应按批量对安全帽冲击吸收性能、耐穿刺性能、垂直间距、佩戴高度标识及标识中声明的符合标准规定的特殊技术性能或相关方约定的项目进行检测，无检验能力的单位应到有资质的第三方实验室进行检验。检验项目必须全部合格。见表1—3。

表 1—3

批量范围	≤500	≥500—5000	≥5000—50000	≥50000
样本大小	1×n	2×n	3×n	4×n

注：顶数 n，参见《安全帽》(GB 2811-2007) 具体规定。

三、劳动防护用品的使用年限及报废条件规定

（1）劳动防护用品的使用年限应按国家现行相关标准执行。劳动防护用品达到使用年限或报废标准，在使用过程中失效、破损、变质的劳动防护用品，要停止使用，并做报废处理。用人单位必须按照规定要求和产品使用期限，及时更换到期的产品，并为作业人员配备新的劳动防护用品。劳动防护用品有定期检测要求的应按照其产品的检测周期进行检测。

（2）劳动防护用品的使用年限及报废条件规定

1）安全帽使用年限及报废条件规定：

①安全帽在经受严重冲击后，即使没有明显损坏，也必须更换；

②安全帽的报废判别条件和保质期限按制造商产品说明执行，保质期限按出厂日期计算。

2）安全带：

使用频繁的绳，要经常做外观检查。发现异常时应立即更换新绳。带子的使用期为 3~5 年，发现异常应提前报废。安全带使用两年后，应按批量购入情况抽检一次。若合格，该批安全带可继续使用，对抽试过的样带，必须更换安全绳后才能继续使用。

3）安全网

施工现场使用的安全网的质量必须符合标准要求，并要定期进行抽样检测试验，对检测试验不合格的安全网要坚决报废，不得使用。

第 2 讲　劳动防护用品的配备与使用管理

一、劳动防护用品分类

（1）头部防护类：安全帽、工作帽；

（2）眼、面部防护类：护目镜、防护罩（分防冲击型、防腐蚀型、防辐射型等；

（3）听觉、耳部防护类：耳塞、耳罩、防噪声帽等；

（4）呼吸器官防护类：防毒面具、防尘口罩等；

（5）手部防护类：防腐蚀、防化学药品手套，绝缘手套，搬运手套，防火防

烫手套等；

（6）足部防护类：绝缘鞋、保护足趾安全鞋、防滑鞋、防油鞋、防静电鞋等；

（7）防护服类：防火服、防烫服、防静电服、防酸碱服等；

（8）防坠落类：安全带、安全绳等；

（9）防雨、防寒服装及专用标志服装、一般工作服装。

二、劳动防护用品配备的基本规定

（1）从事施工作业人员必须配备符合国家现行有关标准的劳动防护用品，并应按规定正确使用。

（2）劳动防护用品的配备，应按照"谁用工，谁负责"的原则，由用人单位为作业人员按作业工种配备。劳动防护用品必须以实物形式发放，不得以货币或其他物品替代。

（3）进入施工现场的施工人员和其他人员，应正确佩戴相应的劳动防护用品，以确保施工过程中的安全和健康。

（4）进入施工现场人员必须佩戴安全帽。作业人员必须戴安全帽，穿工作鞋和工作服，应按作业要求正确使用劳动防护用品。在 2m 及以上的无可靠安全防护设施的高处，悬崖和陡坡作业时，必须系挂安全带。

（5）从事机械作业的女士及长发者应配备工作帽等个人防护用品。

（6）从事登高架设作业，起重吊装作业的施工人员应配备防止滑落的劳动防护用品，应为从事自然强光环境下作业的施工人员配备防止强光伤害的劳动防护用品。

（7）从事施工现场临时用电工程作业的施工人员应配备防止触电的劳动防护用品。

（8）从事焊接作业的施工人员应配备防止触电，灼伤，强光伤害的劳动防护用品。

（9）从事锅炉，压力容器，管道安装作业的施工人员应配备防止触电，强光伤害的劳动防护用品。

（10）从事防水，防腐和油漆作业的施工人员应配备防止触电，中毒，灼伤的劳动防护用品。

（11）从事基础施工，主体结构，屋面施工，装饰装修作业人员应配备防止身体，手足，眼部等受到伤害的劳动防护用品。

（12）冬期施工期间或作业环境温度较低的，应为作业人员配备防寒类防护用品。

（13）雨期施工期间应为室外作业人员配备雨衣，雨鞋等个人防护用品。对环境潮湿及水中作业的人员应配备相应的劳动防护用品。

三、劳动防护用品使用管理

（1）企业应教育从业人员按照劳动防护用品使用规定和防护要求，正确使用劳动防护产品。

（2）企业应当向作业人员提供安全防护用具和安全防护服装，并书面告知危险岗位的操作规程和违章操作的危害。

（3）企业应加强对施工作业人员劳动保护用品使用情况的检查，并对施工作业人员劳动保护用品的质量和正确使用负责。实行施工总承包的工程项目，施工总承包企业应加强对施工现场内所有施工作业人员劳动保护用品的监督检查。督促相关分包企业和人员正确使用劳动保护用品。作业人员应当遵守安全施工的强制性标准、规章制度和操作规程，正确使用安全防护用具、机械设备等。

（4）作业人员有接受安全教育培训的权利，有按照工作岗位规定使用合格的劳动保护用品的权利；有拒绝违章指挥、拒绝使用不合格劳动保护用品的权利。同时，也负有正确使用劳动保护用品的义务。

（5）建筑施工企业应对危险性较大的施工作业场所具有尘毒危害的作业环境设置安全警示标示及应使用的安全防护用品标识牌。

（6）作业人员在劳动防护用品使用前，应对其防护功能进行必要的检查。企业应对作业人员劳动防护用品的使用情况进行监督检查。

四、安全帽、安全带及安全网的使用基本要求

1. 安全帽

（1）进入施工区域的所有人员，必须正确佩戴安全帽。

（2）安全帽质量应符合现行国家标准《安全帽》（GB2811-2007）的规定。

（3）安全帽由帽壳、帽衬、下颏带、附件组成。不准使用缺衬、缺带及破损的安全帽。

（4）安全帽的质量：普通安全帽不超过430g；防寒安全帽不超过600g。

（5）安全帽的佩戴：

1）佩戴安全帽时，帽箍底部至头顶最高点的轴向距离，应为80～90mm。

2）佩戴安全帽时，头顶最高点至帽壳内侧最高点的垂直间距应＜50mm。

3）帽沿：＜70mm。

4）佩戴安全帽时，必须系好下颏带。

（6）安全帽的基本技术性能有：冲击吸收性能、耐穿刺性能、下颏带的强度。

（7）安全帽的特殊技术性能有：防静电性能、电绝缘性能、侧向刚性、阻燃性能、耐低温性能。

2. 安全带

（1）凡在坠落高度距基准面2m（含2m）以上施工作业，在无法采取可靠防护措施的情况下，必须正确使用安全带。

（2）安全带应符合现行国家标准《安全带》(GB6095-2009)的规定。

（3）安全带按作业类别分为围杆作业安全带、区域限制安全带、坠落悬挂安全带。

（4）坠落悬挂安全带的安全绳同主带的连接点应固定于佩戴者的后背、后腰或胸前，不应位于腋下、腰侧或腹部。

（5）旧产品应按《安全带测试方法》(GB/T6096-2009)中4.2规定的方法进行静态负荷测试，当主带或安全绳的破坏负荷低于15kN时，该批安全带应报废或更换相应部件。

（6）安全带主带扎紧扣应可靠，不能意外开启。主带应是整根，不能有接头。主带宽度不应小于40mm，辅带宽度不应小于20mm。

（7）安全绳（包括未展开的缓冲器）有效长度不应大于2m，有两根安全绳（包括未展开的缓冲器）的安全带，其单根有效长度不应大于1.2m。

（8）禁止将安全绳用作悬吊绳。悬吊绳与安全绳禁止共用连接器。

（9）所有绳在构造上和使用过程中不应打结。

3. 安全网

（1）安全网应符合现行国家标准《安全网》(GB5725-2009)的规定。

（2）安全网是用来防止人、物坠落，或用来避免、减轻坠落及物击伤害的网具。安全网按功能分为安全平网、安全立网及密目式安全立网。

（3）施工现场使用的密目式安全立网应选用绿色或蓝色，安全网应定期清理，保持*齐、清洁。

（4）阻燃型平（立）网按规定的方法进行测试，续燃、阴燃时间均不应大于4s，外观要求缝线无跳针，无断纱缺陷。

（5）安全网一般由网体、边绳、系绳等组成。密目网一般由网体、开眼环扣、边绳和附加系绳组成。

（6）在有坠落风险的场所使用的密目式安全立网，使用A级密目式安全立网；在没有坠落风险或配合安全立网（护栏）完成坠落保护功能的密目式安全立网，使用B级密目式安全立网。

（7）单张平（立）网质量不宜超过15kg。

（8）平（立）网的系绳与网体应牢固连接，各系绳沿网边均匀分布，相邻两系绳间距不应大于75cm，系绳长度不小于80cm。当筋绳加长用作系绳时，其系绳部分必须加长，且与边绳系紧后，再折回边绳系紧，至少形成双根。

（9）平（立）网如有筋绳，则筋绳分布应合理，平网上两根相邻筋绳的距离不应小于30cm。

（10）按规定进行绳断裂强力测试，平（立）网的绳断裂强力应符合表1—4的规定。

表 1—4

网类别	绳类别	绳断裂强力要求/N
安全网别	边绳	≥7000
	网绳	≥3000
	筋绳	≤3000
安全立网	边绳	≥3000
	网绳	≥2000
	筋绳	≤3000

（11）按规定的方法进行耐冲击性能测试，平（立）网的耐冲击性能应符合表1—5 的规定。

表 1—5

安全网类别	平网	立网
冲击高度	7m	2m
测试结果	网绳、边绳、系绳不断裂，测试重物不应接触地面	网绳、边绳、系绳不断裂，测试重物不应接触地面

（12）安全网的基本性能有：断裂强力 X 断裂伸长、接缝部位抗拉强力、梯形法撕裂强力、耐贯穿性能、耐冲击性能、耐腐蚀性能、阻燃性能、耐老化性能。

（13）安全网应由专人保管发放，如暂不使用，应存放在通风、避光、隔热、无化学品污染的仓库或专用场所。

第3讲 工人劳动防护用品配备

1. 架子工、起重吊装工、信号指挥工的劳动防护用品配备

（1）架子工，塔式起重机操作人员，起重吊装工应配备灵便紧口的工作服，系带防滑鞋和工作手套。

（2）信号指挥工应配备专用标志服装。在自然强光环境条件作业时，应配备有色防护眼镜。

2. 电工的劳动防护用品配备

（1）维修电工应配备绝缘鞋，绝缘手套和灵便紧口工作服。

（2）安装电工应配备手套和防护眼镜。

（3）高压电气作业时，应配备相应等级的绝缘鞋，绝缘手套和有色防护眼镜。

3. 电焊工、气割工的劳动防护品配备

（1）电焊工，气割工应配备阻燃防护服，绝缘鞋，鞋盖，电焊手套和焊接防护面罩。在高处作业时，应配备安全帽与面罩连接式焊接防护面罩和阻燃安全带。

（2）从事清除焊接作业时，应配备防护眼镜。

（3）从事磨削钨极作业时，应配备手套，防尘口罩和防护眼镜。

（4）从事酸碱等腐蚀性作业时，应配备防腐蚀性工作服，耐酸碱胶鞋，戴耐酸碱手套，防护口罩和防护眼镜。

（5）在密闭环境中或通风不良的环境下，应配备送风式防护面罩。

4. 锅炉、压力容器及管道安装工的劳动防护用品配备

（1）锅炉及压力容器安装工，管道安装供应配备紧口工作服和保护足趾安全鞋。在强光环境条件作业时，应配备有色防护眼镜。

（2）在地下或潮湿场所，应配备紧口工作服，绝缘鞋和绝缘手套。

5. 油漆工的劳动防护用品配备

油漆工在从事涂刷，喷漆作业时，应配备防静电工作服，防静电鞋，防静电手套，防毒口罩和防护眼镜；从事砂纸打磨作业时，应配备防尘口罩和密闭式防护眼镜。

6. 普通工的劳动防护用品配备

普通工在从事淋灰，筛灰作业时，应配备高腰工作鞋，鞋盖，手套和防尘口罩，应配备防护眼镜；从事抬，扛物料作业时，应配备垫肩；从事人工挖、扩桩孔作业时，井孔下作业人员应配备雨靴，手套和安全绳；从事拆除工作时，应配备保护足趾安全鞋，手套。

7. 混凝土工的劳动防护用品配备

混凝土工应配备工作服，系带高腰防滑鞋，鞋盖，防尘口罩和手套，宜配备防护眼镜；从事混凝土浇筑作业时，应配备胶鞋和手套；从事混凝土振捣作业时，应配备绝缘胶鞋，绝缘手套。

8. 瓦工、砌筑工的劳动防护用品配备

瓦工、砌筑工应配备保护足趾安全鞋，胶面手套和普通工作服。

9. 抹灰工的劳动防护用品配备

抹灰工应配备高腰布面脚底防滑鞋和手套，宜配备防护眼镜。

10. 磨石工的劳动防护用品配备

磨石工应配备紧口工作服，绝缘胶鞋，绝缘手套和防尘口罩。

11. 石工的劳动防护用品配备

石工应配备紧口工作服，保护足趾安全鞋，手套和防尘口罩，宜配备防护眼镜。

12. 木工的劳动防护用品配备

木工从事机械作业时，应配备紧口工作服，防噪声耳罩和防尘口罩，宜配备防护眼镜。

13. 钢筋工的劳动防护用品配备

钢筋工应配备紧口工作服，保护足趾安全鞋和手套。从事钢筋除锈作业时，应配备防尘口罩，宜配备防护眼镜。

14. 防水工的劳动防护用品配备

（1）从事涂刷作业时，应配备防静电工作服，防静电鞋和鞋盖，防护手套，防毒口罩和防护眼镜。

（2）从事沥青熔化，运送作业时，应配备防烫工作服，高腰布面胶底防滑鞋和鞋盖，工作帽，耐高温长手套，防毒口罩和防护眼镜。

15. 玻璃工的劳动防护用品配备

玻璃工应配备工作服和防切割手套；从事打磨玻璃作业时，应配备防尘口罩，宜配备防护眼镜。

16. 司炉工的劳动防护用品配备

司炉工应配备耐高温工作服，保护足趾安全鞋，工作帽，防护手套和防尘口罩，宜配备防护眼镜；从事添加燃料作业时，应配备有色防冲击眼镜。

17. 钳工、铆工、通风工的劳动防护用品配备

（1）从事使用锉刀，刮刀，錾子，扁铲等工具作业时，应配备紧口工作服和防护眼镜。

（2）从事剔凿作业时，应配备手套和防护眼镜；从事搬抬作业时，应配备保护足趾安全鞋和手套。

（3）从事石棉，玻璃棉等含尘毒材料作业时，操作人员应配备防异物工作服，防尘口罩，风帽，风镜和薄膜手套。

18. 筑炉工的劳动防护用品配备

筑炉工从事磨砖，切砖作业时，应配备紧口工作服，保护足趾安全鞋，手套和防尘口罩，宜配备防护眼镜。

19. 电梯安装工、起重机械安装拆卸工的劳动防护用品配备

电梯安装工、起重机械安装拆卸工从事安装，拆卸和维修作业时，应配备紧口工作服，保护足趾安全鞋和手套。

20. 其他人员的劳动防护用品配备

（1）从事电钻，砂轮等手持电动工具作业时，应配备绝缘鞋，绝缘手套和防护眼镜。

（2）从事蛙式夯实机，振动冲击夯实作业时，应配备具有绝缘功能的保护足趾安全鞋，绝缘手套和防噪声耳塞（耳罩）。

（3）从事可能飞溅渣屑的机械设备作业时，应配备防护眼镜。

（4）从事地下管道检修作业时，应配备防毒面罩，防滑鞋（靴）和工作手套。

第 2 部分

施工作业安全管理

第 1 单元 安全施工组织设计与安全专项方案编制

第 1 讲 安全施工组织设计的编制

一、安全施工组织设计基本知识

1. 建筑工程安全施工组织设计的概念

安全施工组织设计是以施工项目为对象,用以指导工程项目管理过程中各项安全施工活动的组织、协调、技术、经济和控制的综合性文件;统筹计划安全生产,科学组织安全管理,采用有效的安全措施,在配合技术部门实现设计意图的前提下,保证现场人员人身安全及建筑产品自身安全,环保、节能、降耗。安全施工组织设计与项目技术部门、生产部门相关文件相辅相成,是用以规划、指导工程从施工准备贯穿到施工全过程直至工程竣工交付使用的全局性安全保证体系文件。安全施工组织设计要根据国家的安全方针和有关政策和规定,从拟建工程全局出发,结合工程的具体条件,合理组织施工,采用科学的管理办法,不断地革新管理技术,有效地组织劳动力、材料、机具等要素,安排好时间和空间,以期达到"零"事故、健康安全,文明施工的最优效果。

安全施工组织设计应在施工前进行编制,并经过批准后实施。

2. 编制安全施工组织设计的必要性

建筑产品不同于其他行业产品,有其特殊的生产特点:建筑产品形式多样,规则性较差;施工操作人员及其素质不稳定;产品体积庞大、露天作业多;产品本身具有固定性、作业流动性大;建筑产品生产周期长、人力物力投入量大;建筑产品涉及面广、综合性强;施工现场受天气、地理环境影响较大;建筑产品生产过程投入的设备较多、分布分散、管理难度较大等。由于建筑产品自身的上述特点,使得建筑产品生产过程受到各方面条件的限制,遇到不确定的因素较多,管理工作非常复杂。所以必须事前进行安全施工组织设计才能确保产品的安全生产。

另外,建筑施工的对象是不同类型的工业、民用、公共建筑物或构筑物,而每个建筑物或构筑物的施工,从开工到完工都要历经诸如土方、打桩、砌筑、钢筋混凝土、吊装、装饰等若干个分项流程,各个施工环节都具有不同的特点,各环节存在不同的安全隐患,需要针对工程的现场情况进行危险源辨识、评价与控制策划,并在实际工作中组织、实施针对性的防范措施。所以,在具有一定形态建筑产品的生产过程中,既要合理安排相关人力、物力、材料、机具等因素进行施工生产,又要用科学的管理方法组织策划相关人力、物力、材料、机具等因素之间的相互关系,确保建筑产品生产者以及使用者的健康与安全。

3. 安全施工组织设计的重要作用

安全施工组织设计是对项目工程施工过程实行安全管理的全局策划,根据建筑工程的生产特点,从安全管理、安全防护、脚手架、现场料具、机械设备、施工用电、消防保卫等方面进行合理地安排,并结合工程生产进度,在一定的时间和空间内,实现有步骤、有计划地组织实施相应的安全技术措施,以期达到"安全生产、文明施工"的最终目的。

建筑工程施工前必须要有针对本工程的安全管理目标策划,有相应的安全管理部署和相应的实施计划,有相应的管理预控措施。安全施工组织设计是在充分研究工程的客观情况并辨识各类危险源及不利因素的基础上编制的,用以部署全部安全活动,制订合理的安全方案和专项安全技术组织措施。安全施工组织设计作为决策性的纲领性文件,直接影响施工现场的生产组织管理、工人施工操作、成本费用。从总的方面看,安全施工组织设计具有战略部署和战术安排的双重作用。从全局出发,按照客观的施工规律,统筹安排相应的安全活动,从"安全"的角度协调施工中各施工单位、各班组之间,资源与时间之间,各项资源之间,在程序、顺序上和现场部署的合理关系。

二、安全施工组织设计编制内容与审批

1. 安全施工组织设计的主要内容

建设工程安全施工组织设计大纲(仅供参考)

(1) 编制依据。
(2) 工程概况。
(3) 现场危险源辨识及安全防护重点。
1) 现场危险源清单。
2) 现场重大危险源及控制措施要点。
3) 项目安全防护重点部位。

(4) 安全文明施工控制目标及责任分解。
(5) 项目部安全生产管理机构及相关安全职责。
(6) 项目部安全生产管理计划。
1) 项目安全管理目标保证计划。
2) 安全教育培训计划。
3) 安全防护计划。
4) 安全检查计划。
5) 安全活动计划。
6) 安全资金投入计划。
7) 季节性施工安全生产计划。
8) 特种作业人员管理计划。
(7) 项目部安全生产管理制度。
1) 安全生产责任制度。
2) 安全教育培训制度。
3) 安全事故管理制度。
4) 安全检查与验收制度。
5) 安全物资管理制度。
6) 安全文明施工资金管理制度。
7) 劳务分包安全管理制度。
8) 现场消防、保卫管理制度。
9) 生活区安全管理制度。
10) 职业健康管理制度。
(8) 现场重大危险源控制措施。
1) 物体打击事故控制措施。
2) 高处坠落事故控制措施。
3) 触电事故控制措施。
4) 机械伤害事故控制措施。
5) 坍塌事故控制措施。
(9) 工程重点部位安全技术措施。
1) 土石方工程专项安全技术措施。
2) 基坑支护与降水工程安全技术措施。
3) 高大模板工程安全技术措施。
4) 脚手架工程安全技术措施。
5) 起重吊装、垂直运输作业安全技术措施。
6) 施工用电安全措施。
7) 施工机械安全管理措施。
8) "四口"、"五临边"安全防护措施。

9) 季节性施工安全管理措施。

(10) 各分部分项工程安全控制要点。

1) 地基与基础阶段安全控制要点。

2) 主体结构施工阶段安全控制要点。

3) 装饰装修施工阶段安全控制要点。

4) 设备安装施工阶段安全控制要点。

(11) 文明施工保证措施。

1) 文明现场管理措施。

2) 职工生活区安全管理措施。

3) 现场、料具管理措施。

4) 环境保护管理措施。

5) 防污染、防扬尘管理措施。

6) 不扰民施工保证措施。

(12) 现场紧急事故应急预案。

1) 物体打击事故应急预案。

2) 高处坠落事故应急预案。

3) 触电事故应急预案。

4) 机械伤害事故应急预案。

5) 坍塌事故应急预案。

6) 大面积中暑应急预案。

7) 食物中毒应急预案。

8) 火灾事故应急预案。

(13) 相关附图。

2. 安全施工组织设计的审批

安全施工组织设计涉及各类危险源辨识与控制、各类安全技术措施、安全资金投入等各个方面,内容相当广泛,编制任务量很大。为了使安全施工组织设计编制的及时、适用,必须抓住重点,突出"组织"二字,对施工中的人力、物力和方法,时间与空间,需要与可能,局部与整体,阶段与全过程,前方和后方等给予周密的安排。

安全施工组织设计的编制,原则上由负责施工的工程项目部负责。应由项目经理主持、项目技术负责人组织有关人员完成其文本的编写工作,项目经理部有关部门参加。安全施工组织设计应在项目工程正式施工之前编制完成。施工组织设计应报上一级总工程师或经总工程师授权的专业技术负责人审批,之后报送项目监理部审批,并签署"项目工程安全技术文件报审表"。

第 2 讲 危险性较大分项工程安全专项施工方案的编制

一、编制目的

为了保证《中华人民共和国安全生产法》、《中华人民共和国建筑法》及有关建设工程质量、安全技术标准、规范的切实落实，加强建筑工程项目的质量安全生产监督管理，保障人民群众生命财产的安全，依据《建设工程安全生产管理条例》和《危险性较大工程安全专项施工方案编制及专家论证审查办法》（建质 [2004] 213 号）（危险性较大工程是指依据《建设工程安全生产管理条例》第二十六条所指的七项分部分项工程，并要求在施工前单独编制安全专项施工方案并经专家论证审查通过），编制一份合理完善的危险性较大工程安全专项施工方案是非常重要的。

二、适用范围

本书所阐述的危险性较大工程安全专项施工方案编制方法及实例，适用于工业与民用建筑和市政基础设施的新建、改建、扩建和拆除等活动中的七项分部分项工程，这七项分部分项工程是指：基坑支护与降水工程；土方开挖工程；模板工程；起重吊装工程；脚手架工程；拆除、爆破工程；其他危险陛较大的工程。

三、安全专项施工方案编制程序

编制程序如图 2—1 所示。

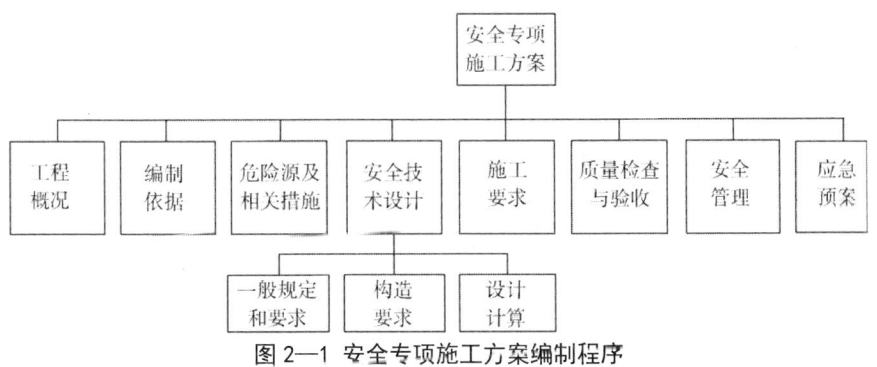

图 2—1 安全专项施工方案编制程序

四、安全专项施工方案编制审查程序

（1）安全专项施工方案由建筑施工企业专业工程技术人员编制，施工企业技术负责人审查签字后，提交监理单位审查；监理单位由专业监理工程师初审，监理单位总监理工程师审查签字，即初审完成；再经工程安全、质量监督部门认可的专家论证会论证，依据专家论证会论证并提出意见和建议。安全专项施工方案必须依据专家论证会的意见和建议修改完善后方可实施。

（2）安全专项施工方案是施工组织设计不可缺少的组成部分，它应是施工组织设计的细化、完善、补充，且自成体系。安全专项施工方案应重点突出分部分项工程的特点、安全技术的要求、特殊质量的要求，重视质量技术与安全技术的统一。

（3）安全专项施工方案的内容主要包括：

1）编制依据，分部分项工程概况；

2）影响质量、安全的危险源分析及相关措施；

3）设计计算书和设计施工图等设计文件；

4）施工准备和部署，质量检测和相关观测预警措施，现场平面布置图；

5）应急预案；

6）安全专项工程安全检查和评价方法。

（4）专项分部分项工程安全评价，依据《施工企业安全生产评价标准》（JGJ/T 77-2010）执行。

（5）建筑施工企业应组织专家进行论证审查的工程。

1）深基坑工程。开挖深度超过5m（含5m）或地下室三层以上（含三层），或深度虽未超过5m（含5m），但地质条件和周围环境及地下管线极其复杂的工程。

2）地下暗挖工程。地下暗挖及遇有溶洞、暗河、瓦斯、岩爆、涌泥、断层等地质复杂的隧道工程。

3）高大模板工程。水平混凝土构件模板支撑系统高度超过8m，或跨度超过18m，施工总荷载大于$10kN/m^2$，或集中线荷载大于$15kN/m^2$的模板支撑系统。

4）30m及以上高空作业的工程。

5）大江、大河中深水作业的工程。

6）城市房屋拆除爆破和其他土石大爆破工程。

（6）建筑施工企业自审查程序及专家论证审查办法

1）建筑施工企业对安全专项施工方案的自审查程序如图2—2所示。

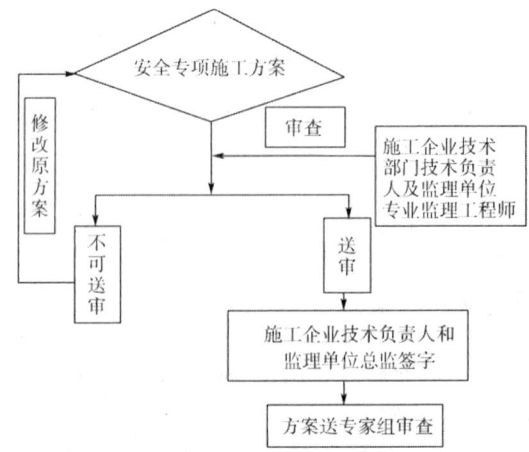

图2—2 建筑施工企业对安全专项施工方案的自审查程序

2）安全专项施工方案专家论证会由建筑施工企业组织，监理单位、业主、相关设计单位参加，工程安全、质量监督部门监督；建筑施工企业邀请的专家不应少于 5 人，邀请的专家应经工程安全、质量监督部门认可。

3）安全专项施工方案专家论证会通过对安全专项施工方案的审查，应提出书面审查报告，施工企业应根据审查报告进行完善修改。经完善修改的安全专项施工方案按程序复审合格后，方可实施。

4）专家论证会书面审查报告的内容为建议性的，审查报告是安全专项方案组织施工前的必备程序，是工程验收的必备文件。

5）安全专项施工方案的专家审查和修改程序

安全专项施工方案的专家审查和修改程序如图 2—3 所示。

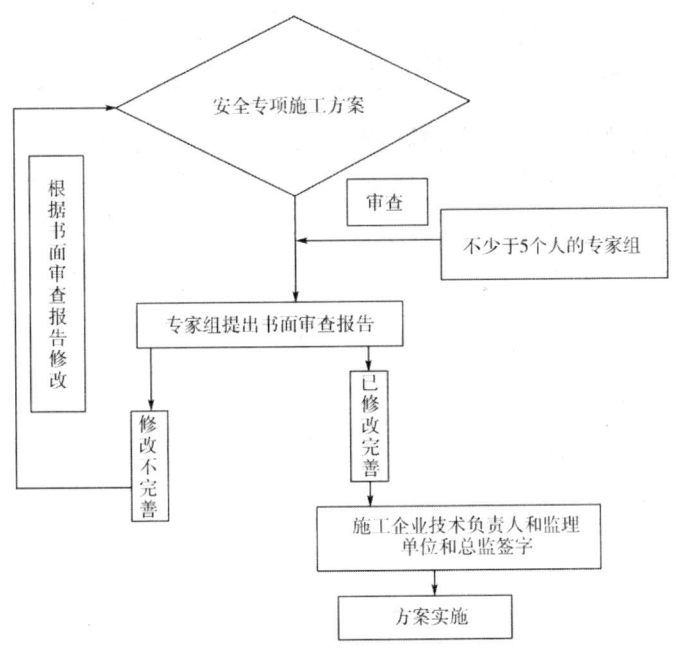

图 2—3 安全专项施工方案的专家审查和修改程序

6）安全专项施工方案中有关设计计算，必须由施工方委托具有设计资质的单位设计或经设计单位复核审查认可加盖正式设计出图章后方可有效。

7）监理单位对专项施工方案审核的重点是该方案的编制、审核、组织、实施、应急措施可行性以及行为主体和客体是否符合国家及地方标准、规程。

五、安全专项施工方案标题与封面格式

（1）标题："××工程××安全专项施工方案"，并标注"按专家论证审查报告修订"字样。

（2）封面内容设置：编制、审查、审批三个栏目，分别由编制人签字，公司

技术部门负责人审核签字，公司技术负责人审批签字。

六、安全专项施工方案编制中应重点注意的事项

（1）编制安全专项方案应将安全和质量相互联系、有机结合；临时安全措施构建的建（构）筑物与永久结构交叉部分的相互影响统一分析，防止荷载、支撑变化造成的安全、质量事故。

（2）安全措施形成的临时建（构）筑物必须建立相关力学模型，进行局部和整体的强度、刚度、稳定性验算。

（3）相互关联的危险性较大工程应系统分析，重点对交叉部分的危险源进行分析，采取相应措施。

七、危险源分析及相关措施

（1）危险源分为第一类危险源和第二类危险源，它们均包括人、物、环境等不安全因素。危险源分析的重点是对基础沉降、荷载、爆炸等具有主动力学性能的危险源进行分析，通过设计、计算，建立临时建（构）筑物等安全预防措施，达到安全施工目的。

（2）一般常见的危险源如火、电、人员等通过采取相关管理、预防措施杜绝事故发生。

八、应急预案

一般包括预案使用范围，重特大事故应急处理指挥系统及组织构架等，指挥部系统职责及责任人，重特大事故报告和现场保护，应急处理预案，其他事项。具体详见本章第五节"建筑工程施工安全紧急预案的编制"的内容。

第3讲 施工安全紧急预案的编制方法

一、突发事故应急救援预案的基本结构与编制原则

1. 突发事故应急救援预案的基本结构

由于各自所处的层次和适用的范围不同，不同的应急预案在内容的详略程度和侧重点上会有所不同。通常情况下，编制预案可以采用相似的基本结构，主要包括一个基本预案加上应急功能设置、特殊风险管理、标准操作程序和支持附件等。

（1）基本预案。基本预案主要阐述应急预案所要解决的紧急情况、应急的组织体系、方针、应急资源、应急的总体思路，并明确各应急组织在应急准备和应急行动中的职责以及应急预案的演练和管理等规定，是应急预案的总体描述。

（2）应急功能设置。应急功能是指针对各类重大事故应急救援中通常采取的一系列的基本应急行动和任务，如指挥和控制、警报、通信、人群疏散与安置、医疗、现场管制等。对每一项应急功能都应明确其针对的形势、目标、负责机构和支持机构、任务要求、应急准备和操作程序等。设置应急功能时，应针对潜在重大事故的特点综合分析并将其分配给相关部门。应急预案中包含的应急功能的数量和类型，主要取决于所针对的潜在重大事故危险的类型，以及应急的组织方式和运行机制等具体情况。

（3）特殊风险管理。特殊风险是指根据某类事故灾难、灾害的典型特征，需要对其应急功能做出有针对性安排的风险。应明确这些应急功能的责任部门、支持部门、有限介入部门以及它们的职责和任务，并应注明处置此类风险应该设置的专有应急功能或有关应急功能所需的特殊要求，为制订该类风险的专项预案提出特殊要求和指导。

（4）标准操作程序。因为基本预案、应急功能设置不能详细说明各项应急功能的具体实施细节，所以各应急功能的主要责任部门必须依据应急预案的基本内容，组织制订相应的标准操作程序，为应急组织或个人提供履行应急预案中所规定职责和任务进行详细的指导。标准操作程序应保证与应急预案的协调和一致性，其中重要的标准操作程序可作为应急预案附件或以适当方式引用。

（5）支持附件。支持附件主要包括对应急救援有关支持保障系统的描述及相关附图、表等，如危险分析附件、法律法规附件、通信联络附件、机构和应急资源附件；技术支持附件、协议附件及其他支持附件；教育、培训、训练和演习附件等。

2. 突发事故应急救援预案的编制原则与方针

应急救援体系首先应有一个明确的方针和原则来作为指导应急救援工作的纲领。方针与原则反映了应急救援工作的优先方向、政策、范围和总体目标，如保护人员安全优先，防止和控制事故蔓延优先，保护环境优先等原则。此外，方针与原则还应体现事故损失控制、预防为主、常备不懈、统一指挥、高效协调以及持续改进的思想。

二、现场突发事故应急救援预案核心内容的编制要点

1. 编制依据

有关应急救援的法律法规是开展应急救援工作的重要前提保障。策划、编制应急预案应依据现行国家、省、地方涉及应急各部门职责要求以及应急预案、应急准备和应急救援的法律法规文件；同时，现场应急预案的内容不得与现行国家相关法律法规条文相抵触。

2. 现场危险分析及相应资源分析

（1）危险分析的最终目的是要明确应急的对象（可能存在的重大事故）、事故的性质及其影响范围、后果严重程度等，为应急准备、应急响应和减灾措施提供决策和指导依据。危险分析应依据国家和地方有关的法律法规要求，根据具体情况进

行。危险分析包括危险识别、脆弱性分析和风险分析。危险分析的结果应能提供可能影响应急救援的不利因素、功能布局（包括重要保护目标）及交通情况、可能的重大事故种类及对周边的后果分析，以及地理、地质、人文（包括人口分布）、气象等信息，和特定的时段（如人群高峰时间、度假季节、大型活动等），另外还必须分析重大危险源分布情况及主要危险物质种类、数量及理化、消防等特性。

（2）资源分析是在危险分析的基础上针对危险分析所确定的主要危险，明确应急救援所需的相应资源，列出可用的应急力量和资源，主要包括各类应急力量的组成及分布情况和各种重要应急设备、物资的准备情况，以及上级救援机构或周边可用的应急资源等。通过资源分析，可为应急资源的规划与配备、与相邻地区签订互助协议和预案编制提供指导。

3. 应急准备

（1）应急机构准备。为保证施工现场突发性事故应急救援工作的反应迅速、协调有序，必须在准备阶段建立完善的应急机构组织体系，从建筑企业应急管理的领导机构、应急响应中心到项目部应急机构部门及施工操作层应急救援小组，对应急救援中承担任务的所有应急组织，应明确相应的职责、负责人、候补人及联络方式。

（2）应急资源准备。应根据潜在事故的性质和后果分析，合理组建专业和社会救援力量，配备应急救援中所必需的各种救援机械和设备、监测仪器、堵漏材料、个体防护设备、交通工具、医疗设备和药品、照明、生活保障物资和消防手段等，并定期检查、维护与更新，保证始终处于完好状态。应急资源的准备是应急救援工作的重要保障，对应急资源信息应实施有效的管理与更新。

（3）通信系统准备。通信是应急指挥、协调和与外界联系的重要保障，在现场指挥部、应急中心、各应急救援组织、新闻媒体、医院、上级政府和外部救援机构等之间，必须建立畅通的应急通信网络。该部分应说明主要通信系统的来源、使用、维护以及应急组织通信需要的详细情况等，并充分考虑紧急状态下的通信能力和保障，并建立备用的通信系统。

（4）人员素质准备。自我保护意识和自我保护能力是减少重大事故伤亡不可忽视的一个重要方面。尤其是接近重大危险源周边的操作人员，要使他们了解潜在危险的性质和对健康的危害，掌握相关事故的预防对策和事故发生后必要的自救知识，了解预先指定的主要及备用疏散路线和集合地点，了解各种警报的含义和应急救援工作的有关要求等。

组织相关人员进行应急训练，主要包括基础培训、专业训练、战术训练及其他训练等。目的是为了通过相应的培训，进一步提高救援队伍的人员素质及救援水平，使各级指挥员和救援人员具备良好的组织指挥能力和应变能力，保证应急人员具备良好的体能、战斗意志和作风，明确各自的职责，熟悉所在施工现场潜在重大危险的性质、救援的基本程序和要领，熟练掌握相应的专业技术与伤员急救知识和个人防护装备与通信装备的使用等。

(5）预案的演练。应急演练包括桌面演习和实战模拟操练。组织由应急各方参加应急预案的演习和操练，使应急人员熟悉各类应急处理和整个应急行动的程序，明确自身的职责，进入"实战"状态，提高协同作战的能力。演练结束后，应对演练的结果进行评估，结合所在工程的实际情况，分析应急预案存在的不足，并予以改进和完善。预案演练是对应急预案自身及人员应急能力的综合检验，也是提高处理突发事故应急能力的关键环节。

（6）互助协议。在准备阶段，应分析自身应急力量与应急资源相对比较薄弱的环节，事先寻求邻近区域相应的社会专业技术服务机构、物资供应企业等，签订正式的互助协议，并做好相应的安排，以便在应急救援中及时得到外部救援力量和资源的援助。

4. 应急响应与实施

（1）接警与通知。接警作为应急响应的第一步，必须对接警要求做出明确规定，保证迅速、准确地向报警人员询问事故现场的重要信息。准确的了解事故性质和规模等初始信息，是决定启动应急救援的关键。接警人员接受报警后，应按预先确定的通报程序，迅速向有关应急机构、政府及上级部门发出事故通知，以采取相应的行动。

（2）指挥与控制。重大事故的应急救援往往涉及多个救援机构，应急救援有效开展的关键是对应急行动的统一指挥和协调。所以建立分级响应、统一指挥、协调和决策程序，能更方便准确地对事故进行初始评估、确认紧急状态；能迅速有效地进行应急响应决策、建立现场工作区域、确定重点保护区域和应急行动的优先原则、指挥和协调现场各救援队伍开展救援行动；能够更合理高效地调配和使用应急资源。

（3）事态监测与评估。事态监测与评估在应急救援和应急恢复决策中具有关键的支持作用。在应急救援过程中必须对事故的发展势态及影响及时进行动态的监测，所以在应急预案编制时必须建立对事故现场及场外进行监测和评估的程序。其中包括：由谁来负责监测与评估活动、监测仪器设备及监测方法、实验室化验及检验支持、监测点的设置、监测点的现场工作及报告程序等。

通常情况下，有可能的监测活动包括：事故影响边界，可能的二次反应有害物，气象条件，对食物、饮用水卫生以及水体、土壤、农作物等的污染，爆炸危险性和受损建筑垮塌危险性，以及污染物质滞留区等。

（4）应急人员安全。施工现场一些重大安全事故尤其是涉及坍塌、危险物质的重大事故的应急救援工作危险性极大，必须对应急人员自身的安全问题进行周密的考虑，包括突发事故的预防对策和安全措施、个体防护等级、现场安全监测等，明确应急人员进出现场和紧急撤离的条件和程序，保证应急人员自身的安全。

（5）人群疏散与安置。应结合工程实际情况对疏散的紧急情况和决策、预防性疏散准备、疏散路线、疏散运输工具、疏散区域、疏散距离、安全防护场所以及现场恢复等做出细致的规定和准备，应充分考虑疏散人群的数量、疏散过程所需要的时间和可利用的时间、风向等环境变化等问题。对已实施临时疏散的人群，要做好临时生活安置，保障必要的水、电、卫生等基本条件。人群疏散是减少人员伤亡扩大的关键，也是最彻底的应急响应。

（6）消防和抢险。为尽快地控制事故的发展，防止事故的蔓延和进一步扩大，从而最终控制住事故，并积极营救事故现场的受害人员，在保证应急人员自身安全的情况下采取消防和抢险是应急救援工作的核心内容之一。尤其是涉及危险物质的泄漏、火灾事故，其消防和抢险工作的难度和危险性巨大。该部分应对消防和抢险工作的组织、人员的培训、器材和物资、相关消防抢险设施、行动方案以及现场指挥等做好周密的安排和准备。

（7）现场急救。施工现场突发性紧急事故往往造成人员伤、亡，在事发现场，及时对受伤人员采取有效的现场急救以及合理地转送医院进行治疗，是减少事故现场人员伤亡的关键。在策划、编制预案时，必须针对所在建筑工程项目可能发生的各类重大事故，做好现场急救、伤员运送、治疗及健康监测等方面的部署和安排，包括：现场急救人员及急救药品、物资；社会急救中心、医院、职业中毒治疗医院及烧伤等专科医院的列表；现场抢救医疗器械、消毒、解毒药品；现场急救人员必须了解所在工程现场内主要危险对人群造成伤害的类型，并经过相应的培训，掌握相应的急救处理方法。

（8）警报和紧急公告。该部分应明确当工程施工现场所发生的事故有可能影响到周边地区，对周边地区的公众可能造成威胁时，通过什么途径向受影响的公众发出警报，包括什么时候，谁有权决定启动警报系统，各种警报信号的不同含义，紧急公告的事故性质、对健康的影响、自我保护措施、注意事项等，警报系统的协调使用、可使用的警报装置的类型和位置，以及警报装置覆盖的地理区域。如果可能，应指定备用措施。

（9）警戒与治安。为防止与救援无关的人员进入事故现场，保障救援队伍、物资运输和人群疏散等的交通畅通，保障现场应急救援工作的顺利开展，并避免发生不必要的伤亡，在事故现场周围建立警戒区域，实施交通管制，维护现场治安秩序是十分必要的。此外，警戒与治安还应该协助发出警报、现场紧急疏散、人员清点、传达紧急信息、执行指挥机构的通告、协助事故调查等。对危险物质事故，必须列出警戒人员有关个体防护的准备。

（10）公共关系。该部分应明确重大事故发生后，将有关事故的信息、影响、救援工作的进展等情况等相关信息发布的审核和批准程序，保证发布信息的统一性；指定新闻发言人，适时举行新闻发布会，准确发布事故信息，澄清事故传言；为公众咨询、接待、安抚受害人员家属做出安排。

5. 现场恢复

现场恢复也可称为紧急恢复，是指事故被控制住后所进行的短期恢复，从应急过程来说意味着应急救援工作的结束，进入到另一个工作阶段，即将现场恢复到一个基本稳定的状态。应急预案应对事故处理后的现场恢复工作做出相应的阐述，宣布应急结束的程序、撤离和交接程序、恢复正常状态的程序、现场清理和受影响区域的连续检测、事故调查与后果评价等。大量的经验教训表明,在现场恢复的过程中仍存在潜在的危险,如余烬复燃、受损建筑倒塌等,所以应充分考虑现场恢复过程中可能的危险。

三、施工现场应急预案的编制、评审与演练、改进

1. 应急预案的编制与评审

(1)工程项目部应根据现场情况成立由各相关部门组成的预案编制小组,指定编制负责人。

(2)辨识可能发生的重大事故风险,并进行危险识别、脆弱性分析和风险分析,分析应急资源需求,评估现有的应急能力。

(3)根据危险分析和应急能力评估的结果,确定最佳的应急策略,编制应急预案。

(4)预案编制后应组织开展预案的评审工作,包括内部评审和外部评审,以确保应急预案的科学性、合理性、可操作性以及与实际情况的符合性。预案经评审完善后,由主要负责人签署发布,并按规定报送上级有关部门备案。

(5)应急预案是应急救援工作的指导文件,具有法规权威性。预案经批准发布后,应组织落实预案中的各项工作,如开展应急预案宣传、教育和培训,落实应急资源并定期检查,组织开展应急演习和训练,并对演练结果进行预案的综合评价和完善,建立电子化的应急预案,对应急预案实施动态管理与更新,并不断完善。保证定期或在应急演习、应急救援后对应急预案进行评审,针对实际情况以及预案中所暴露出的缺陷,不断地更新、完善和改进。

2. 应急预案的演练与改进

(1)桌面演练。桌面演练方法成本较低,主要为功能演练和全面演练做准备,其特点是对演练情景进行口头演练,一般是在会议室内举行。主要由应急组织的代表或关键岗位人员参加,按照应急预案及其标准工作程序,讨论紧急情况时应采取行动的演练活动。桌面演练主要是结合参演人员解决问题的能力,处理应急组织相互协作关系和职责划分的相关问题。桌面演练一般仅限于有限的应急响应和内部协调活动,应急人员主要来自现场应急组织,事后一般采取口头评论形式收集参演人员的建议,并提交一份简短的书面报告,总结演练活动和提出有关改进应急响应工作的建议。

(2)功能演练。功能演练就是针对应急响应功能,检验应急人员以及应急体系的策划和响应能力,其特点是针对某项应急响应功能或其中某些应急响应行动举行的演练活动。演练完成后,除采取口头评论形式外,还应向地方提交有关演练活动的书面汇报,提出改进建议。功能演练比桌面演练规模要大,需动员更多的应急人员和机构,因而协调工作的难度也随着更多组织的参与而加大。

(3)全面演练。全面演练指针对应急预案中全部或大部分应急响应功能,检

验、评价应急组织应急运行能力的演练活动，采取交互式方式进行，演练过程要求尽量真实，调用更多的应急人员和资源，并开展人员、设备及其他资源的实战性演练，以检验相互协调的应急响应能力。全面演练一般要求持续几个小时，与功能演练类似，演练完成后，除采取口头评论、书面汇报外，还应提交正式的书面报告。

（4）演练参与人员。

1）参演人员：参演人员在应急组织中承担具体任务，并在演练过程中尽可能对演练情景或模拟事件做出真实情景下可能采取的响应行动，相当于通常所说的演员。参演人员所承担的具体任务主要包括救助伤员或被困人员、保护财产或公众健康、获取并管理各类应急资源、与其他应急人员协同处理重大事故或紧急事件等。

2）模拟人员：

模拟人员在演练过程中扮演、代替某些应急组织和服务部门，演练过程中模拟紧急事件、事态发展，其主要任务是模拟受害或受影响人员、模拟事故的发生过程，如释放烟雾、模拟气象条件、模拟泄漏等；扮演、替代正常情况或响应实际紧急事件时应与应急指挥中心、现场应急指挥所相互作用的机构或服务部门。由于各方面的原因，这些机构或服务部门并不参与此次演练。

3）控制人员：

控制人员根据演练情景，控制演练时间进度，控制人员根据演练方案及演练计划的要求，引导参演人员按响应程序行动，并不断给出情况或消息，供参演的指挥人员进行判断、提出对策。其主要任务包括确保演练的进度、保障演练过程的安全、确保演练活动的任务量和挑战性；解答参演人员的疑问，解决演练过程中出现的问题；确保规定的演练项目得到充分的演练，以利于评价工作的开展。

4）评价人员：

评价人员负责观察演练进展情况并予以记录。其主要任务是观察参演人员的应急行动，并记录观察结果；在不干扰参演人员工作的情况下，协助控制人员确保演练按计划进行。

5）观摩人员：观摩人员是指来自有关部门、外部机构以及旁观演练过程的观众。

（5）演练结果的评价与改进。

1）改进项：改进项指应急准备过程中应予改善的问题。它不会对人员安全与健康产生严重的影响，视情况予以改进，不必一定要求予以纠正。

2）整改项：

整改项指演练过程中所观察或识别出的，单独不可能在应急救援中对公众的安全与健康造成不良影响的应急准备缺陷，整改项应在下次演练前予以纠正。

3）不足项：演练过程中所观察或识别出的应急准备缺陷，即应急预案的不足项，可能导致在真正的紧急事件发生时，不能确保应急组织或应急救援体系有能力采取合理应对措施，保护公众的安全与健康。通常情况下，所编制的应急预案中导致不足项的因素主要有职责分配，应急资源，警报、通报方法与程序，通信，事态评估，公众教育与公共信息，保护措施，应急人员安全和紧急医疗服务等。

第2单元 施工安全技术措施与技术交底的编制

第1讲 施工安全技术措施的编制

一、建筑工程安全技术措施的重要作用

安全技术措施在建筑安装施工安全生产中可以改善劳动条件、消除危险隐患、减少事故发生，并可能解除工人精神上的紧张状态、增加安全感、促进施工生产的发展，所以建筑企业从全局出发编制年度或长期的安全技术、劳动保护措施计划和各分项工程安全技术措施，通过安全技术措施计划的编制，可使职工参加劳动保护管理工作，保证安全生产，提高生产效率。

二、编制安全技术措施的重要意义

建筑企业项目经理部应针对项目的规模、结构、特点、环境、技术含量、施工风险，特别是重大风险以及资源配置等因素进行施工安全策划，编制具体化、有针对性的施工安全技术措施。风险控制应遵循"消除、预防、减少、隔离、个体保护"的原则。对可承受的风险要在防护上、技术上和管理上采取相应的措施，并不断监测防止其超出可承受范围。施工安全技术措施，即"技术的安全措施"，是保证施工现场安全和作业安全，防止事故和职业病危害，从技术上采取的措施，也即是说为安全而采用的技术措施，是施工组织设计（施工方案）的重要组成部分，在建筑工程安全生产过程中，具有重要意义。

三、施工安全技术措施的主要内容

通常情况下常见的工程项目大致分为两种：一是常见的结构共性较多的，称为一般工程；二是结构比较复杂、施工特点较多的，称为特殊工程。对于一般工程，通常编制常规安全技术措施；而对于结构复杂、危险性大、特性较多、施工复杂的特殊工程，应编制专项的安全措施。编制专项安全施工方案或安全技术措施，要有设计依据，有计算、有详图、有文字要求。另外，由于建筑产品生产过程中受到地理环境、气候条件等外界因素影响较大，所以在施工过程就要考虑不同季节的气候对施工生产带来的不安全因素，及其可能造成各种突发性事故，从防护上、技术上、管理上采取相应的措施。一般建筑工程可在施工组织设计或施工方案的安全技术措施中，编制季节性施工安全措施；特殊工程如危险性大、高温期长的建筑工程，应单独编制季节性的施工安全措施。季节性主要指暑期、冬期、雨期等方面。

建筑施工安全技术措施主要内容有：土石方开挖和架设支撑的措施；起重架、高大脚手架的负荷计算，锚固措施，架设和拆除的程序和方法；施工工程与周围通行道路及民房防护隔离栅的设置措施；高于周围避雷设施的金属构筑物的防雷措施等；电气设备保护接地接零的办法和技术要求；原有建筑物、构筑物拆除的程序和方法；脚手架施工时架设安全的程序、方法；多层交叉作业隔离措施的设置方法；吊装工程高空作业系安全挂绳方法；易燃、易爆物品安全注意事项；施工机具制动装置的技术要求。

针对一般工程和特殊工程所编制的安全技术措施的侧重点有所不同，具体体现于以下几个方面。

（1）一般工程安全技术措施。内容主要包括：高处作业的上下安全通道；防火、防毒、防爆、防雷等安全；场内运输道路及人行通道的布置；建筑围挡封闭、安全网的架设措施方法；桩基、土方、地下室工程防土方塌方、位移；在建工程与周围人行通道及民房的防护隔离设置；垂直运输设备的设置搭设要求、稳定性、安全装置；洞口及临边的防护方法和立体交叉施工作业区的隔离措施；脚手架、吊篮、工具式脚手架等选用及设计搭设方案和安全防护措施；施工临时用电的组织设计和临时用电安全方案等。

（2）特殊工程安全技术措施。内容主要包括：爆破施工、起重吊装作业、沉箱、沉井、烟囱、水塔、各种特殊架设作业、脚手架工程、施工用电、基坑支护、模板工程、塔吊、物料提升机及其他垂直运输设备和拆除工程等。

（3）季节性施工安全技术措施。主要包括：暑期施工安全措施（防暑降温）；雨期施工安全措施（防触电、防雷、防坍塌和防台风）；冬期施工安全措施（防风、防火、防滑、防煤气中毒）等。

四、施工安全技术措施的编制要点

（1）安全技术措施的编制依据。施工安全技术措施的编制，必须依据国家颁布的有关劳动保护法规、政策及相应的施工方法、劳动组织、场地环境、气候条件等主客观条件和相应的安全法规、标准。

（2）安全技术措施的编制时间。施工安全技术措施的编制，要在开工前进行，并要经过上级部门审批，应有较充分的时间做准备，保证各种安全设施的落实。对于在施工过程中各工程部位发生变更等情况变化，安全技术措施也必须及时相应补充完善，并做好审批手续。

（3）专项安全技术措施的编制。施工安全技术措施是所有的建筑工程的施工组织设计（施工方案）不可缺少的组成部分。对于结构复杂、施工特性多的特殊工程，如吊装、爆破、水下、深坑、支模、拆除等，除采用一般的安全技术措施外，还须编制单项安全技术措施。

（4）施工安全技术措施的针对性。编制安全技术措施的人员，要深入施工现场，进行认真调查，掌握第一手资料，是编制安全技术措施的必要条件，一定要有针对性。针对不同的施工方法，如立体交叉作业、滑模、网架整体提升吊装、大模板施工等可能给施工带来不安全因素，从安全技术上采取措施，保证安全施工；针对工程项目的特殊需求，补充相应的安全操作规程或措施；针对施工场地及周围环境可能给施工人员或周围居民带来的危害，以及材料、设备运输带来的困难和不安全因素，从安全技术上采取措施，给予保证；针对使用的各种机械设备、变配电设施给施工人员可能带来的危险因素，从安全保障装置等方面采取安全技术措施加以防范；针对不同工程的特点可能造成施工的危害，从安全技术上采取措施，消除危险，保证施工安全；针对施工中有毒、有害、易爆、易燃等作业可能给施工人员造成的危害，从安全技术上采取防护措施，防止伤害事故；针对采用新工艺、新技术、新设备、新材料施工的特殊性制订相应的安全技术措施。安全技术措施要与主体工程同步计划、同步实施。

（5）施工安全技术措施的可操作性及指导性。安全技术措施应根据工程实际情况而制订，力求具体明确，切实可行。对施工各专业、工种、施工各阶段、交叉作业等编制有针对性的安全技术措施，力求细致、全面、具体；施工总平面布置的安全技术要求应考虑建筑材料、机械设备与结构坑、槽的安全距离，加工场地、施工机械的位置应满足使用、维修的安全距离，油料及其他易燃、易爆材料库房与其他建筑物的安全距离，电气设备、变配电设备、输配电线路的位置、距离等安全要求，配置必要的消防设施、装备、器材，确定控制和检查手段、方法、措施。

五、施工安全技术措施实施要点

（1）建立健全与经济挂钩的奖罚制度，确保安全技术措施在施工生产中落实到位。

（2）安全技术措施中的各种安全防护设施、装置的实施应列入施工任务单，责任落实到班组或个人，并实行验收制度。

（3）经批准的安全技术措施具有技术法规的作用，施工生产过程必须认真贯彻执行。遇到因条件变化或考虑不周必须变更安全技术措施内容时，应由原编制、审批人员办理变更手续，否则不能擅自变更。

（4）要认真落实安全技术措施的相关交底。工程开工前，由生产、技术负责人、编制人员将工程概况、施工方案和安全技术措施向参加施工的有关管理人员和职工进行安全技术交底。每个单项工程开始前，应进行单项工程的安全技术措施交底，使执行者了解掌握交底内容。安全交底应有书面材料，有双方的签字和交底日期。

（5）加强施工现场对安全技术措施实施情况的检查。安全部门及安全措施编制人、施工技术负责人、工长和安全员等要以施工安全技术措施为依据，以安全法规和各项安全规章制度为准则，经常对工地实施情况进行检查，并监督各项安全措施的落实。技术负责人、编制者和安全技术人员要经常深入施工现场，检查安全技术措施的实施情况，及时发现并纠正违反安全技术措施的行为、问题，必要时要对其及时补充和修改,使之更加完善、有效。

(6)宣传教育工作也是贯彻执行安全技术措施的一个方面,可针对工程进度、工种特点,采用多种形式教育方法,提醒职工注意安全生产,使职工易于接受,并能很快地付之于行动。

第2讲 施工安全技术交底的编制

一、施工安全技术交底的编制

(1)分项、分部工程施工前,工长(施工员)向所管辖的班组进行安全技术措施交底,安全技术交底应以书面形式进行,交底到作业人员时除书面交底外,需另以口头讲解。交底人和接受交底人应履行交接签字手续。

(2)安全技术交底必须在该交底对应项目施工前进行,并应为施工留出足够的准备时间。安全技术交底不得后补,安全技术交底应及时归档。

(3)工程开工前,工程技术负责人要将工程概况、施工方法、安全技术措施等向施工组长及全体职工进行详细的书面安全技术交底,履行签认手续,并在工作过程中对安全操作规程、安全技术措施、安全技术交底要求的执行情况经常进行检查,随时发现并及时纠正违章作业,杜绝违章指挥。

(4)班组长要在施工生产过程中认真落实安全技术交底,每天要对工人进行施工要求、作业环境的安全交底。

(5)两个以上施工队或工种配合施工时,工长(施工员)要按工程进度向班组长进行交叉作业的安全技术交底,履行签认手续。

(6)安全技术交底应根据施工过程的变化,及时补充新内容。施工方案、方法改变时也要及时进行重新交底。

(7)分包单位应负责其分包范围内安全技术交底资料的收集整理,并应在规定时间内向总包单位移交。总包单位负责对各分包单位安全技术交底工作进行监督检查。

二、安全技术交底的分类及内容

安全技术交底主要分为建筑工程施工现场各岗位工种安全技术交底、各分项(部)工程施工操作安全技术交底、施工机械(具)操作安全技术交底等。另外,针对采用新工艺、新技术、新设备、新材料施工的特殊项目,需结合建筑施工有关安全防护技术进行单独交底。就安全技术交底内容而言,除各操作人员及各施工流程常规防护措施外,还应包含照明及小型电动工机具防触电措施,梯子及高凳防滑措施;易燃物防火及有毒涂料、油漆等防护措施,立体交叉作业防护措施等内容。

三、安全技术交底记录

（1）安全技术交底人进行书面交底后应保存安全技术交底记录和交底人与所有接受交底人员的签字。

（2）安全技术交底完成后，交到项目安全员处，由安全员负责整理归档。

（3）交底人及安全员应在施工生产过程中随时对安全技术交底的落实情况进行检查，发现违章作业应立即采取相应措施。

（4）安全技术交底记录应一式三份，分别由交底人、安全员、接受交底人留存。

第 3 单元 现场施工安全隐患检查与处理

第 1 讲 施工安全管理隐患检查

一、凡有下列问题之一为"严重违章"

（1）在"施工组织设计"和"施工方案"中未编制安全措施方案。

（2）高大异形架了无设计、方案、无验收。

（3）施工中未做安全技术书面交底。

（4）施工过程中未按要求做安全检查。

（5）对施工人员未进行安全教育，或使用安全培训不合格人员参加施工。

（6）安装塔式起重机无任何验收手续。

（7）安装施工外用电梯无验收安装手续。

（8）机械操作人员无证上岗。

（9）中小型机械无管理制度。

（10）施工现场的临时用电未按《施工现场临时用电技术规范》（JGJ 46-2005）的要求编制临时用电施工组织设计（方案）施工组织设计（方案）在编制审核、批准、实施上未履行建设部规范规定的手续。对施工现场临时用电线路和设施未按规定建立定期的检验、检查制度，也未建立相应的临时用电安全技术档案，现场未设电气管理负责人。

（11）按《施工现场临时用电技术规范》（JGJ 46-2005）的有关规定，施工现场临时用电工程的难易程度和技术复杂性与电工等级不相适应。非电工操作。

二、凡有下列问题之一为"违章"

（1）施工中的"施工组织设计"、"施工方案"或"补充方案"等，未按规定上报审批。

（2）高大异形架子有设计，但验收手续不齐全。

（3）施工中安全技术交底不全，未按规定签认。

（4）施工中安全检查资料不齐全。

（5）塔式起重机安装验收内容简单，有关数据未按要求填写，与机械安装的实际情况不符。

（6）施工外用电梯安装验收手续缺项。

（7）实习机械操作人员操作时无监护人。

（8）临时用电工程的施工组织设计（方案）未按要求履行申报、变更、补充审批手续。

（9）施工现场的临时用电设施的检查、检测资料欠缺较多。

（10）现场人员未按规范要求使用临时用电设施、电炉和电热器具。

（11）施工现场的人员未按有关规定穿戴劳动保护用品。

三、凡有下列问题之一为"一般问题"

（1）"施工组织设计"、"施工方案"和"安全措施"等无针对性。

（2）施工中安全技术交底的内容无针对性。

（3）安全检查出的问题未按规定复查、整改。

（4）塔式起重机安装验收手续个别项目填写不详细。

（5）施工外用电梯安装验收手续内容填写不详细。

（6）中小型机械管理责任不明确。

（7）起重吊装作业的指挥人员无明显标志。

（8）临时用电工程的施工组织设计（方案）的内容对现场的指导性不强，且其它内业管理资料欠缺较多。

（9）临时用电工程的设施检查、检测资料部分欠缺。

四、凡有下列问题之一为"重大隐患"

（1）开挖沟、槽等土方施工，超过1.5米深未按规定放坡或做支撑。

（2）无许可证从事人工挖扩桩孔施工，以及在挖扩桩孔施工中未按《人工挖、扩桩孔施工安全管理办法》施工。

（3）使用不符合规程要求的材料支搭脚手架。

（4）脚手架操作面上未满铺脚手板，漏洞大，有探头板、飞跳板。

（5）脚手架未按规定设十字盖或未按规定与建筑物做拉结。

(6) 结构脚手架使用荷载超过 2646 牛顿/平方米（270 公斤/平方米）。装修脚手架使用荷载超过 1960 牛顿/平方米（200 公斤/平方米）。

(7) 井架、龙门架、卸料平台无防护门，吊笼无门，无超高限位，不设缆风绳，进料口无防护棚。

(8) 四口临边无防护。

(9) 施工中不按规定设置安全网。

(10) 施工中由高处往下投掷物料。

(11) 大模板、砖、加气块等物料堆放严重超过标准，或有倒塌危险。

(12) 塔式起重机路基枕木槽、朽，钢轨接头悬空，无接地设施，道钉数量少于 50%。

(13) 塔式起重机电缆线破损严重，且无卷线器。

(14) 塔式起重机四限位、二保险有一项失灵。

(15) 塔式起重机附着锚固严重松动或缺少螺栓。

(16) 塔式起重机或提升设备吊索具破损严重。

(17) 塔式起重机接地电阻大于 4 欧姆。

(18) 施工外用电梯限位装置有一项失灵。

(19) 施工外用电梯附墙拉接点松动，垫板、螺栓安装不符合标准。

(20) 电锯、电刨无防护设施。

(21) 卷扬机未搭设防砸、防雨操作棚。机身未设固定地锚，传动部分无防护罩。

(22) 搅拌机未搭设防雨、防砸操作棚，用轮胎代替支撑，保险链、防护罩不齐全。

(23) 机动翻斗车时速超过 5 公里，方向机构、制动器、灯光未做到灵敏可靠。

(24) 乙炔瓶、氧气版和焊炬间的距离超标准。

(25) 施工现场的配电系统不按规定采用三相五线制接零保护方式。配电系统的接地、接零保护方式的做法严重违反有关标准、法规。

(26) 施工现场的配电系统不按规定装设二级漏电保护装置，或漏电保护装置失灵。

(27) 施工现场的配电系统不按规定采用分级配电方式。

(28) 施工现场的配电线路不按规程、规范要求架设。

(29) 施工现场的电气设施、线路，未根据规程规范的要求采取防护措施，或防护措施存在严重问题。

(30) 施工现场的电线路老化，电器损坏、失修严重。

(31) 使用手持电动工具，不按规定选择漏电保护装置和接线破损不符合要求。

(32) 现场的照明系统未按规定装设漏电保护装置或未按要求选用安全电压。

五、凡有下列问题之一为"隐患"

（1）沟、槽等土方施工放坡不符合规定，支撑不牢固。开挖深度超过 2 米，未做防护栏及上下人行爬梯，危险处未设红色标志灯。

（2）脚手架施工中基础不垫板，立杆、大小横杆间距或操作面防护不符合标准，脚手板下无兜网。

（3）脚手架的十字盖不全，脚手架与建筑物拉接点超过垂直距离 4 米、水平距离 6 米，拉结材料低于双股 8#铅丝的强度或未做支顶。

（4）井架、龙门架等卸料平台有防护门而不使用，超高限位失灵，缆风绳（含绳、地锚、连接）不符合标准。

（5）四口临边防护不标准、不牢固。

（6）安全网支搭不严密，水平网的宽度，隔层网的数量及网底距下方物体表面的垂直距离不符合标准。

（7）塔式起重机路基采用长短枕木间隔使用时，短枕木连续超过三根，未设拉杆，或拉杆间距大于 6 米。

（8）塔式起重机卷线器运转不正常。

（9）施工外用电梯各传动机构有松动及齿轮、齿条磨损部分超标。

（10）中小型机械传动部分防护设施不全或损坏。

（11）安装搅拌机未拆轮胎，垫木不牢固。

（12）卷扬机钢丝绳未做过路防护或使用开口式滑轮。

（13）施工现场的配电箱、开关箱的装设违反有关规范标准。

（14）施工现场的配电箱和开关箱内、开关插座、熔断器、保护装置和计量、指示装置不按规定选型及装设。

（15）施工现场的电动机具电源线拖地，明设未做防护。

（16）电焊机的装设，未采取防雨水措施，一、二次侧防护罩不全，焊把线借路或双线不到位。

（17）施工现场 220 伏固定照明器具的安装不符合规范、规程、规定，移动式照明器具的安装接线不符合安全使用要求。采用安全电压的照明灯具、灯线和变压器的安装不符合安装和使用要求。

（18）金属塔、架未按要求装设避雷装置。

六、凡有下列问题之一为"缺陷"

（1）土方施工中，在坑、沟、槽 1m 以内堆土、堆料，停置机具。

（2）脚手架基础不垫通板，或用其它小规格材料代用垫板。

（3）安全网在使用过程中，连接松动未及时修复，未及时清理安全网内杂物。

（4）脚手架、防护设施等，在施工过程中未经允许临时拆改，未及时修复。

（5）塔式起重机路基未做排水或排水不畅。

(6) 操作人员离开卷扬机或作业中途停电时,未切断电源,也未采取防止吊笼坠落的措施或未将吊笼降至地面。

(7) 搅拌机停止使用时料斗升起,未挂好保险链。

(8) 中小型机械不按要求认真保养。

(9) 各类电源箱未按要求统一编号管理,未加锁和内、外部脏乱。

(10) 电焊机的防护罩存在缺陷和二次线路超长。

(11) 施工现场的电源箱装设高度不符合规范的规定。

(12) 内、外电线路和设施的防护装置未做醒目标志。

(13) 电源箱内的开关电器和接线端子板不按要求标清名称。

第 2 讲　现场管理隐患检查

一、凡有下列问题之一为"严重违章"

(1) 施工现场未编制施工组织设计或施工方案。

(2) 施工组织设计没有审批意见,补充变更施工组织设计无原审批人签字。

(3) 施工组织设计内容不全(应有施工安全、消防保卫、环境保护技术措施和文明施工、材料节约等管理要求,并有基础、结构、装修阶段平面布置图和季节性施工方案)。

(4) 施工现场外临时存放施工材料未办理临时占地手续,或妨碍交通和影响市容。

(5) 施工现场门柱、围墙及暂设用房使用砌块干码,或倾斜严重。

(6) 施工现场暂设有房私搭乱建,未按有关规定由总包单位统一搭建和管理,不能保证现场职工和农民工基本的居住、使用条件。

(7) 使用易燃、腐朽、断裂等不合格的建筑材料,搭设暂设用房,或倒塌危险,室内破漏、潮湿。

(8) 暂设住房室内高度小于 2.5 米,通道宽度小于 0.65 米。

(9) 建筑物内外零散碎料和垃圾渣土未及时清理(3 个层段以上),楼梯、休息板、阳台等处堆放材料和杂物(10 处以上)。

(10) 预制楼梯踏步棱角、木门门、磨石、各种石料、镜面、玻璃、铝合金制品、卫生洁具等易损坏的部位未做成品保护,造成严重损坏。

(11) 预制圆孔板、大模板、大楼板等大型构件和大模板存放,场地坑洼不实,码放混乱,未做排水,造成损坏或倾斜。

(12) 砖码放高度超过 1.5 米,砌砖码放高度超过 1.8 米,砂、石和其他散料混放。

(13) 施工现场料具保管未采取防雨、防潮、防晒、防冻、防火、防爆、防损坏等措施。

（14）贵重物品、易燃、易爆和有毒物品未及时入库，未建立严格的领、退料手续。

（15）搅拌机四周、拌料处及施工现场内有大量（0.3立米以上）废弃砂浆和混凝土。

（16）工人操作面完工后有大量废弃材料未及时清理。

（17）施工现场随地大便。

（18）工地发生法定传染病和食物中毒时，未向有关部门报告，未采取防止传染病传播的措施。

（19）工地人员患有法定传染病或病源携带者，未进行隔离治疗。

（20）施工现场脏、乱，积水严重。

（21）运输车辆带泥砂出场，沿途遗洒。

（22）冬季取暖炉无防煤气中毒措施，无验收制度。

（23）施工现场随意乱设零散民工食堂，未由总包单位统一管理。

（24）食堂无卫生许可证，操作间、仓库生熟食品未分开存放，制作食品生熟不分，食用腐烂变质食品。

（25）现场无饮水设备。

（26）炊事人员无身体健康证和卫生知识培训证。

二、凡有下列问题之一为"违章"

（1）施工组织设计中各项管理措施和季节性施工方案具体措施不全，无针对性，不能指导施工。

（2）施工组织设计中现场平面图与现场实际布置不符。

（3）施工组织设计中流水段、工序流程、设备配置等内容与现场不符。

（4）施工组织设计（方案）无技术节约措施，无节约计划和效果台帐。

（5）施工现场围档高度低于1.8米，围档不严密。二环路以内沿街工地围档（长度50米以上）使用软质材料（编织布、苫布等）。重要街道沿街工地围档未使用金属材料。

（6）施工现场大门处未设置统一样式的施工标牌（详见现场管理基本标准附图）。

（7）施工现场大门内未设施工平面布置图，安全生产管理制度板、消防保卫管理制度板、场容环保卫生制度板（简称一图三板）

（8）施工现场内没有排水措施。

（9）施工现场运输管道路阻塞，坑洼不平和雨后泥泞。

（10）施工现场随地小便。

（11）施工区域和生活区域没有明确划分责任区。

（12）建筑物内外零散碎料和垃圾渣土未及时清理（一个层段以上）。楼梯、休息板、阳台等处堆杂物（五处以上）。

（13）预制楼梯踏步棱角、木门口、磨石、各种石料、镜面、玻璃、铝合金制品、卫生洁具等易损坏的部位成品保护措施不当。

（14）施工现场外存放施工材料超出手续规定范围或码放零散、混乱、围档高度低于 0.5 米。

（15）施工现场各种料具码放参差不齐、规格混乱、界限不清。

（16）水泥库内外散落灰未及时清理、水泥袋不回收。

（17）拌合砂浆和浇灌混凝土未采用容器、铺垫板等防散落措施。

（18）砖、砂、石和其他散料未随用随清，浪费严重。

（19）施工现场用料无计划，钢材、木材长料短用，优材省用。

（20）施工现场未设垃圾站，垃圾不分拣、回收、利用，或运出场外就近倒卸。

（21）料具和构配件未按施工平面图指定位置分类码放，堆放混乱。

（22）施工现场未采取节约水电措施（长流水或长明灯）。

（23）施工现场无食品卫生管理制度。

（24）食堂和操作间内墙不抹灰，锅台、地面不抹水泥，屋顶散落灰尘。

（25）操作间刀、盆、案板等炊具生熟不分，无存放炊具的封闭式柜橱。

（26）库房内无存放各种佐料、副食的密闭器皿，存放的，粮食距墙及地小于 20 厘米。

（27）办公室、宿舍和更衣室脏、乱。生活区污水、污物、生活垃圾水及时清理。

（28）施工现场无食品卫生工作负责人或未设专、兼职卫生管理人员。

（29）食堂及食品库内无防蝇、灭鼠措施。

（30）伙房内外脏乱，炊具不洁净。

（31）炊事人员未穿整治的工作服，个人卫生差。

（32）施工现场内厕所无定期保洁，无冲水和加盖措施，无灭蚊、蝇措施，市区及远郊城镇厕所墙壁屋顶不严密，门窗不齐。

（33）饮水器具无专人管、未定期清洗。

三、凡有下列问题之一为"一般问题"

（1）施工组织设计中现场平面图项目不全（应有土建、消防、电气等）。

（2）施工平面图布置图与现场实际不符，一图三板内容不全，字迹残缺，板面破损。

（3）现场施工日志和施工管理各方面专业资料内容不全，针对性较差。

（4）工地现场大门、门柱及围档外立面不直，上口不平。肮脏污秽，影响市容。

（5）施工现场大门和门柱高度低于 2 米，矩形门柱砖砌短边小于 0.36 米。

（6）工地施工标牌面积小于 0.7 米×0.5 米，底边高度小于 1.2 米，内容不全，字迹残缺。

（7）施工现场各种标语牌残缺肮脏，书写有错字、别字。

（8）施工现场剩余料具、包装容器未及时回收、清退。

（9）施工现场未实行限额领料，领退料手续不全。

（10）材料进出场查验手续不全。

（11）食堂、伙房、库房内未经常清洗，墙面油污，有蛛网。

（12）生活区无符合标准的厕所，无盥洗池。上下水不通畅。

（13）宿舍室内夏季无灭蚊蝇措施，无开启式窗户及纱窗，空气不流通；冬季无取暖设施；床铺距地的垂直距离小于 30 厘米，每人床铺占有面积小于 2 平方米；无置放盥洗、衣物和生活用品的桌柜或吊架等设施。

第 3 讲　施工现场保卫消防隐患检查

一、凡有下列行为之一为"严重违章"

（1）施工组织设计中未编制保卫和消防方案或使用电气设备、易燃易爆物品未编制防火措施。

（2）进行电气焊、油漆粉刷或从事防水等危险作业时，无防火要求和措施，也未进行安全交底。

（3）在施工过程中，使用易燃易爆材料明火作业，防火安全交底针对性差。

（4）从事电气设备安装和电、气焊切割作业无操作证，动火前未清除附近易燃物。

（5）未按防火要求，使用易燃材料搭设临时建筑，或未经消防监督机关批准在三环路以内及人员稠密区域支搭木板房。

（6）将在施建筑物作为仓库使用，或长期存放大量易燃、可燃材料。

（7）未经上级机关批准，在施建筑物内住人。

（8）在施建筑物或库房内调配油漆、稀料。

（9）施工现场内吸烟。

（10）工程内使用液化石油气钢瓶、乙炔发生器作业。

（11）冬施保温材料的存放与使用未采取防火措施，或在重点工程和高层建筑施工中采用可燃保温材料。

二、凡有下列问题之一为"违章"

（1）施工组织设计保卫消防方案中未编制具体保卫和防火措施。重点工程、重要工程或单栋建筑面积 1 万平方米以上未编制保卫消防工作预案。

（2）施工中，使用易燃、易爆物品进行危险作业及明火作业时，未进行防火安全交底。

（3）施工现场和生活区，未经保卫部门批准使用电热器具。

（4）焊工从事电、气焊切割作业未办理用火手续，未配备看火人员和灭火用具。

（5）经批准支搭木板房，未按规定（幢与幢距离，城区不小于5m，郊区不小于7m）搭建。

（6）因施工需要进入工程内的可燃材料，未根据工程计划限量进入，无可靠的防火措施。

（7）经上级机关批准工程内住人，无明确管理责任和措施。

（8）施工材料的存放、保管不符合防火安全要求。

（9）易燃易爆物品，未设专库存放，未分类单独存放，无良好的通风条件，且仓库照明等电气设备不符合防火规定。

（10）氧气瓶、乙炔瓶（罐）工作间距小于5米，两瓶与明火作业距离小于10m。

三、凡有下列问题之一为"一般问题"

（1）施工组织设计有关消防的内容简单，未编制独立的消防方案，消防设施的平面布置图内容不全。

（2）施工现场没有组织义务消防队和其它消防组织。

（3）施工现场无明显防火宣传标志，对职工未进行防火知识教育，未建立防火检查和防火工作档案。

（4）经批准使用的电热器具，不符合电气安装规范。

（5）用火证过期失效，施工中改变动火点，未重新办理手续或看火人不在指定位置。

四、凡有下列问题之一为"重大隐患"

（1）施工现场未设置消防车道。

（2）施工现场的消防重点部位（木工加工场所、油料及其它仓库等），未配备消防器材。

（3）施工现场进水干管直径小于100mm，未采取其它措施。

（4）高度超过24m的在施工过程未设置消防竖管，或有竖管不能起灭火作用。

（5）消防泵的专用配电线路，未引自施工现场总断路器的上端，不能保证连续不间断供电。

五、凡有下列问题之一为"隐患"

（1）施工现场消防车道宽度小于3.5m，消防车道不能环行，或未在适当地点修建回转车辆场地。

（2）施工现场重点防火部位，未配备足够的灭火器材。

（3）施工现场未按规定设置吸烟室或室内无防火措施。

（4）消火栓周围 3m 内被圈占埋压，水龙带配备不足（长度应保证有效灭火半径），且昼夜无有明显标志。

（5）高度超过 24m 的在施工过程设置的消防竖管，管径小于 65mm，消火栓口设置间距大于 2 层，水龙带长度不够。

（6）消防器材过期失效。

六、凡有下列问题之一为"缺陷"

（1）施工现场消防车道被临时占用。

（2）施工现场消防器材未进行维护、保养、冬施期间未采取防冻保温措施。

（3）消防立管、栓口、水龙带、水泵房等消防供水设施不合理。

第4讲 施工现场环境保护问题的监督管理

一、凡有下列问题之一为"严重违章"

（1）施工组织设计中未编制有针对性的环境保护措施。

（2）高层或多层建筑施工中，未搭设封闭式临时专用垃圾道，也未采用容器吊运，随意抛洒施工垃圾。

（3）水泥和其它易飞扬的颗粒散体材料不入库或无严密遮盖存放措施。

（4）施工现场道路未按要求采用礁渣、细石、沥清混凝土或其它硬化处理。

（5）二环路内施工现场设置搅拌机和二环路以外、三环路以内施工现场设置两台以上（含两台）搅拌机未安装降尘设备。

（6）施工现场使用的锅炉、茶炉、大灶未采取消烟除尘措施，烟尘排放黑度超过林格曼 1 级。

（7）在规划市区、郊区城镇和居民稠密式、风景游览区、疗养区及国家和北京市划定的文物保护区使用敞口锅熬制沥清。

（8）施工现场搅拌机前台和运输车辆清洗处未设置沉淀池或不经沉淀直接排入市政污水管线。

（9）施工现场进行现制水磨石施工或使用乙炔发生罐产生的污水，未设置沉淀池处理，排入市政污水管线或流出施工区域污染环境。

（10）在居民稠密区夜间进行强噪声（大于 55dBA）施工。作业时间超过 22 时。

（11）施工现场使用和存放油料，造成跑、冒、滴、漏、污染水体和环境。

二、凡有下列问题之一为"违章"

（1）施工现场未建立有效的环境保护工作的自我保证体系和信息网络。

（2）施工垃圾不及时清运或清运时未采取控制扬尘的措施，扬尘严重。

（3）施工现场细颗粒散体材料装卸运输时，未采取遮盖等有效措施，造成遗洒、飞扬。

（4）在规划市区、居民稠密区、风景游览区、疗养区及国家和北京市划定的文物保护地区的施工现场，未设置降尘或洒水设备，在易产生扬尘的季节，对道路和场地不洒水降尘。

（5）在二环路内施工，具备使用商品混凝土条件，而未使用。

（6）施工现场搅拌机降尘设备损坏、无效可闲置未用。

（7）施工现场拆除旧有建筑时，未随时洒水，造成扬尘污染。

（8）施工现场使用和存放油料，对使用场地或库房未采取防渗漏措施。

（9）施工现场临时食堂，用餐人数在100人以上，未设置有效的隔油池。

（10）施工现场搅拌机、清洗运输车、现制水磨石、乙炔发生罐的污水沉淀池不及时清掏，不控制污水流向，在施工现场内任意排放。

（11）施工现场因特殊情况昼夜连续作业,对人为施工噪声未采取降噪声措施，未制定各项管理制度。

（12）施工现场使用锅炉、茶炉、大灶的消烟除尘设备闲置未用，或设备损坏、无效。

（13）在规划市区、郊区城镇和居民稠密区、风景游览区、疗养区及国家和北京市划定的文物保护区，进行沥清防水作业，加热设备的烟尘处理装置闲置未用，或损坏、无效。

三、凡有下列问题之一为"一般问题"

（1）施工现场没有烟尘、噪声及环保管理自检记录；

（2）施工现场未及时进行环保宣传教育工作，未进行职工考核记录。

（3）市区和郊区城镇区域内的施工现场，未进行茶炉、大灶、锅炉烟尘黑度的观测记录。

（4）低噪声小区内的施工现场未进行噪声值监测记录。

（5）施工现场食堂隔油池不定期清掏积油。

第4单元 环境保护与绿色施工管理要求

第1讲 绿色施工环境保护技术要点

（1）扬尘控制

1）施工现场主要道路应根据用途进行硬化处理，土方应集中堆放。裸露的场地和集中堆放的土方应采取覆盖、固化或绿化等措施。

2）土方作业阶段，采取洒水、拟冶等措施，运送土方、垃圾、设备及建筑材料等，不污损场外道路。运输容易散落、飞扬、流漏的物料的车辆，必须采取措施封闭严密，保证车辆清洁。

3）施工现场出口应设置洗车槽。

4）结构施工、安装装饰装修阶段，作业区目测扬尘高度小于0.5m。对易产生扬尘的堆放材料应采取覆盖措施；对粉末状材料应封闭存放；场区内可能引起扬尘的材料及建筑垃圾搬运应有降尘措施，如覆盖、洒水等；浇筑混凝土前清理灰尘和垃圾时尽量使用吸尘器，避免使用吹风器等易产生扬尘的设备；机械剔凿作业时可用局部遮挡、掩盖、水淋等防护措施；高层或多层建筑清理垃圾应搭设封闭性临时专用道或采用容器吊运。

5）遇有四级以上大风天气，不得进行土方回填、转运以及其他可能产生扬尘污染的施工。

6）构筑物机械拆除前，做好扬尘控制计划。可采取清理积尘、拆除体洒水、设置隔栅等措施。

7）构筑物爆破拆除前，做好扬尘控制计划。可采用清理积尘、淋湿地面、预湿墙体、屋面敷水袋、楼面蓄水、建筑外设高压喷雾状水系统、搭设防尘排栅和等综合降尘。选择风力小的天气进行爆破作业。

8）在场界四周隔档高度位置测得的大气总悬浮颗粒物（TSP）月平均浓度与城市背景值的差值不大于0.08mg/m3。

9）施工现场材料存放区、加工区及大模板存放场地应平整坚实。

10）规划市区范围内的施工现场，混凝土浇注量超过100m3以上的工程，应当使用预拌混凝土；施工现场应采用预拌砂浆。

11）施工现场进行机械剔凿作业时，作业面局部应遮挡、掩盖或采取水淋等降尘措施。

12）市政道路施工铣刨作业时，应采用冲洗等措施，控制扬尘污染。无机料拌合，应采用预拌进场，碾压过程中要洒水降尘。

13）施工现场应建立封闭式垃圾站。建筑物内施工垃圾的清运，必须采用相应容器或管道运输，严禁凌空抛掷。

（2）有害气体排放控制

1）施工现场严禁焚烧各类废弃物。

2）施工车辆、机械设备的尾气排放应符合国家和北京市规定的排放标准。

3）建筑材料应有合格证明。对含有害物质的材料应进行复检，合格后方可使用。

4）民用建筑工程室内装修严禁采用沥青、煤焦油类防腐、防潮处理剂。

5）施工中所使用的阻燃剂、混凝土外加剂氨的释放量应符合国家标准。

（3）水土污染控制

1）施工现场污水排放应达到国家标准《污水综合排放标准》(GB8978)的要求。

2）在施工现场应针对不同的污水，设置相应的处理设施，如沉淀池、隔油池、化粪池等。临时厕所化粪池应做抗渗处理。

3）食堂、盥洗室、淋浴间的下水管线应设置过滤网，并应与市政污水管线连接，保证排水畅通。

4）施工现场存放的油料和化学溶剂等物品应设有专门的库房，地面应做防渗漏处理。废弃的油料和化学溶剂应集中处理，不得随意倾倒。

5）保护地下水环境。采用隔水性能好的边坡支护技术。在缺水地区或地下水位持续下降的地区，基坑降水尽可能少地抽取地下水；当基坑开挖抽水量大于50万m3时，应进行地下水回灌，并避免地下水被污染。

6）对于化学品等有毒材料、油料的储存地，应有严格的隔水层设计，做好渗漏液收集和处理。

7）施工现场搅拌机前台、混凝土输送泵及运输车辆清洗处应当设置沉淀池。废水不得直接排入市政污水管网，可经二次沉淀后循环使用或用于洒水降尘。

8）对于有毒有害废弃物如电池、墨盒、油漆、涂料等应回收后交有资质的单位处理，不能作为建筑垃圾外运，避免污染土壤和地下水。

9）施工后应恢复施工活动破坏的植被（一般指临时占地内）。与当地园林、环保部门或当地植物研究机构进行合作，在先前开发地区种植当地或其他合适的植物，以恢复剩余空地地貌或科学绿化，补救施工活动中人为破坏植被和地貌造成的土壤侵蚀。

（4）噪音与振动控制

1）现场噪音排放不得超过国家标准《建筑施工场界环境噪声排放标准》(GB12523-2011)的规定。

2）在施工场界对噪音进行实时监测与控制。监测方法执行国家标准《建筑施工场界环境噪声排放标准》(GB12523-2011)的规定。

3）使用低噪音、低振动的机具，采取隔音与隔振措施，避免或减少施工噪音和振动。

4）运输材料的车辆进入施工现场，严禁鸣笛。装卸材料应做到轻拿轻放。

（5）光污染控制

1）尽量避免或减少施工过程中的光污染。夜间室外照明灯加设灯罩,透光方向集中在施工范围。

2）电焊作业采取遮挡措施,避免电焊弧光外泄。

（6）建筑垃圾控制

1）制定建筑垃圾减量化计划,如住宅建筑,每万平方米的建筑垃圾不宜超过400吨。

2）加强建筑垃圾的回收再利用,力争建筑垃圾的再利用和回收率达到30%,建筑物拆除产生的废弃物的再利用和回收率大于40%。对于碎石类、土石方类建筑垃圾,可采用地基填埋、铺路等方式提高再利用率,力争再利用率大于50%。

3）施工现场生活区设置封闭式垃圾容器,施工场地生活垃圾实行袋装化,及时清运。对建筑垃圾进行分类,并收集到现场封闭式垃圾站,集中运出。

（7）地下设施、文物和资源保护

1）施工前应调查清楚地下各种设施,做好保护计划,保证施工场地周边的各类管道、管线、建筑物、构筑物的安全运行。

2）施工过程中一旦发现文物,立即停止施工,保护现场并通报文物部门并协助做好工作。

3）避让、保护施工场区及周边的古树名木。

4）逐步开展统计分析施工项目的 CO_2 排放量,以及各种不同植被和树种的 CO_2 固定量的工作。

第2讲 施工现场生活区设置和管理

一、生活设施

（1）生活区必须设置办公室、传达室（门卫室）、宿舍、食堂、厕所、盥洗设施、淋浴间、开水房、文体活动室、密闭式垃圾箱等临时设施。

（2）宿舍

1）宿舍内必须保证必要的生活空间,宿舍内住宿人员人均面积不应小于2.5平米,通道宽度不小于0.9米,每间宿舍居住人员不得超过16人。

2）宿舍内必须设置单人铺,床铺高于地面0.3米,面积不小于1.9米×0.9米,床铺间距不得小于0.3米,床铺的搭设不得超过2层。床头应设有姓名卡。

3）宿舍内应设置生活用品专柜,生活用品摆放整齐。

4）宿舍必须设置可开启式窗户,保持室内通风。

5）宿舍夏季应有防暑降温和防蚊蝇措施,冬季有取暖和防煤气中毒的措施。

（3）食堂

1）食堂必须设置独立的制作间、库房和燃气罐存放间。

2）食堂应配备必要的排风设施和消毒设施。

3）制作间灶台及其周边应贴瓷砖，地面硬化，保持墙面、地面干净。

4）食堂必须设置隔油池。

5）食堂制作间的下水管线应与污水管线连接，保证排水通畅。

6）制作间必须有生熟分开的刀、盆、案板等炊具及存放柜。

7）库房内应有存放各种佐料和副食的密闭器皿，应有距墙距地面大于20厘米的粮食存放台。

8）食堂必须设置密闭式泔水桶。

（4）厕所

1）生活区内必须设置水冲式厕所或移动式厕所。

2）厕所墙壁屋顶严密，门窗齐全，采用水泥地面。

3）厕所大小应根据生活区人员数量要求设置。

（5）盥洗设施

1）必须设置满足施工人员使用的水池和水龙头。

2）盥洗设施的下水管线应与污水管线连接，必须保证排水通畅。

（6）淋浴间

1）淋浴间必须设置冷热水管和淋浴喷头，保证施工人员定期洗热水澡。

2）淋浴间内必须设置储衣柜或挂衣架。

3）淋浴间内的下水管线应与污水管线连接，必须保证排水通畅。

4）淋浴间的用电设施必须满足用电安全。照明灯必须安装防爆灯具和防水开关。

（7）文体活动室

应配备电视机、书报、杂志和必要的文体活动用品。

（8）办公室

应配备药箱及一般常用药品以及绷带、止血带、等急救器材。

（9）开水房

设置开水炉或饮用水保温筒。

（10）通讯设施

生活区内应为施工人员设置必要的通讯设施。

二、生活区的管理

（1）总则

1）生活区是指建设工程施工人员集中居住、生活的场所，包括施工现场以内和施工现场以外独立设立的生活区。

2）生活区由施工总承包企业负责管理。建设单位应为施工企业提供建立生活区的必要条件。

（2）一般要求

1）生活区与施工区应严格划分，采用专用金属定型材料或砌块进行围挡，且高度不得低于1.8米。

2）生活区必须统筹安排，合理布局，满足安全、消防、卫生防疫、环境保护、防汛、防洪等要求。

3）生活区用房必须安全、牢固、美观，并符合消防安全规范，不得使用易燃材料搭设。

4）生活区各种建筑设施必须符合国家和本市有关安全防范要求。

5）施工企业应定期对生活区住宿人员进行安全、治安、消防、卫生防疫、环境保护、交通等法律法规教育，增强其法制观念。

6）施工企业必须建立健全安全保卫、卫生防疫、消防、生活设施的使用、维修和生活管理等各项管理制度。

（3）卫生和防疫管理

1）必须严格执行卫生、防疫管理规定，建立卫生防疫管理制度，并制定法定传染病、食物中毒、急性职业中毒等突发疾病应急预案。

2）生活区必须保持清洁卫生，定期清扫和消毒。

3）生活区必须有灭鼠、蚊、蝇、蟑螂等措施。

4）生活区垃圾必须存放在密闭式容器中，并及时清运，不得与建筑垃圾混合运输、消纳。

5）厕所必须设专人负责，及时清扫，定期消毒。

6）生活区应配备卫生监督员，对生活区及个人的卫生情况进行监督检查，并做好记录。

7）施工人员发生法定传染病、食物中毒、急性职业中毒时，必须在2小时内向事故发生地所在区（县）建设行政主管部门和卫生防疫部门报告。按照卫生防疫部门的有关规定及时进行处理。

（4）食品卫生管理

1）食堂必须具备卫生许可证、炊事人员身体健康证、卫生知识培训证。卫生许可证必须挂在制作间明显处，身体健康证、卫生知识培训证应随身携带以备检查。

2）炊事人员配备两套工作服、帽，上岗必须穿戴洁净的工作服、工作帽，并保持个人卫生。

3）炊具、餐具必须及时清洗，定期消毒。

4）开水炉或盛水容器必须保持清洁，定期清洗消毒，设专人管理。

5）生熟食品必须分开加工和保管，存放成品半成品必须有遮盖。

6）加强食品、原料的进货管理，做好进货登记。严禁购买无照、无证商贩食品和原料。

7）严禁食用变质食物。

8）剩余饭菜应倒入密闭泔水桶中，并及时清运。

9）库房有通风、防潮、防虫、防鼠等措施。库房不得兼做它用。

(5) 安全保卫消防管理

1) 生活区实行封闭式管理,出入大门口应有专职门卫,禁止外来人员随意进出,对来访人员进行登记。

2) 生活区应配备专、兼职保安人员,负责保卫消防工作的实施。

3) 生活区宿舍内不得留宿外来人口,特殊情况必须留宿的,必须经单位有关领导及行政主管部门批准,报保卫人员备查。

4) 生活区内必须配备消防器材,消防器材齐全有效。成立义务消防队,明确消防责任人。

5) 生活区内的用电设施实行统一管理,用电设施必须符合安全、消防标准。

6) 用火点和燃气罐不能放置在同一房间内。

7) 生活区内不得存放易燃、易爆、剧毒、放射源等化学危险物品。

(6) 环境保护管理

1) 生活区内地面必须平整夯实,并且应有绿化或美化措施。

2) 生活垃圾应分类存放。

3) 严禁生活垃圾与建筑渣土混合运输、消纳。

4) 隔油池必须有专人负责,及时清掏。

5) 控制噪声污染,减少对周边居民的影响。

第3讲 施工现场和料具管理

(1) 一般规定

1) 施工作业、材料存放区与办公、生活区应划分清晰,并应采取相应的隔离措施。

2) 施工现场大门内应设置施工现场总平面布置图、公共突发事件应急处置流程图和安全生产、消防保卫、环境保护、文明施工制度板。施工现场的各种标识牌字体正确规范、工整美观,并保持整洁完好。

3) 应建立门卫值守管理制度,并应配备门卫值守人员。

4) 施工人员进入施工现场应佩戴工作卡。

5) 在建工程内、食堂、库房不得兼作宿舍。

6) 施工现场应使用节水龙头和节能灯具,杜绝长流水和长明灯。

(2) 施工围挡及出入口管理

1) 施工现场应实行封闭式管理,市区主要路段围墙(围挡)坚固、严密,高度不得低于 2.5m,一般路段不小于 1.8m。围墙材料宜使用金属定型材料或砌块,其构造连接应确保结构牢固可靠。

2) 管线工程以及城市道路工程的施工现场围挡可以连续设置,也可以按工程进度分段设置。特殊情况不能进行围挡的,应当设置安全警示标志,并在工程险要处采取隔离措施。

3）距离交通路口 20m 范围内设置施工围挡的，围挡 1m 以上部分应当采用通透性围挡，不得影响交通路口行车视距。

4）施工现场的大门和门柱应牢固美观，大门上应标有企业标识，门卫应统一着装，穿戴整齐。

5）施工现场在大门明显处设置公示牌。公示牌内容应写明工程名称、面积、建筑高度、建设单位、设计单位、施工单位、监理单位、项目经理及联系电话、政府监督人员联系电话、开竣工日期。标牌面积不得小于 0.7mX0.5m（长 X 高），字体为仿宋体，标牌底边距地面不得低于 1.2m。

6）施工现场出入口必须设置冲洗车辆的设施或安装专业化洗车设备，出场时必须将车辆清理干净，确保不将泥沙带出现场。清洗运输车辆的污水，应当综合循环利用，或者经沉淀处理并达标后排入公共排水设施以及河道、水库、湖泊、渠道。每日对工地出入口周边定时清扫，保证清洁。

（3）现场场容管理

1）施工单位应当对施工现场主要道路和模板存放、料具码放等场地进行硬化，其它场地应当进行覆盖或者绿化；土方应当集中堆放并采取覆盖或者固化等措施。建设单位应当对暂时不开发的空地进行绿化。

2）施工单位应当做好施工现场洒水降尘工作，拆除工程进行拆除作业时应当同时进行洒水降尘。

3）现场必须采取排水措施。

4）施工现场脚手架架体必须用绿色密目安全网沿外架内侧进行封闭，密目安全网要定期清理，破损的要及时更换，保持干净、整齐、清洁。

5）施工现场应合理悬挂安全生产宣传标语和警示牌，标牌悬挂牢固可靠，美观大方，特别是主要施工部位、作业面和危险区域以及主要通道口都必须有针对性悬挂醒目的安全警示牌。

6）施工现场暂设用房整齐、美观。宜采用整体盒子房、复合材料板房类轻体结构活动房，暂设用房外立面必须要美观整洁。

（4）现场环境卫生和卫生防疫管理

1）建设单位、施工单位应当根据建筑垃圾减排处理和绿色施工有关规定，采取措施减少建筑垃圾的产生，对施工工地的建筑垃圾实施集中分类管理；具备条件的，对工程施工中产生的建筑垃圾进行综合利用。

2）建设单位和承担建筑物、构筑物、城市道路、公路等拆除工程的单位应当在施工前，依法办理渣土消纳许可。

3）建设工程施工现场应当按照标准配套建设生活垃圾分类设施，建设工程施工组织设计（方案）应当包括配套生活垃圾分类设施的用地平面图并标明用地面积、位置和功能。

4）施工现场应当设置密闭式垃圾站用于存放建筑垃圾，建筑垃圾清理应当搭设密闭式专用垃圾通道或者采用容器吊运,严禁随意抛撒。施工现场建筑垃圾的和运输按照本市有关符理的规定处理。

5)建设工程施工现场产生的建筑垃圾应当分类收集、贮存。

6)建筑垃圾的集中收集设施应当符合国家和本市有关标准,具备密闭、节能、渗沥液处理、防臭、防渗、防尘、防噪声等污染防控措施。

7)建筑垃圾和生活垃圾不得混装混运,乱堆乱放,所使用的建筑垃圾运输车辆必须符合本市统一的标准标识要求的规定,建筑垃圾必须运输到指定场所进行处置,具备条件的可在现场进行就地资源化处置。

8)不得将建筑垃圾混入生活垃圾,不得将危险废物混入建筑垃圾。

9)施工区域、办公区域和生活区域应有明确划分,设标志牌,明确卫生负责人。施工现场办公区域和生活区域应根据实际条件进行绿化。办公室、宿舍和更衣室要保持清洁有序。施工区域内不得晾晒衣物被褥。

10)施工现场合理设置卫生设施,严禁随地大小便。

11)施工现场应制定卫生急救措施,配备保健药箱、一般常用药品及急救器材。

12)现场工人患有法定传染病或是病源携带者,应及时到医院进行就医治疗,直至卫生防疫部门证明不具有传染性时方可恢复工作。

13)对从事有毒有害作业人员应按照《职业病防治法》的规定做职业健康检查,为有毒有害作业人员配备有效的防护用品。

14)施工现场应制定暑期防暑降温和冬季生活取暖措施。

(5)料具管理

1)现场各种材料、机械设备、配电设施、消防器材等应按照施工现场总平面布置图统一布置,标识清楚。

2)施工现场应绘制材料堆放平面图,现场内各种材料应按照平面图统一布置,明确各责任区的划分,确定责任人。

3)场内材料应分类码放整齐,悬挂统一制作的标牌,标明名称、品种、规格、数量等。材料的存放场地应平整夯实,有排水措施。

4)施工现场应根据各种材料特性建立材料保存、保管制度和措施,制定材料保存、领取、使用的各项制度。

①施工防现场不使用的施工材料、施工机具和设备应及时清运出场。

②施工现场材料码放应采取防火、防锈蚀、防雨等措施。

③易燃易爆物品应分类储蓄在专用库房内,并应制定防火措施。

④建筑物内外的零散碎料和垃圾渣土要及时清理,并封闭存放。楼梯踏步、休息平台、阳台等处不得堆放料具和杂物。

⑤施工现场除边坡支护和注浆外,不得搅拌混凝土,现场砂石料存放要符合环境保护要求,散落灰、废砂浆、混凝土必须及时清理。

第3部分 施工安全事故处理

第1单元 建设工程应急救援预案与演练

第1讲 应急救援预案

制定事故应急预案是贯彻落实"安全第一、预防为主、综合治理"方针,提高应对风险和防范事故的能力,保证职工安全健康和公众生命安全,最大限度地减少财产损失、环境损害和社会影响的重要措施。

事故应急预案在应急系统中起着关键作用,它明确了在突发事故发生之前、发生过程中以及刚刚结束之后,谁负责做什么、何时做,以及相应的策略和资源准备等。它是针对可能发生的重大事故及其影响和后果的严重程度,为应急准备和应急响应的各个方面所预先作出的详细安排,是开展及时、有序和有效事故应急救援工作的行动指南。

一、基本概念

(1) 应急救援是指危险源、环境因素控制措施失效情况下,为预防和减少可能随之引发的伤害和其他影响,所采取的补救措施和抢救行动。

(2) 应急救援预案是指事先制定的,关于重大生产安全事故发生时进行紧急救援的组织、程序、措施、责任以及协调等方面的方案和计划,是制定事故应急救援工作的全过程。

(3) 应急救援组织是指施工单位内部专门从事应急救援工作的独立机构。

(4) 应急救援体系是指保证所有的应急救援预案的具体落实,所需要的组织、人力、物力等各种要素及其配合关系的综合,是应急救援预案能够落实的保证。

(5) 应急管理的模式基本上有预防、准备、响应、恢复4个环节组成,各环节的内容和措施见表3—1。

表3—1 应急管理阶段划分

阶段	含义	内容与措施
预防	无论事故是否发生,企业和社会都处于风险之中	安全规划、应急教育、监测预警、安全研究、制定法规及标准、灾害保险、税收和强制等激励措施
准备	事故发生之前采取的行动,目的是提高应急能力	应急方针政策、应急预案、应急通告与警报、应急医疗、应急中心、就急资源、制定互助协议、应急培训与演习
响应	事故期间所采取的挽救生命和财产,稳定和控制事态一系列行动	启动应急报警系统、启动应急救援中心、报告有关政府机构、提供应急援助、发布紧急公告、疏散与避难、搜寻与营救
恢复	使生产、生活恢复到正常状态,包括短期恢复和长期恢复	清理废墟、损害评估、消毒、去污、保险赔偿、灾后重建、预案复审

二、事故应急预案编制的基本要求

编制应急预案必须以客观的态度,在全面调查的基础上,以各相关方共同参与的方式,开展科学分析和论证,按照科学的编制程序,扎实开展应急预案编制工作,使应急预案中的内容符合客观情况,为应急预案的落实和有效应用奠定基础。

应急预案的编制应当符合下列基本要求:

(1) 符合有关法律、法规、规章和标准的规定;
(2) 结合本地区、本部门、本单位的安全生产实际情况;
(3) 结合本地区、本部门、本单位的危险性分析情况;
(4) 应急组织和人员的职责分工明确,并有具体的落实措施;
(5) 有明确、具体的事故预防措施和应急程序,并与其应急能力相适应;
(6) 有明确的应急保障措施,并能满足本地区、本部门、本单位的应急工作要求;
(7) 预案基本要素齐全、完整,预案附件提供的信息准确;
(8) 预案内容与相关应急预案相互衔接。

三、事故应急预案编制的原则

(1) 重点突出,具有针对性。应根据对危险源与环境因素的识别结果,结合本单位或本工程项目的安全生产的实际情况,确定易发生事故的部位,分析可能导致发生事故的原因,确定安全措施失效时所采取的补充措施和抢救行动,及针对可能随之引发的伤害和其他影响采取的措施;

(2) 应与建设工程施工安全计划同步编写;

(3) 规定事故应急救援工作的全过程,适用于施工单位项目经理部施工现场范围内可能出现的事故或紧急情况的救援和处理;

（4）实行施工总承包的，总承包单位应当负责统一编制应急救援预案，工程总承包单位和分包单位按照应急救援预案，各自建立应急救援组织或者配备应急救援人员，配备救援器材、设备，并定期组织演练；

（5）落实组织机构，统一指挥、职责明确，明确施工单位及项目各部门的组织、分工、配合、协调。施工单位应急救援组织机构一般由公司总部、施工现场项目经理部两级构成。

（6）程序简单，具有可行性、可操作性。保证在突发事故时，应急救援预案能及时启动，并紧张有序地实施。

（7）贯彻"安全第一，预防为主"的原则、"以人为本，快速有效"的原则、"属地救援"原则。

四、事故应急预案编制程序

安全生产事故应急预案编制包括下面 6 个步骤：

（1）成立工作组。结合本单位部门职能分工，成立以单位主要负责人为领导的应急预案编制工作组，明确编制任务、职责分工、制定工作计划。

（2）资料收集。收集应急预案编制所需的各种资料（相关法律法规、应急预案、技术标准、国内外同行业事故案例分析、本单位技术资料等）。

（3）危险源与风险分析。在危险因素分析及事故隐患排查、治理的基础上，确定本单位的危险源、可能发生事故的类型和后果，进行事故风险分析并指出事故可能产生的次生衍生事故，形成分析报告，分析结果作为应急预案的编制依据。

（4）应急能力评估。对本单位应急装备、应急队伍等应急能力进行评估，并结合本单位实际，加强应急能力建设。

（5）应急预案编制。针对可能发生的事故，按照有关规定和要求编制应急预案。应急预案编制过程中，应注重全体人员的参与和培训，使所有与事故有关人员均掌握危险源的危险性、应急处置方案和技能。应急预案应充分利用社会应急资源，与地方政府预案、上级主管单位以及相关部门的预案相衔接。

（6）应急预案的评审与发布。评审由本单位主要负责人组织有关部门和人员进行。外部评审由上级主管部门或地方政府负责安全管理的部门组织审查。评审后，按规定报有关部门备案，并经生产经营单位主要负责人签署发布。

需要指出的是，应急预案的改进是预案管理工作的重要内容，与以上 6 项工作共同构 成一个工作循环，通过这个循环可以持续改进预案的编制工作，完善预案体系。

五、事故应急预案主要内容

应急预案是整个应急管理体系的反映，它不仅包括事故发生过程中的应急响应和救援措施，而且还应包括事故发生前的各种应急准备和事故发生后的短期恢复，以及预案的管理与更新等。通常，完整的应急预案主要包括以下六个方面的内容：

（1）应急预案概况

应急预案概况主要描述建筑工程施工单位概况以及危险特性状况等，同时对紧急情况下应急事件、适用范围和方针原则等提供简述并作必要说明。应急救援体系首先应有一个明确的方针和原则来作为指导应急救援工作的纲领。方针与原则反映了应急救援工作的优先方向、政策、范围和总体目标，如保护人员安全优先，防止和控制事故蔓延优先，保护环境优先。此外，方针与原则还应体现事故损失控制、预防为主、统一指挥以及持续改进等思想。

（2）事故预防

预防程序是对潜在事故、可能的次生与衍生事故进行分析并说明所采取的预防和控制事故的措施。

应急预案是有针对性的，具有明确的对象，其对象可能是某一类或多类可能的重大事故类型。应急预案的制定必须基于对所针对的潜在事故类型有一个全面系统的认识和评价，识别出重要的潜在事故类型、性质、区域、分布及事故后果，同时，根据危险分析的结果，分析应急救援的应急力量和可用资源情况，并提出建设性意见。

1）危险分析

危险分析的最终目的是要明确应急的对象（可能存在的重大事故）、事故的性质及其影响范围、后果严重程度等，为应急准备、应急响应和减灾措施提供决策和指导依据。危险分析包括危险识别、脆弱性分析和风险分析。危险分析应依据国家和地方有关的法律法规要求，根据具体情况进行。

2）资源分析

针对危险分析所确定的主要危险，明确应急救援所需的资源，列出可用的应急力量和资源，包括：

①各类应急力量的组成及分布情况。

②各种重要应急设备、物资的准备情况。

③上级救援机构或周边可用的应急资源。

通过资源分析，可为应急资源的规划与配备、与相邻地区签订互助协议和预案编制提供指导。

3）法律法规要求

有关应急救援的法律法规是开展应急救援工作的重要前提保障。编制预案前，应调研国家和地方有关应急预案、事故预防、应急准备、应急响应和恢复相关的法律法规文件，以作为预案编制的依据。

（3）准备程序

准备程序应说明应急行动前所需采取的准备工作，包括应急组织及其职责权限、应急队伍建设和人员培训、应急物资的准备、预案的演习、员工的应急知识培训、签订互助协议等。

应急预案能否在应急救援中成功地发挥作用,不仅仅取决于应急预案自身的完善程度,还依赖于应急准备的充分与否。应急准备主要包括各应急组织及其职责权限的明确、应急资源的准备、应急人员培训、预案演练和互助协议的签署等。

1) 机构与职责

为保证应急救援工作的反应迅速、协调有序,必须建立完善的应急机构组织体系,包括城市应急管理的领导机构、应急响应中心以及各有关机构部门等。对应急救援中承担任务的所有应急组织,应明确相应的职责、负责人、候补人及联络方式。

2) 应急资源

应急资源的准备是应急救援工作的重要保障,应根据潜在事故的性质和危险分析,合理组建专业和社会救援力量,配备应急救援中所需的各种救援机械和装备、监测仪器、堵漏和清消材料、交通工具、个体防护装备、医疗器械和药品、生活保障物资等,并定期检查、维护与更新,保证始终处于完好状态。另外,对应急资源信息应实施有效的管理与更新。

3) 教育、培训与演习

为全面提高应急能力,应急预案应对应急教育、应急训练和演习做出相应的规定,包括其内容、计划、组织与准备、效果评估等。

员工意识和自我保护能力是减少重大事故伤亡不可忽视的一个重要方面。作为应急准备的一项内容,应对员工的日常教育做出规定,使他们了解潜在危险的性质和对健康的危害,掌握必要的自救知识,了解预先指定的主要及备用疏散路线和集合地点,了解各种警报的含义和应急救援工作的有关要求。

应急演习是对应急能力的综合检验。合理开展由应急各方参加的应急演习,有助于提高应急能力。同时,通过对演练的结果进行评估总结,有助于改进应急预案和应急管理工作中存在的不足,持续提高应急能力,完善应急管理工作。

4) 互助协议

当有关的应急力量与资源相对薄弱时,应事先寻求与邻近区域签订正式的互助协议,并做好相应的安排,以便在应急救援中及时得到外部救援力量和资源的援助。此外,也应与社会专业技术服务机构、物资供应企业等签署相应的互助协议。

(4) 应急程序

在应急救援过程中,存在一些必需的核心功能和任务,如接警与通知、指挥与控制、警报和紧急公告、通信、事态监测与评估、警戒与治安、人群疏散与安置、医疗与卫生、公共关系、应急人员安全、消防和抢险、泄漏物控制等,无论何种应急过程都必须围绕上述功能和任务开展。应急程序主要指实施上述核心功能和任务的程序和步骤。

1) 接警与通知

准确了解事故的性质和规模等初始信息是决定启动应急救援的关键。接警作为应急响应的第一步,必须对接警要求作出明确规定,保证迅速、准确地向报警人员询问事故现场的重要信息。接警人员接受报警后,应按预先确定的通报程序,迅速向有关应急机构、政府及上级部门发出事故通知，以采取相应的行动。

2）指挥与控制

重大安全生产事故应急救援往往需要多个救援机构共同处置，因此，对应急行动的统一指挥和协调是有效开展应急救援的关键。建立统一的应急指挥、协调和决策程序，便于对事故进行初始评估，确认紧急状态，从而迅速有效地进行应急响应决策，建立现场工作区域，确定重点保护区域和应急行动的优先原则，指挥和协调现场各救援队伍开展救援行动，合理高效地调配和使用应急资源等。

3）警报和紧急公告

当事故可能影响到周边地区，对周边地区的公众可能造成威胁时，应及时启动警报系统，向公众发出警报，同时通过各种途径向公众发出紧急公告，告知事故性质，对健康的影响、自我保护措施、注意事项等，以保证公众能够及时做出自我保护响应。决定实施疏散时，应通过紧急公告确保公众了解疏散的有关信息，如疏散时间、路线、随身携带物、交通工具及目的地等。

4）通信

通信是应急指挥、协调和与外界联系的重要保障，在现场指挥部、应急中心、各应急救援组织、新闻媒体、医院、上级政府和外部救援机构之间，必须建立完善的应急通信网络，在应急救援过程中应始终保持通信网络畅通，并设立备用通信系统。

5）事态监测与评估

在应急救援过程中必须对事故的发展势态及影响及时进行动态的监测，建立对事故现场及场外的监测和评估程序。事态监测与评估在应急救援中起着非常重要的决策支持作用，其结果不仅是控制事故现场，制定消防、抢险措施的重要决策依据，也是划分现场工作区域、保障现场应急人员安全的重要依据。即使在现场恢复阶段，也应当对现场和环境进行监测。

6）警戒与治安

为保障现场应急救援工作的顺利开展，在事故现场周围建立警戒区域，实施交通管制，维护现场治安秩序是十分必要的，其目的是要防止与救援无关人员进入事故现场，保障救援队伍、物资运输和人群疏散等的交通畅通，并避免发生不必要的伤亡。

7）人群疏散与安置

人群疏散是减少人员伤亡扩大的关键，也是最彻底的应急响应。应当对疏散的紧急情况和决策、预防性疏散准备、疏散区域、疏散距离、疏散路线、疏散运输工具、避难场所以及回迁等作出细致的规定和准备，应考虑疏散人群的数量、所需要的时间、风向等环境变化。

7）医疗与卫生

对受伤人员采取及时、有效的现场急救，合理转送医院进行治疗，是减少事故现场人员伤亡的关键。医疗人员必须了解施工现场主要的危险，并经过培训，掌握对受伤人员进行正确消毒和治疗方法。

8) 应急人员安全

重大事故尤其是涉及危险物质的重大事故的应急救援工作危险性极大，必须对应急人员自身的安全问题进行周密的考虑，包括安全预防措施、个体防护设备、现场安全监测等，明确紧急撤离应急人员的条件和程序，保证应急人员免受事故的伤害。

9) 抢险与救援

抢险与救援是应急救援工作的核心内容之一，其目的是为了尽快地控制事故的发展，防止事故的蔓延和进一步扩大，从而最终控制住事故，并积极营救事故现场的受害人员。尤其是涉及危险物质的泄漏、火灾事故，其消防和抢险工作的难度和危险性十分巨大，应对消防和抢险的器材和物资、人员的培训、方法和策略以及现场指挥等做好周密的安排和准备。

10) 危险物质控制

危险物质的泄漏或失控，将可能引发火灾、爆炸或中毒事故，对工人和设备等造成严重危险。而且，泄漏的危险物质以及夹带了有毒物质的灭火用水，都可能对环境造成重大影响，同时也会给现场救援工作带来更大的危险。因此，必须对危险物质进行及时有效的控制，如对泄漏物的围堵、收容和洗消，并进行妥善处置。

（5）现场恢复

现场恢复也可称为紧急恢复，是指事故被控制住后所进行的短期恢复，从应急过程来说意味着应急救援工作的结束，进入到另一个工作阶段，即将现场恢复到一个基本稳定的状态。大量的经验教训表明，在现场恢复的过程中仍存在潜在的危险，如余焊复燃、受损建筑倒塌等，所以应充分考虑现场恢复过程中可能的危险。该部分主要内容应包括：宣布应急结束的程序；撤离和交接程序；恢复正常状态的程序；现场清理和受影响区域的连续检测；事故调查与后果评价等。

（6）预案管理与评审改进

应急预案是应急救援工作的指导文件。应当对预案的制定、修改、更新、批准和发布做出明确的管理规定，保证定期或在应急演习、应急救援后对应急预案进行评审和改进，针对各种实际情况的变化以及预案应用中所暴露出的缺陷，持续地改进，以不断地完善应急预案体系。

以上这六个方面的内容相互之间既相对独立，又紧密联系，从应急的方针、策划、准备、响应、恢复到预案的管理与评审改进，形成了一个有机联系并持续改进的体系结构。这些要素是重大事故应急预案编制所应当涉及的基本方面，在编制时，可根据职能部门的设置和职责分配等具体情况，将要素进行合并或增加，以更符合实际。

第 2 讲　应急救援演练

应急演练是应急管理的重要环节，在应急管理工作中有着十分重要的作用。通过开展应急演练，可以实现评估应急准备状态，发现并及时修改应急预案、执行程序等相关工作的缺陷和不足；评估安全生产事故的应急能力，识别资源需求，澄清相关机构、组织和人员的职责，改善不同机构、组织和人员之间的协调问题；检验应急响应人员对应急预案、执行程序的了解程度和实际操作技能，评估应急培训效果，分析培训需求。同时，作为一种培训手段，通过调整演练难度，可以进一步提高应急响应人员的业务素质和能力。

一、应急救援演练的目的

（1）检验预案。通过开展应急演练，查找应急预案中存在的问题，进而完善应急预案，提高应急预案的实用性和可操作性。

（2）完善准备。通过开展应急演练，检查应对突发事件所需应急队伍、物资、装备、技术等方面的准备情况，发现不足及时予以调整补充，做好应急准备工作。

（3）锻炼队伍。通过开展应急演练，增强演练组织单位、参与单位和人员等对应急预案的熟悉程度，提高其应急处置能力。

（4）磨合机制。通过开展应急演练，进一步明确相关单位和人员的职责任务，理顺工作关系，完善应急机制。

（5）宣传培训。通过开展应急演练，普及应急知识，提高员工安全生产意识和自救应急能力。

二、应急救援演练的原则

（1）结合实际、合理定位。紧密结合应急管理工作实际，明确演练目的，根据资源条件确定演练方式和规模。

（2）着眼实战、讲求实效。以提高应急指挥人员的指挥协调能力、应急队伍的实战能力为着眼点。重视对演练效果及组织工作的评估、考核，总结推广好经验，及时整改存在问题。

（3）精心组织、确保安全。围绕演练目的，精心策划演练内容，科学设计演练方案，周密组织演练活动，制定并严格遵守有关安全措施，确保演练参与人员及演练装备设施的安全。

（4）统筹规划、厉行节约。统筹规划应急演练活动，适当开展跨部门的综合性演练，充分利用现有资源，努力提高应急演练效益。

三、应急救援演练的类型

应急演练按照组织方式及目标重点的不同，可以分为桌面演练和实战等。

（1）桌面演练。桌面演练是一种圆桌讨论或演习活动；其目的是使各级应急部门、组织和个人在较轻松的而环境下，明确和熟悉应急预案中所规定的职责和程序，提高协调配合及解决问题的能力。桌面演练的情景和问题通常以口头或书面叙述的方式呈现，也可以使用地图、计算机模拟、视频会议等辅助手段，有时被分别称为图上演练、沙盘演计算机模拟演练、视频会议演练等。

（2）实战演练是以现场实战操作的形式开展的演练活动。参演人员在贴近实际状况和高度紧张的环境下，根据演练情景的要求，通过实际操作完成应急响应任务，以检验和提高相关应急人员的组织指挥、应急处置以及后勤保障等综合应急能力。

四、应急演练的组织与实施

一次完整的应急演练活动要包括计划、准备、实施、评估总结和改进等五个阶段（图3—1）。

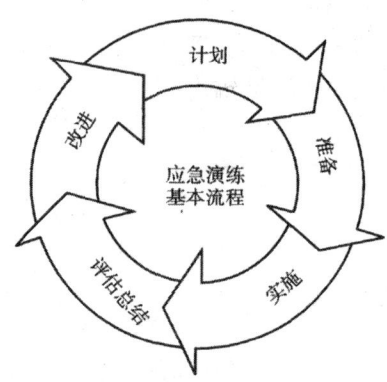

图3—1 应急演练基本流程示意图

计划阶段的主要任务：明确演练需求，提出演练的基本构想和初步安排。

准备阶段的主要任务：完成演练策划，编制演练总体方案及其附件，进行必要的培训和预演，做好各项保障工作安排。

实施阶段的主要任务：按照演练总体方案完成各项演练活动，为演练评估总结收集信息。

评估总结阶段的主要任务：评估总结演练参与单位在应急准备方面的问题和不足，明确改进的重点，提出改进计划。

改进阶段的主要任务：按照改进计划，由相关单位实施落实，并对改进效果进行监督检查。

（1）计划

演练组织单位在开展演练准备工作前应先制定演练计划。演练计划是有关演练的基本构想和对演练准备活动的初步安排，一般包括演练的目的、方式、时间、地点、日程安排、演练策划领导小组和工作小组构成、经费预算和保障措施等。

在制定演练计划过程中需要确定演练目的、分析演练需求、确定演练内容和范围、安排演练准备日程、编制演练经费预算等。

1）梳理需求

演练组织单位根据自身应急演练年度规划和实际情况需要，提出初步演练目标、类型、范围，确定可能的演练参与单位，并与单位的相关人员充分沟通，进一步明确演练需求、目标、类型和范围。

①确定演练目的，归纳提炼举办应急演练活动的原因、演练要解决的问题和期望达到的效果等。

②分析演练需求，首先是在对所面临的风险及应急预案进行认真分析的基础上，发现可能存在的问题和薄弱环节，确定需加强演练的人员、需锻炼提高的技能、需测试的设施装备、需完善的突发事件应急处置流程和需进一步明确的职责等。

然后仔细了解过去的演练情况：哪些人参与了演练、演练目标实现的程度、有什么经验与教训、有什么改进、是否进行了验证。

③确定演练范围，是根据演练需求及经费、资源和时间等条件的限制，确定演练事件类型、等级、地域、参与演练机构及人数和适合的演练方式。

事件类型、等级：根据需求分析结果确定需要演练的事件。

地域：选择一个现实可行的地点，并考虑交通和安全等因素。

演练方式：考虑法律法规的规定、实际的需要、人员具有的经验、需要的压力水平等因素，确定最适合的演练形式。

参与演练的机构及人数：根据需要演练的事件和演练方式，列出需要参与演练的机构和人员。

2）明确任务

演练组织单位根据演练需求、目标、类型、范围和其他相关需要，明确细化演练各阶段的主要任务，安排日程计划，包括各种演练文件编写与审定的期限、物资器材准备的期限、演练实施的日期等。

3）编制计划

演练组织单位负责起草演练计划文本，计划内容应包括：演练目的需求、目标、类型、时间、地点、演练准备实施进程安排、领导小组和工作小组构成、预算等。

4）计划审批、

演练计划编制完成后，应按相关管理要求，呈报项目经理批准。演练计划获准后，按计划开展具体演练准备工作。

（2）准备

演练准备阶段的主要任务是根据演练计划成立演练组织机构，设计演练总体方案,并根据需要针对演练方案进行培训和预演,为演练实施奠定基础。

演练准备的核心工作是设计演练总体方案。演练总体方案是对演练活动的详细安排。

演练总体方案的设计一般包括确定演练目标、设计演练情景与演练流程、设计技术保障方案、设计评估标准与方法、编写演练方案文件等内容。

1) 成立演练组织机构

演练应在相关预案确定的应急领导机构或指挥机构领导下组织开展。演练组织单

位要成立由单位领导组成的演练领导小组,通常下设策划部、保障部和评估组;

对于不同类型和规模的演练活动,其组织机构和职能可以适当调整。演练组织机构的成立是一个逐步完善的过程,在演练准备过程中,演练组织机构的部门设置和人员配备及分工可能根据实际需要随时调整,在演练方案审批通过之后,最终的演练组织机构才得以确立。

①演练领导小组

演练领导小组负责应急演练活动全过程的组织领导,审批决定演练的重大事项。演练领导小组组长一般由演练组织单位的负责人担任;副组长一般由演练组织单位安全负责人担任;小组其他成员一般由各部门负责人担任。

②策划部

策划部负责应急演练策划、演练方案设计、演练实施的组织协调、演练评估总结等工作。策划部设总策划、副总策划,下设文案组、协调组、控制组、宣传组等。

③保障部

保障部负责调集演练所需物资装备,购置和制作演练模型、道具、场景,准备演练场地,维持演练现场秩序,保障运输车辆,保障人员生活和安全保卫等。其成员一般是演练组织单位及参与单位后勤、财务、办公等部门人员,常称为后勤保障人员。

④评估组

评估组负责设计演练评估方案和编写演练评估报告,对演练准备、组织、实施及其安全事项等进行全过程、全方位评估,及时向演练领导小组、策划部和保障部提出意见、建议。其成员一般是具有一定演练评估经验和突发事件应急处置经验专业人员,常称为演练评估人员。

⑤参演队伍和人员

参演队伍包括应急预案规定的有关应急管理部门工作人员、各类专兼职应急救援队伍以等。参演人员承担具体演练任务,针对模拟事件场景做出应急响应行动。

演练组织机构的部门设置和人员配备及分工可能根据实际需要随时调整。

2) 确定演练目标

演练目标是为实现演练目的而需完成的主要演练任务及其效果。演练目标一般需说明"由谁在什么条件下完成什么任务,依据什么标准或取得什么效果"。

演练组织机构召集有关方面和人员，商讨确认范围、演练目的需求、演练目标以及各参与机构的目标，并进一步商讨，为确保演练目标实现而在演练场景、评估标准和方法、技术保障及对演练场地等方面应满足的要求。

演练目标应简单、具体、可量化、可实现。一次演练一般有若干项演练目标，每项演练目标都要在演练方案中有相应的事件和演练活动予以实现，并在演练评估中有相应的评估项目判断该目标的实现情况。

3）演练情景事件设计

演练情景事件是为演练而假设的一系列突发事件，为演练活动提供了初始条件并通过一系列的情景事件，引导演练活动继续直至演练完成。

其设计过程包括：确定原生突发事件类型、请专家研讨、收集相关素材、结合演练目标，设计备选情景事件、研讨修改确认可用的情景事件、各情景事件细节确定。

演练情景事件设计必须做到真实合理，在演练组织过程中需要根据实际情况不断修改完善。演练情景可通过《演练情景说明书》和《演练情景事件清单》加以描述。

4）演练流程设计

演练流程设计是按照事件发展的科学规律，将所有情景事件及相应应急处置行动按时间顺序有机衔接的过程。其设计过程包括：确定事件之间的演化衔接关系；确定各事件发生与持续时间；确定各参与部门和角色在各场景中的期望行动以及期望行动之间的衔接关系；确定所需注入的信息及注入形式。

5）技术保障方案设计

为保障演练活动顺利实施，演练组织机构应安排专人根据演练目标、演练情景事件和演练流程的要求，预先进行技术保障方案设计。当技术保障因客观原因确难实现时，可及时向演练组织机构相关负责人反映，提出对演练情景事件和演练流程的相应修改建议。当演练情景事件和演练流程发生变化时，技术保障方案必须根据需要进行适当调整。

6）评估标准和方法选择

演练评估组召集有关方面和人员，根据演练总体目标和各参与机构的目标以及演练的具体情景事件、演练流程和技术保障方案，商讨确定演练评估标准和方法。

演练评估应以演练目标为基础。每项演练目标都要设计合理的评估项目方法、标准。根据演练目标的不同，可以用选择项（如：是否判断，多项选择）、主观评分（如：1-差、3-合格、5-优秀）、定量测量（如：响应时间、被困人数、获救人数）等方法进行评估。

为便于演练评估操作，通常事先设计好评估表格，包括演练目标、评估方法、评价标准和相关记录项等。有条件时还可以采用专业评估软件等工具。

7）编写演练方案文件

文案组负责起草演练方案相关文件。演练方案文件主要包括演练总体方案及其相关附件。根据演练类别和规模的不同,演练总体方案的附件一般有演练人员手册、演练控制指南、技术保障方案和脚本、演练评估指南、演练脚本和解说词等。

8) 落实各项保障工作

为了按照演练方案顺利安全实施演练活动,应切实做好人员、经费、场地、物资器材、技术和安全方面的保障工作。

①人员保障

演练参与人员一般包括演练领导小组、演练总指挥、总策划、文案人员、控制人员、评估人员、保障人员、参演人员、模拟人员等,有时还会有观摩人员等其他人员。在演练的准备过程中,演练组织单位和参与单位应合理安排工作,保证相关人员参与演练活动的时间;通过组织观摩学习和培训,提高演练人员素质和技能。

②经费保障

演练组织单位每年要根据具体应急演练方案规划编制应急演练经费预算,纳入该单位的年度财政(财务)预算,并按照演练需要及时拨付经费。对经费使用情况进行监督检查,确保演练经费专款专用、节约高效。

③场地保障

根据演练方式和内容,经现场勘察后选择合适的演练场地。桌面演练一般可选择会议室或应急指挥中心等;实战演练应选择与实际情况相似的地点,并根据需要设置指挥部、集结点、接待站、供应站、救护站、停车场等设施。演练场地应有足够的空间,良好的交通、生活、卫生和安全条件。

④物资和器材保障

根据需要,准备必要的演练材料、物资和器材,制作必要的模型设施等,主要包括:信息材料、物资设备、通信器材和演练情景模型等。

⑤安全保障

应急演练组织单位要高度重视应急演练组织与实施全过程的安全保障工作。在应急演练方案编制中,应充分考虑应急演练实施中可能面临的风险,制定必要的应急演练安全保障措施或方案。大型或高风险应急演练活动要按规定制定专门应急预案,采取预防和控制措施。

10) 培训

为了使演练相关策划人员及参演人员熟悉演练方案和相关应急预案,明确其在演练过程中的角色和职责,在演练准备过程中,可根据需要对其进行适当培训。

在演练方案或准后至演练开始前,所有演练参与人员都要经过应急基本知识、演练基本概念、演练现场规则、应急预案、应急技能及个体防护装备使用等方面的培训。对控制人员要进行岗位职责、演练过程控制和管理等方面的培训;对评估人员要进行岗位职责、演练评估方法、工具使用等方面的培训;对参演人员要进行应急预案、应急技能及个体防护装备使用等方面的培训。

(3) 实施

演练实施是对演练方案付诸于行动的过程,是整个演练程序中核心环节。

1）演练前检查

演练实施当天，演练组织机构的相关人员应在演练开始前提前到达现场，对演练所用的设备设施等的情况进行检查，确保其正常工作。

按照演练安全保障工作安排，对进入演练场所的人员进行登记和身份核查，防止无关人员进入。

2）演练前情况说明和动员

导演组完成事故应急演练准备，以及演练方案、演练场地、演练设施、演练保障措施的最后调整后，应在演练前夕分别召开控制人员、评估人员、演练人员的情况介绍会，确保所有演练参与人员了解演练现场规则、以及演练情景和演练计划中与各自工作相关的内容。演练模拟人员和观摩人员一般参加控制人员情况介绍会。

导演组可向演练人员分发演练人员手册，说明演练适用范围、演练大致日期（不说明具体时间）、参与演练的应急组织、演练目标的大致情况、演练现场规则、采取模拟方式进行演练的行动等信息。演练过程中，如果某些应急组织的应急行为由控制人员或模拟人员以模拟方式进行演示，则演练人员应了解这些情况，并掌握相关控制人员或模拟人员的通讯联系方式，以免演练时与实际应急组织发生联系。

3）演练启动

演练目的和作用不同，演练启动形式也有所差异。

示范性演练一般由演练总指挥或演练组织机构相关成员宣布演练开始并启动演练活动。检验性和研究性演练，一般在到达演练时间节点，演练场景出现后，自行启动。

4）演练执行

演练组织形式不同，其演练执行程序也有差异。

①实战演练

应急演练活动一般始于报警消息，在此过程中，参演应急组织和人员应尽可能按实际紧急事件发生时的响应要求进行演示，即"自由演示"，由参演应急组织和人员根据自己关于最佳解决办法的理解，对情景事件做出响应行动。

演练过程中参演应急组织和人员应遵守当地相关的法律法规和演练现场规则，确保演练安全进行，如果演练偏离正确方向，控制人员可以采取"刺激行动"以纠正错误。"刺激行动"包括终止演练过程，使用"刺激行动"时应尽可能平缓，以诱导方法纠编，只有对背离演练目标的"自由演示"才使用强刺激的方法使其中断反应。

②桌面演练

桌面演练的执行通常是五个环节的循环往复：演练信息注入、问题提出、决策分析、决策结果表达和点评。

③演练解说

在演练实施过程中，演练组织单位可以安排专人对演练过程进行解说。解说内容一般包括演练背景描述、进程讲解、案例介绍、环境渲染等。对于有演练脚本的大型综合性示范演练,可按照脚本中的解说词进行讲解。

④演练记录

演练实施过程中,一般要安排专门人员,采用文字、照片和音像等手段记录演练过程。文字记录一般可由评估人员完成,主要包括演练实际开始与结束时间、演练过程控制情况、各项演练活动中参演人员的表现、意外情况及其处置等内容,尤其要详细记录可能出现的人员"伤亡"(如进入"危险"场所而无安全防护,在规定的时间内不能完成疏散等)及财产"损失"等情况。

照片和音像记录可安排专业人员和宣传人员在不同现场、不同角度进行拍摄,尽可能全方位反映演练实施过程。

5)演练结束与意外终止

演练完毕,由总策划发出结束信号,演练总指挥或总策划宣布演练结束。演练结束后所有人员停止演练活动,按预定方案集合进行现场总结讲评或者组织疏散。保障部负责组织人员对演练场地进行清理和恢复。

演练实施过程中出现下列情况,经演练领导小组决定,由演练总指挥或总策划按照事先规定的程序和指令终止演练:出现真实突发事件,需要参演人员参与应急处置时,要终止演练,使参演人员迅速回归其工作岗位,履行应急处置职责;出现特殊或意外情况,短时间内不能妥善处理或解决时,可提前终止演练。

6)现场点评会

演练组织单位在演练活动结束后,应组织针对本次演练现场点评会。其中包括专家点评、领导点评、演练参与人员的现场信息反馈等。

(4)评估总结

1)评估

演练评估是指观察和记录演练活动、比较演练人员表现与演练目标要求并提出演练发现问题的过程。演练评估目的是确定演练是否已经达到演练目标的要求,检验各应急组织指挥人员及应急响应人员完成任务的能力。要全面、正确的评估演练效果,必须在演练地域的关键地点和各参演应急组织的关键岗位上,派驻公正的评估人员。评估人员的作用主要是观察演练的进程,记录演练人员采取的每一项关键行动及其实施时间,访谈演练人员,要求参演应急组织提供文字材料,评估参演应急组织和演练人员表现并反馈演练发现。

应急演练评估方法是指演练评估过程中的程序和策略,包括评估组组成方式、评估目标与评估标准。评估人员较少时可仅成立一个评估小组并任命一名负责人。评估人员较多时,则应按演练目标、演练地点和演练组织进行适当的分组,除任命一名总负责人,还应分别任命小组负责人。评估目标是指在演练过程中要求演练人员展示的活动和功能。评估标准是指供评估人员对演练人员各个主要行动及关键技巧的评判指标,这些指标应具有可测量性,或力求定量化,但是根据演练的特点,评判指标中可能出现相当数量的定性指标。

情景设计时,策划人员应编制评估计划,应列出必须进行评估的演练目标及相应的评估准则,并按演练目标进行分组,分别提供给相应的评估人员,同时给评估人员提供评价指标。

2)总结报告

①召开演练评估总结会议

在演练结束后一个月内,由演练组织单位召集所有演练参与部门,讨论本次演练的评估报告,并从各自的角度总结本次演练的经验教训,讨论确认评估报告内容,并讨论提出总结报告内容,拟定改进计划,落实改进责任和时限。

②编写演练总结报告

在演练评估总结会议结束后,由文案组根据演练记录、演练评估报告、应急预案、现场总结等材料,对演练进行系统和全面的总结,并形成演练总结报告。演练参与单位也可对本单位的演练情况进行总结。

演练总结报告的内容包括:演练目的,时间和地点,参演单位和人员,演练方案概要,发现的问题与原因,经验和教训,以及改进有关工作的建议、改进计划、落实改进责任和时限等。

3)文件归档与备案

演练组织单位在演练结束后应将演练计划、演练方案、各种演练记录(包括各种音像资料)、演练评估报告、演练总结报告等资料归档保存。

对于由上级有关部门布置或参与组织的演练,或者法律、法规、规章要求备案的演练,演练组织单位应当将相关资料报有关部门备案。

(5)改进

1)改进行动

对演练中暴露出来的问题,演练组织单位应按照改进计划中规定的责任和时限要求,及时采取措施予以改进,包括修改完善应急预案、有针对性地加强应急人员的教育和培训、对应急物资装备有计划地更新等。

2)跟踪检查与反馈

演练总结与讲评过程结束之后,演练组织单位应指派专人,按规定时间对改进情况进行监督检查,确保本单位对自身暴露出的问题做出改进。

第 2 单元 建设工程事故处理

第 1 讲 建设安全生产事故分类

一、按事故的原因及性质分类

从建筑活动的特点及事故的原因和性质来看,建筑安全事故可以分为四类,即生产事故、质量问题、技术事故和环境事故。

(1) 生产事故

生产事故主要是指在建筑产品的生产、维修、拆除过程中,操作人员违反有关施工操作规程等而直接导致的安全事故。这类事故一般都是在施工作业过程中出现的,事故发生的次数比较频繁,是建筑安全事故的主要类型之一。目前我国对建筑安全生产的管理主要是针对生产事故。

(2) 质量问题

质量问题主要是指由于设计不符合规范或施工达不到要求等原因而导致建筑结构实体或使用功能存在瑕疵,进而引起安全事故的发生。在设计不符合规范标准方面,主要是一些没有相应资质的单位或个人私自出图和设计本身存在安全隐患。在施工达不到设计要求方面,一是施工过程违反有关操作规程留下的隐患;二是有关施工主体偷工减料的行为导致的安全隐患。质量问题可能发生在施工作业过程中,也可能发生在建筑实体的使用过程中。特别是在建筑实体的使用过程中,质量问题带来的危害是极其严重的,如果在外加灾害(如地震、火灾)发生的情况下,其危害后果是不堪设想的。质量问题也是建筑安全事故的主要类型之一。

(3) 技术事故

技术事故主要是指由于工程技术原因而导致的安全事故,技术事故的结果通常是毁灭性的。技术是安全的保证,曾被确信无疑的技术可能会在突然之间出现问题,起初微不足道的瑕疵可能导致灾难性的后果,很多时候正是由于一些不经意的技术失误才导致了严重的事故。在工程技术领域,人类历史上曾发生过多次技术灾难,包括人类和平利用核能过程中的切尔诺贝利核事故、"挑战者"号航天飞机爆炸事故等。在工程建设领域,这方面惨痛失败的教训同样也是深刻的,如1981年7月17日美国密苏里州发生的海厄特摄政通道垮塌事故。技术事故的发生,可能发生在施工生产阶段,也可能发生在使用阶段。

(4) 环境事故

环境事故主要是指建筑实体在施工或使用的过程中,由于使用环境或周边环境原因而导致的安全事故。使用环境原因主要是对建筑实体的使用不当,比如荷载超标、静荷载设计而动荷载使用以及使用高污染建筑材料或放射性材料等。对于使用高污染建筑材料或放射性材料的建筑物,一是给施工人员造成职业病危害,二是对使用者的身体带来伤害。周边环境原因主要是一些自然灾害方面的,比如山体滑坡等。在一些地质灾害频发的地区,应该特别注意环境事故的发生。环境事故的发生,我们往往归咎于自然灾害,其实是缺乏对环境事故的预判和防治能力。

二、按事故类别分类

按事故类别分,建筑业相关职业伤害事故可以分为12类,即:物体打击、车辆伤害、机械伤害、起重伤害、触电、灼烫、火灾、高处坠落、坍塌、爆炸、中毒和窒息、其他伤害。

(1) 物体打击事故

1) 物体打击事故基本概念。

①物体打击事故是指施工人员在操作过程中受到各种工具、材料、机械零部件等从高空下落造成的伤害,以及各种崩块、碎片、锤击、滚石等对人体造成的伤害,器具飞击、料具反弹等对人体造成的伤害等,物体打击事故不包括因爆炸引起的物体打击。

②一直以来,物体打击事故都是造成现场操作人员伤亡的重要原因之一,为此,国家制定发布了不少法规,对防止物体打击事故的发生曾做过许多规定:《建筑施工安全检查标准》(JGJ 59-2011)规定,脚手架外侧挂设密目安全网,安全网间距应严密,外脚手架施工层应设 1.2m 高的防护栏杆,并设挡脚板;《建筑施工高处作业安全技术规范》(JGJ 80-2016)规定,施工作业场所有坠落可能的物件,应一律先行撤除或加以固定。拆卸下的物体及余料不得任意乱置或向下丢弃。钢模板、脚手架等拆除时,下方不得有其他操作人员等。

2) 物体打击事故的常见形式。建筑工程施工现场的物体打击事故不但直接造成人员伤亡,而且对建筑物、构筑物、设备管线、各种设施等也都有可能造成损害。造成物体打击伤害的主要物体是建筑材料、构件和机具,物体打击事故的常见形式有以下几种。

①由于空中落物对人体造成的砸伤。

②反弹物体对人体造成的撞击。

③材料、器具等硬物对人体造成的碰撞。

④各种碎屑、碎片飞溅对人体造成的伤害。

⑤各种崩块和滚动物体对人体造成的砸伤。

⑥器具部件飞出对人体造成的伤害。

(2) 高处坠落事故

1) 高处坠落事故基本概念。

①高处作业是指在坠落高度基准面 2m 以上(含 2m),有可能坠落的作业处进行的作业。操作人员在高处作业中临边、洞口、攀登、悬空、操作平台及交叉作业区坠落事故即为高处坠落事故。高处作业可分为临边作业、洞口作业、悬空作业三大类。

②高处坠落事故频发率在建筑业伤亡事故中占有相当高的比率,为防止高处坠落事故的发生,国家相继颁发并实施了许多相关安全法规,如《建筑机械使用安全技术规程》(JGJ 33-2012)、《建筑施工高处作业安全技术规范》(JGJ 80-2016)、《龙门架及井架物料提升机安全技术规范》(JGJ 88-2010)等。

2) 常见的高处坠落事故形式。

高处坠落事故受害者不仅仅为施工操作工人,还有工程技术人员和专职安全员;高处坠落事故责任者包括建筑企业负责人、工程技术人员、专职安全员和操作工人,特别是未经安全培训的新入场工人;高处坠落事故部位多发生在脚手架和预留洞口等部位，尤其是从脚手架或操作平台坠落导致伤亡事故的案例最多；高处坠落事故时间阶段多发生在从施工准备到主体结构施工阶段，以及装饰工程施工和工程收尾等各个阶段。高处坠落事故的常见形式主要以下几种。

①从脚手架及操作平台上坠落。

②从平地坠落入沟槽、基坑、井孔。

③从机械设备上坠落。

④从楼面、屋顶、高台等临边坠落。

⑤滑跌、踩空、拖带、碰撞等引起坠落。

⑥从"四口"坠落。

（3）触电事故

1）触电事故基本概念

①施工现场临时用电是相对于施工现场以外正式工业与民用"永久"性用电而提出的一种专属施工现场内部的用电，是由施工现场临时用电工程提供电力并用于施工现场施工的用电。施工现场临时用电有临时性、移动性和露天性等特点。施工现场临时用电虽然属于暂设，但是不能有"临时"的观点，应有正规的电气设计，加强用电管理。

②触电伤害分电击和电伤两种，电击是指直接接触带电部分，使人体通过一定的电流，是有致命危险的触电伤害；电伤是指皮肤局部的创伤，如灼伤、烙印等。

③施工现场的触电事故主要有三类：施工人员触碰电线或电缆线；建筑机械设备漏电；对高压线防护不当导致触电。

2）触电事故的常见形式

①带电电线、电缆破口、断头。

②电动设备漏电。

③起重机部件等触碰高压线。

④挖掘机损坏地下电缆。

⑤移动电线、机具，电线被拉断、破皮。

⑥电闸箱、控制箱漏电或误触碰。

⑦强力自然因素导致电线断裂。

⑧雷击。

（4）机械伤害事故

1）机械伤害基本概念。

①施工机械、机具对操作人员砸、撞、绞、碾、碰、割、戳等造成的伤害，称为机械、机具伤害。

②建筑施工现场常见的导致机械伤害事故的机械、机具有：木工机械、钢筋加工机械、混凝土搅拌机、砂浆搅拌机、打桩机、装饰工程机械、土石方机械、各种起重运输机械等。造成死亡事故的常见机械有龙门架及井架物料提升机、各类塔式起重机、外用施工电梯、土石方机械及铲土运输机械等。

2) 机械伤害常见事故形式。
①机械转动部分的绞、碾和拖带造成的伤害。
②机械部件飞出造成的伤害。
③机械工作部分的钻、刨、削、砸、割、扎、撞、锯、戳、绞、碾造成的伤害。
④进入机械容器或运转部分导致受伤。
⑤机械失稳、倾覆造成的伤害。

（5）坍塌事故

1) 坍塌事故基本概念。
①坍塌：一般是指建筑物、堆置物倒塌和土石方塌方等。坍塌事故与高处坠落事故、触电事故、物体打击事故、机械伤害事故被列为"五大伤害"。
②导致坍塌事故的主要原因：一是施工单位不重视安全生产、缺乏安全管理经验；二是盲目施工，不编制安全施工方案，缺乏安全技术措施。主要体现在：开挖基坑、基槽时，边坡坡度过陡，且没有采取临时支撑等措施；现浇混凝土梁、板支撑体系没有经过设计计算，模板或支撑构件的强度、刚度不足，模板支撑体系失稳造成倒塌；梁板混凝土强度未达到设计要求，提前拆模；脚手架、操作平台等集中堆放材料过多造成倒塌等。

2) 坍塌事故的常见形式。
①基槽或基坑壁、边坡、洞室等土石方坍塌。
②地基基础悬空、失稳、滑移等导致上部结构坍塌。
③工程施工质量极度低劣造成建筑物倒塌。
④塔吊、脚手架、井架等设施倒塌。
⑤施工现场临时建筑物倒塌。
⑥现场材料等堆置物倒塌。
⑦大风等强力自然因素造成的倒塌。

三、按事故严重程度分类

可以分为轻伤事故、重伤事故和死亡事故三类。

四、按事故等级分类

（1）伤亡事故是指职工在劳动的过程中发生的人身伤害、急性中毒事故，即职工在本岗位劳动或虽不在本岗位劳动，但由于企业的设备和设施不安全、劳动条件和作业环境不良、管理不善以及企业领导指派到企业外从事本企业活动中发生的人身伤害（轻伤、重伤、死亡）和急性中毒事件。当前伤亡事故统计中除职工以外，还应包括企业雇用的农民工、临时工等。

（2）建筑施工企业的伤亡事故，是指在建筑施工过程中，由于危险有害因素的影响而造成的工伤、中毒、爆炸、触电等，或由于各种原因造成的各类伤害。

(3) 按国务院 2007 年 4 月 9 日发布的《生产安全事故报告和调查处理条例》（国务院令第 493 号），根据生产安全事故（以下简称事故）造成的人员伤亡或者直接经济损失，把事故分为如下几个等级：

1) 特别重大事故，是指造成 30 人以上死亡，或者 100 人以上重伤（包括急性工业中毒，下同），或者 1 亿元以上直接经济损失的事故；

2) 重大事故，是指造成 10 人以上 30 人以下死亡，或者 50 人以上 100 人以下重伤，或者 5000 万元以上 1 亿元以下直接经济损失的事故；

3) 较大事故，是指造成 3 人以上 10 人以下死亡，或者 10 人以上 50 人以下重伤，或者 1000 万元以上 5000 万元以下直接经济损失的事故；

4) 一般事故，是指造成 3 人以下死亡，或者 10 人以下重伤，或者 1000 万元以下直接经济损失的事故。

条例中所称的"以上"包括本数，所称的"以下"不包括本数。

五、建筑工程最常发生事故的类型

根据对全国伤亡事故的调查统计分析，建筑业伤亡事故率仅次于矿山行业。其中高处坠落、物体打击、机械伤害、触电、坍塌为建筑业最常发生的五种事故，近几年来已占到事故总数的 80%～90%，应重点加以防范。

第 2 讲　事故报告与调查处理

一、安全生产事故报告

（1）报告程序。事故发生后，事故现场有关人员应当立即向本单位负责人报告。单位负责人接到报告后，应当于 1h 内向事故发生地县级以上人民政府安全生产监督管理部门和负有安全生产监督管理职责的有关部门报告。事故报告应当及时、准确、完整，任何单位和个人对事故不得迟报、漏报、谎报或者瞒报。

安全生产监督管理部门和负有安全生产监督管理职责的有关部门接到事故报告后，应当依照下列规定上报事故情况，并通知公安机关、劳动保障行政部门、工会和人民检察院：

1) 特别重大事故、重大事故逐级上报至国务院安全生产监督管理部门和负有安全生产监督管理职责的有关部门；

2) 较大事故逐级上报至省、自治区、直辖市人民政府安全生产监督管理部门和负有安全生产监督管理职责的有关部门；

3) 一般事故上报至设区的市级人民政府安全生产监督管理部门和负有安全生产监督管理职责的有关部门。

安全生产监督管理部门和负有安全生产监督管理职责的有关部门逐级上报事

故情况，每级上报的时间不得超过 2 小时。事故报告后出现新情况的，应当及时补报。自事故发生之日起 30 日内，事故造成的伤亡人数发生变化的，应当及时补报。道路交通事故、火灾事故自发生之日起 7 日内，事故造成的伤亡人数发生变化的，应当及时补报。

安全生产监督管理部门和负有安全生产监督管理职责的有关部门依照前款规定上报事故情况，应当同时报告本级人民政府。国务院安全生产监督管理部门和负有安全生产监督管理职责的有关部门以及省级人民政府接到发生特别重大事故、重大事故的报告后，应当立即报告国务院。必要时，安全生产监督管理部门和负有安全生产监督管理职责的有关部门可以越级上报事故情况。

（2）报告事故的内容。报告事故应当包括下列内容：
1）事故发生单位概况；
2）事故发生的时间、地点以及事故现场情况；
3）事故的简要经过；
4）事故已经造成或者可能造成的伤亡人数（包括下落不明的人数）和初步估计的直接经济损失；
5）已经采取的措施；
6）其他应当报告的情况。

（3）事故发生单位负责人接到事故报告后，应当立即启动事故相应应急预案，或者采取有效措施，组织抢救，防止事故扩大，减少人员伤亡和财产损失。

事故发生地有关地方人民政府、安全生产监督管理部门和负有安全生产监督管理职责的有关部门接到事故报告后，其负责人应当立即赶赴事故现场，组织事故救援。

事故发生后，有关单位和人员应当妥善保护事故现场以及相关证据，任何单位和个人不得破坏事故现场、毁灭相关证据。因抢救人员、防止事故扩大以及疏通交通等原因，需要移动事故现场物件的，应当做出标志，绘制现场简图并做出书面记录，妥善保存现场重要痕迹、物证。

二、事故调查组成立与事故调查程序

事故发生后，由各级政府及相关部门组织事故调查组对事故展开调查，对于不同的事故等级事故调查组的组成不同。

（1）特别重大事故由国务院或者国务院授权有关部门组织事故调查组进行调查。

（2）重大事故、较大事故、一般事故分别由事故发生地省级人民政府、设区的市级人民政府、县级人民政府负责调查。省级人民政府、设区的市级人民政府、县级人民政府可以直接组织事故调查组进行调查，也可以授权或者委托有关部门组织事故调查组进行调查。

（3）未造成人员伤亡的一般事故，县级人民政府也可以委托事故发生单位组织事故调查组进行调查。

另外，事故发生的项目部应积极配合事故调查组调查、取证，为调查组提供一切便利。不得拒绝调查、不得拒绝提供有关情况和资料。若发现有上述违规现象，除对责任者视其情节给予通报批评和罚款外，责任者还必须承担由此产生的一切后果。

安全生产事故调查组成立后，事故调查按下列程序执行：

伤亡事故调查程序：调查前的准备→事故现场处理与勘查→物证收集→事故材料收集→证人材料收集→影像及事故图→事故原因分析→事故责任分析→对责任人的处理建议和事故预防措施→根据事故调查情况撰写企业职工伤亡事故调查报告书。

三、事故原因分析与事故调查报告

事故原因包括人的不安全因素、物的不安全状态和管理上的不安全因素三个方面，其主要内容如下：

（1）人的不安全因素

人的不安全因素可分为人的不安全因素和人的不安全行为两大类。

1）个人的不安全因素

①心理上的不安全因素，是指人在心理上具有影响安全的性格、气质和情绪，如懒散、粗心等。

②生理上的不安全因素，包括视觉、听觉等感觉器官，体能、年龄及疾病等不适合工作或作业岗位要求的影响因素。

③能力上的不安全因素，包括知识技能、应变能力、资格等不能适应工作和作业岗位要求的影响因素。

2）人的不安全行为在施工现场的类型

①操作失误，忽视安全、忽视警告；

②造成安全装置失效；

③使用不安全设备；

④用手代替工具操作；

⑤物体存放不当；

⑥冒险进入危险场所；

⑦攀坐不安全位置；

⑧在起吊物下作业、停留；

⑨在机器运转时进行检查、维修、保养等工作；

⑩有分散注意力行为；

⑪没有正确使用个人防护用品、用具；

⑫不安全装束；

⑬对易燃易爆等危险物品处理错误。

（2）物的不安全状态

物的不安全状态主要包括：

1) 防护等装置缺乏或有缺陷；
2) 设备、设施、工具、附件有缺陷；
3) 个人防护用品缺少或有缺陷；
4) 施工生产场地环境不良——现场布置杂乱无序、视线不畅、沟渠纵横、交通阻塞、材料工具乱堆、乱放，机械无防护装置、电器无漏电保护粉尘飞扬、噪声刺耳等使劳动者生理、心理难以承受环境因素必然诱发安全事故。

（3）管理上的不安全因素

管理上的不安全因素也称管理上的缺陷，主要包括对物的管理失误,包括技术、设计、结构上有缺陷、作业现场环境有缺陷、防护用品有缺陷等；对人的管理失误，包括教育、培训、指示和对作业人员的安排等方面的缺陷；管理工作的失误，包括对作业程序、操作规程、工艺过程的管理失误以及对采购、安全监控、事故防范措施的管理失误。

事故调查组在对事故原因和事故责任进行分析的基础上，认定事故责任，并制定事故预防措施，最终形成事故调查报告，事故调查报告的内容和要求如下：

事故调查组应当自事故发生之日起 60 日内提交事故调查报告；特殊情况下，经负责事故调查的人民政府批准，提交事故调查报告的期限可以适当延长。但延长的期限最长不超过 60 日。事故调查报告应当包括下列内容：

（1）事故发生单位概况；
（2）事故发生经过和事故救援情况；
（3）事故造成的人员伤亡和直接经济损失；
（4）事故发生的原因和事故性质；
（5）事故责任的认定以及对事故责任者的处理建议；
（6）事故防范和整改措施。

四、事故处理

（1）事故处理要求

重大事故、较大事故、一般事故，负责事故调查的人民政府应当自收到事故调查报告之日起 15 日内做出批复；特别重大事故，30 日内做出批复，特殊情况下，批复时间可以适当延长，但延长的时间最长不超过 30 日。

有关机关应当按照人民政府的批复，依照法律、行政法规规定的权限和程序，对事故发生单位和有关人员进行行政处罚，对负有事故责任的国家工作人员进行处分。

事故发生单位应当按照负责事故调查的人民政府的批复，对本单位负有事故责任的人员进行处理。负有事故责任的人员涉嫌犯罪的，依法追究刑事责任。

（2）事故发生单位事故处理

1) 事故处理要坚持"四不放过"的原则,即事故原因没有查清不放过;事故责任者没有严肃处理不放过;广大员工没有受教育不放过;防范措施没有落实不放过。

2) 在进行事故调查分析的基础上,事故责任项目部应根据事故调查报告中提出的事故纠正与预防措施建议,编制详细的纠正与预防措施,经公司安全部门审批后,严格组织实施。事故纠正与预防措施实施后,由公司安全部门负责实施验证。

3) 对事故造成的伤亡人员工伤认定、劳动鉴定、工伤评残和工伤保险待遇处理,由公司工会和安全部门按照国务院《工伤保险条例》和所在省市综合保险有关规定进行处置。

4) 事故发生单位应当认真吸取事故教训,落实防范和整改措施,防止事故再次发生。防范和整改措施的落实情况应当接受工会和职工的监督。事故处理的情况由负责事故调查的人民政府或者其授权的有关部门、机构向社会公布,依法应当保密的除外。

5) 事故调查处理结束后,公司或项目部(分公司)安全部门应负责将事故详情、原因及责任人处理等编印成事故通报,组织全体职工进行学习,从中吸取教训,防止事故的再次发生。每起事故处理结案后,企业安全部门应负责将事故调查处理资料收集整理后实施归档管理。

(3) 安全事故的法律责任

1) 事故发生单位主要负责人有下列行为之一的,处上一年年收入40%～80%的罚款;属于国家工作人员的,并依法给予处分;构成犯罪的,依法追究刑事责任:

①不立即组织事故抢救的;
②迟报或者漏报事故的;
③在事故调查处理期间擅离职守的。

2) 事故发生单位及其有关人员有下列行为之一的,对事故发生单位处100万元以上500万元以下的罚款;对主要负责人、直接负责的主管人员和其他直接责任人员处上一年年收入60%～100%的罚款;属于国家工作人员的,并依法给予处分;构成违反治安管理行为的,由公安机关依法给予治安管理处罚;构成犯罪的,依法追究刑事责任:

①谎报或者瞒报事故的;
②伪造或者故意破坏事故现场的;
③转移、隐匿资金、财产,或者销毁有关证据、资料的;
④拒绝接受调查或者拒绝提供有关情况和资料的;
⑤在事故调查中作伪证或者指使他人作伪证的;
⑥事故发生后逃匿的。

3) 事故发生单位对事故发生负有责任的,依照下列规定处以罚款:

①发生一般事故的,处10万元以上20万元以下的罚款;
②发生较大事故的,处20万元以上50万元以下的罚款;

③发生重大事故的，处 50 万元以上 200 万元以下的罚款；
④发生特别重大事故的，处 200 万元以上 500 万元以下的罚款。

4）事故发生单位主要负责人未依法履行安全生产管理职责，导致事故发生的，依照下列规定处以罚款；属于国家工作人员的，并依法给予处分；构成犯罪的，依法追究刑事责任：

①发生一般事故的，处上一年年收入 30%的罚款；
②发生较大事故的，处上一年年收入 40%的罚款；
③发生重大事故的，处上一年年收入 60%的罚款；
④发生特别重大事故的，处上一年年收入 80%的罚款。

5）有关地方人民政府、安全生产监督管理部门和负有安全生产监督管理职责的有关部门有下列行为之一的，对直接负责的主管人员和其他直接责任人员依法给予处分；构成犯罪的，依法追究刑事责任：

①不立即组织事故抢救的；
②迟报、漏报、谎报或者瞒报事故的；
③阻碍、干涉事故调查工作的；
④在事故调查中作伪证或者指使他人作伪证的。

6）事故发生单位对事故发生负有责任的，由有关部门依法暂扣或者吊销其有关证照；对事故发生单位负有事故责任的有关人员，依法暂停或者撤销其与安全生产有关的执业资格、岗位证书；事故发生单位主要负责人受到刑事处罚或者撤职处分的，自刑罚执行完毕或者受处分之日起，5 年内不得担任任何生产经营单位的主要负责人。

为发生事故的单位提供虚假证明的中介机构，由有关部门依法暂扣或者吊销其有关证照及其相关人员的执业资格；构成犯罪的，依法追究刑事责任。

7）参与事故调查的人员在事故调查中有下列行为之一的，依法给予处分；构成犯罪的，依法追究刑事责任：

①对事故调查工作不负责任，致使事故调查工作有重大疏漏的；
②包庇、袒护负有事故责任的人员或者借机打击报复的。

五、安全生产事故结案材料的归档

每起伤亡事故处理结案后，公司安全部门应负责将事故调查处理资料收集整理后实施归档管理。

（1）伤亡事故资料主要包括以下内容：
①物证、人证材料；
②职工伤亡事故登记表；
③事故责任者自述材料；
④技术鉴定和试验报告；
⑤直接和间接经济损失材料；

⑥现场调查记录、图纸、照片；
⑦有关事故的通报、简报及文件；
⑧医疗部门对伤亡人员的诊断书；
⑨职工死亡、重伤事故调查报告及批复；
⑩注明参加调查组人员姓名、职务、单位；
⑪发生事故时工艺条件、操作情况和设计资料。

（2）生产安全事故档案主要包括以下资料：
①事故快报表；
②事故调查报告；
③事故调查笔录；
④事故调查处理报告；
⑤对事故责任者的处理决定；
⑥企业职工伤亡事故月报表；
⑦企业职工伤亡事故年统计表；
⑧安全生产监察局、安全监督站对事故处理的批复；
⑨事故现场照片、示意图、亡者身份证、死亡证、技术鉴定等资料；
⑩其他有关的资料。

第3讲 应急救护与自救

施工现场急救是指对建筑施工现场突发性的病人或伤者，由其本人或别人应用急救知识和简单的急救技术所做的临时处理措施，在最大程度上稳定伤病者的伤情或病情，维持伤病者的最基本体征，如呼吸、脉搏、血压等。施工现场急救并非治伤或治病，而是防止伤势或病情恶化的应急措施，现场急救的同时必须向社会呼救，等医生到达后应立即全面接受治疗。

积极、有效的自救与互救，关系到伤病患者生命和伤害的结果，是减少伤亡的有利措施。对伤者或病患的紧急处理措施，越快处理效果越好。职工必须根据自己的工作环境特点，认识和掌握常见事故规律，熟悉事故发生前的预兆和事故发生后的征兆，牢记各类事故的避灾要点，努力提高自己的自主保安意识和抗御灾害的能力。

一、现场自救互救的基本步骤

1. 脱离危险区

抢救施工现场安全事故造成人员伤亡时，在靠近任何事件受害者前，必须先检查是否对急救者自身构成危险，并保护好急救者自己。如果此时危险依然存在，应采取正确的方法使伤员和自己转移到更安全的地点。同时对现场进行排查，确保在第一时间内找到所有伤患者，以便及时施救。

2. 判断患者伤情，正确施救

对施工现场遇到的伤害或突发性疾病，不可过分惊慌，发生此类事后重要的是做初步的诊治和判断。不论是意外受伤、突然发病或其他大小症状均需先行处理，且尽可能快速实施急救措施。在没有移动伤员之前先进行最初的检查，若遇到不知如何处理的事故时，不可任意移动患者，否则会使病情恶化。若一次事故中出现的伤员较多，首先应该明白急救处理和治疗的是何类病人，呼吸困难、心率失常、流血不止的伤员应优先考虑。判断形势并正确处理的正确顺序为：

恢复和保持呼吸频率/心率正常→止血→保护伤口→固定骨折→安抚惊恐不安者。

3. 及时呼救，寻求医疗救护

因条件和技术等因素决定，现场所采取急救措施不能彻底救治伤病患者，只算是稳定伤情、防止伤情蔓延扩大的初级救生。所以，事故现场对伤员进行急救的同时，必须及时向社会医疗机构呼救，并安排专人负责迎接医疗救护车。现场急救与社会呼救应同时进行，直到医疗救护人员到达现场接替为止。

4. 排查潜在伤员患者

有些时候，在突发事故案发现场，没有发现危及伤病的体征，但是患者身体潜在的损伤、骨折和病变等却在事后突然表现出来。所以在对伤病患者展开急救的同时，有必要对在事故中其他有受伤可能的人员进行彻底检查，以便及时施行必要的急救措施和稳定病情。

二、施工现场急救设施

1. 应急电话

工地应安装电话，无条件安装电话的工地应配置移动电话，座机电话可安装于办公室、值班室、警卫室内，一般应放在室内靠近现场通道的窗扇附近，电话机旁应张贴常用紧急查询电话和工地主要负责人和上级单位的联络电话，以便在节假日、夜间等情况下使用，房间无人上锁时，如果有紧急情况无法开锁，可击碎窗玻璃，用电话向有关部门、单位、人员拨打电话报警求救。

拨打应急电话时要尽量讲清楚伤者（事故）发生在什么地方，什么路几号、靠近什么路口、附近有什么特征；说清楚伤情（病情、火情、案情）和已经采取了些什么措施，以便让救护人员事先做好急救的准备；告知自己的单位、姓名、事故地点、电话号码，以便救护车（消防车、警车）找不到所报地方时，随时通过电话通信联系。在结束报救电话之前，应询问接报人员还有什么问题不清楚，如无问题才能挂断电话。通完电话后，应派人在现场外等候接应救护车，同时把救护车进入工地现场的路上障碍及时予以清除，以利救护车能顺利到达现场及时进行抢救。

2. 急救箱

（1）急救箱的配备

急救箱的配备应以简单和适用为原则,器械敷料及医疗药物等应保证现场急救的基本需要,可根据不同情况予以增减,定期检查补充,确保随时可供急救使用。

1)器械敷料类配备内容:体温计、血压计、听诊器、止血带、针灸针、镊子、止血钳(大、小)、剪刀、无菌橡皮手套、棉球、棉签、无菌敷料、绷带、三角巾、胶布、夹板、别针、消毒注射器(或一次性针筒)、静脉输液器、心内注射针头两个、气管切开用具(包括大、小银制气管套管)、张口器及舌钳、手术刀、氧气瓶(便携式)及流量计、手电筒(电池)、保险刀、病史记录等。

2)应急药物配备内容:现场备用应急药物主要包括常用10%葡萄糖、10%葡萄糖酸钙、25%葡萄糖、维生素、止血敏、生理盐水、碘酒、安定、肾上腺素、异丙基肾上素、阿托品、毒毛旋花子苷水、异搏定、慢心律、硝酸甘油、西地兰、氨茶碱、亚硝酸戊烷、洛贝林回苏灵咖啡因、尼可刹米、异戊巴比妥钠、乳酸钠、氨水、安洛血、苯妥英钠、碳酸氢钠、酒精、乙醚、0.1%新吉尔灭酊、高锰酸钾等。

(2)急救箱使用注意事项

施工现场配备的急救箱应安排专人保管,但不要上锁;放置在合适的位置,使现场人员都知道;定期更换超过消毒期的敷料和过期药品,每次急救后要及时补充相关药品。

3. 其他应急设备和设施

施工现场还应配备用于设置警戒区域的隔离带,以及各类安全禁止、警告、指令、提示标志牌和安全带、安全绳、担架等,并配备用于夜间及黑暗处急救、逃生使用的照明灯具、电筒等设备。

三、施工现场自救互救要点

1. 常用止血法

(1)止血带止血法。当现场出现有四肢大血管出血,尤其是动脉出血,这时应用止血带止血法进行止血。止血带止血法适用范围:受伤肢体有大而深的伤口,血流速度快;肢体完全离断或部分离断;多处受伤,出血量大或受伤部位能看见喷泉一样出血。

(2)指压止血法。指压止血法是常用的止血方法,在外伤出血时应首先采用。适用范围:适用于小静脉出血;毛细血管出血;头部、躯体、四肢及身体各部位伤口,如果是动脉出血应与止血带配合使用。一个人负了伤,只要立刻果断地用手指或手掌用力压紧伤口附近靠近心脏一端的动脉跳动处,并把血管紧压在骨头上,就能很快收到临时止血的效果。

2. 常用伤口包扎法

当发现被救出的人身上有外伤时,应立即按正确的搬运方法把伤员抬到安全地点,并尽快脱掉(或剪开)伤员身上的衣服,及时进行伤口止血、包扎。包扎时先对创伤处用消毒的敷料或清洁的医用纱布覆盖,再用绷带或干净的布条包扎。在肢体骨折时,可借助绷带包扎夹板来固定受伤部位上下两个关节,减少损伤和疼痛,预防休克。注意不可用水清洗伤口里的灰土等杂物，包扎时避免用手直接触及伤口，更不可用脏布包扎。

3. 人工呼吸法

事故现场发现有昏迷的伤员患者，应把伤员抬到新鲜风流环境中，要以最快的速度和极短的时间检查一下伤员瞳孔有无光反射，摸摸有无脉搏跳动，听听有无心跳，用棉絮放在受伤者的鼻孔处观察有无呼吸，按一下指甲有无血液循环，同时还要检查有无外伤和骨折。一旦确定病人呼吸停止，应立即对患者进行人工呼吸。

4. 体外挤压恢复心脏跳动法

让伤员仰卧在板床或地面上，头低于心脏水平或抬高两下肢，以利静脉回流。把伤员的衣服和裤带全部解开（冬季应注意采取保暖措施），抢救者站在患者左侧或跪在伤员的腰部两侧，一手掌根部置于患者胸骨下1/3段，即中指对准颈部凹陷的下缘，手掌贴胸平放，掌腕放在伤员左乳头下方处，另一手掌交叉重叠于该手背上，肘关节伸直，借助自身重力垂直向下挤压伤员的胸廓，压陷深度3～4cm，然后突然松开（此时手掌可不离开胸壁），如此反复进行，每分钟约60～80次，直到伤员复苏或确认无效为止。

操作时应注意正确定位，用力适当，应有节奏地反复进行。不可因用力过猛造成继发性组织器官损伤或肋骨骨折等二次事故。抢救时必须兼顾心跳和呼吸，可以采取口对口人工呼吸和体外挤压恢复心脏跳动法同时进行。

5. 伤员搬运

在对现场突发事故伤员采取急救的过程中，要坚持"三先三后"原则，即：对窒息（呼吸道完全堵塞）或心跳、呼吸停止不久的伤员，必须先复苏，后搬运；对出血伤员，必须先止血，后搬运；对骨折伤员，必须先固定，后搬运。经现场止血、包扎、固定后的伤员患者，应尽快地搬运转送医院接受进一步治疗，不正确的搬运方法将导致继发性创伤，甚至威胁伤员患者的生命。

（1）轻伤员搬运。针对手足等局部受伤且伤情不重的伤员可采用抱、扶、背的方法将伤员送往医院。可采取单人背负搬运，也可采取两人配合坐椅式搬运。

（2）骨折伤员搬运。在肢体受伤后局部出现疼痛、肿胀、功能性障碍、畸形变化等骨折症状时，必须在止血、包扎、固定后方可搬运。注意防止骨折断端可能因为搬运振动而错乱移位，加重伤情。

（3）重伤员搬运。重伤员如大出血、脊柱骨折、大腿骨折等，一定要用担架抬送。对脊柱骨折的伤员不可随便搬动和翻动，更不准背、抱，不能用软担架抬送。把伤员移至担架上时，要2～3人齐心协力，轻抬轻放，避免脊柱弯曲扭动，防止加重伤情。搬运过程中，应注意给伤员做好保暖。抬担架的人要步调一致，不可左右晃动，任何情况下，都应保持担架高低一致。如没有专用担架，应就地取材，自制临时担架。

6. 火灾自救及烧伤、灼烫急救

（1）火灾自救。施工现场一旦发生火灾，当采取相应灭火措施仍无法避免火灾时，应立即撤离火灾区。衣服着火，应立即倒在地上翻滚或翻入附近的水沟中或潮湿地上，以便迅速压灭或冲灭火苗。不得慌乱地喊叫、奔跑，以免风助火威，造成呼吸道烧伤。火灾现场自救注意事项如下。

①火灾袭来时要迅速疏散逃生，不要贪恋财物。

②身上着火时，可就地打滚，或用厚重衣物覆盖压灭火苗。

③大火封门无法逃生时，可用浸湿的被褥衣物等堵塞门缝，泼水降温，呼救待援。

④必须穿越浓烟逃走时，应尽量用浸湿的衣物裹住身体，用湿毛巾或湿布捂住口鼻，或贴近地面爬行。

⑤救火人员应注意自我保护，使用灭火器材救火时应站在上风位置，以防因烈火、浓烟熏烤而受到伤害。

（2）烧伤、灼烫急救。

①肢体被明火烧伤时，可用自来水冲洗或浸泡伤患处，避免受伤面扩大。

②肢体被沸水或蒸汽烫伤时，应立即剪开已被沸水湿透的衣服和鞋袜。然后将受伤的肢体浸于冷水中，可起到止痛和消肿的作用。如贴身衣服与伤口粘在一起时，可用剪刀先剪开，然后慢慢将衣服脱去，切勿强行撕脱，以免使伤口加重。

③如果是用电造成火灾，应使用干粉灭火器进行灭火，不得使用泡沫灭火器，更不准使用水熄灭电路起火。灭火时应先切断电源、煤气总开关。

④严禁用红汞、碘酒和其他未经医生同意的药物涂抹烧伤或烫伤创面，应用消毒纱布覆盖在伤口上，并迅速将伤员送往医院救治。

7. 溺水急救

（1）尽快把溺水者捞救出水，并以最快的速度撬开他的嘴，清除堵塞在嘴和鼻孔里的泥土或其他杂物，并把他的舌头拉出来，使呼吸道畅通。

（2）及时对患者进行控水，可根据实际情况采取以下方法。

①膝顶控水法：急救者取半跪的姿势，把溺水者的腹部放在自己的膝盖上，使头部下垂，并不断压迫他的背部，把灌入胃里的水控出来。

②肩扛控水法：可将溺水者腹部放在急救者肩上，急救者上、下耸肩或快速奔走，使积水不断控出。

③提腰控水法：把溺水者腰部向上提，使他的背部向上、头部下垂，以便积水从溺水者的胃里流出。

（3）控水后，若溺水者呼吸已停、心跳未停，应立即做人工呼吸。如心跳已停止，应做体外挤压恢复心脏跳动，同时进行口对口人工呼吸，必须连续进行，直到复苏或确实无效时才能停止。呼吸恢复后，进行四肢向上按摩，以促进血液循环，可服少量浓茶或热姜汤以抗寒。

（4）在进行抢救的同时，要派人立即向医疗机构呼救。

8. 高处坠落急救

（1）现场急救。

对于高处坠落到地面的伤员，应初步检查伤情，不能随便搬动或摇动患者，必须立即向社会医疗机构呼救。如有肢体大量出血，应在保持患者体位不动的情况下采取适当措施及时止血，并进行初步包扎。如果现场确定四肢骨折，应按正确方法及时进行固定。

（2）伤员搬运，参见第5条相关内容。

9. 触电急救

（1）迅速关闭开关，切断电源，或用绝缘物使触电者与电脱离，尽快让触电者与电源脱离。救护者在断开电源开关确定患者脱离电源之前，不能触摸受伤者。

（2）如果一时不能切断电源，救助者应穿上胶鞋或站在干的木板凳子上，双手戴上厚的塑胶手套，用干的木棍、扁担、竹竿等不导电的物体，挑开受伤者身上的电线，尽快将受伤者与电源隔离。

（3）切断电源时，不得用绝缘状况不明的斧子砍断电缆，以免自身触电，引起新的事故；必须妥善处理被挑开的漏电电源电线，以免造成他人再次触电。有条件时，要先戴上绝缘手套，穿上绝缘鞋；在触电者没有脱离电源之前，不要直接接触触电者。

（4）对触电者的急救应分秒必争，触电者脱离电源后，应立即检查其心跳与呼吸。对呼吸停止、心跳尚存者应立即进行口对口人工呼吸。发现伤员心跳停止或心音微弱，应立即进行胸外心脏按压，同时进行口对口人工呼吸。

（5）除少数确实已证明被电死者外，抢救需维持到使触电者恢复呼吸心跳，或确诊已无生还希望为止。发生呼吸心跳停止的病人，病情都很危重，应一面进行抢救，一面紧急把病人送就近医院治疗。在转送医院的途中，抢救工作不能中断。人在触电后，有时会有较长时间的"假死"，因此，急救者应耐心进行抢救，绝不要轻易中止。

（6）处理电击伤伤口时应先用碘酒纱布覆盖包扎，然手按烧伤处理。电击伤的特点是伤口小、深度大，所以应注意防止继发性大出血。千万要注意不可盲目地给触电者打强心针。

10. 中毒急救。

（1）一氧化碳中毒急救。

发现有人因有害气体中毒或窒息时，应立即打开门窗通风，迅速把患者抬到新鲜风流环境中，进行抢救（冬季应注意给患者保暖）。在救护中，急救人员一定要沉着，动作要迅速。轻度中毒，数小时后即可恢复，中、重度中毒应尽快向急救中心呼救。

确保中毒者呼吸道通畅，神志不清者应将头部偏向一侧，以防呕吐物吸入呼吸道引起窒息，要立即给中毒者闻氨水解毒，有条件的话给病人吸氧，对于昏迷者或抽搐者，可头置冰袋，切忌采用冷冻、灌醋或灌酸菜汤等不科学的做法。

如果一氧化碳中毒者呼吸虽已停止但心脏还有跳动，应解开衣服，搓擦他的皮肤，并立即进行人工呼吸。

（2）食物中毒急救。建筑工地常见食物中毒事故多为误食发芽土豆、未熟扁豆、变质食物、混凝土添加剂中的亚硝酸钠、硫酸钠和酒精中毒等。食物中毒以呕吐和腹泻为主要表现，常在食后1小时到1天内出现恶心、剧烈呕吐、腹痛、腹泻等症，继而可出现脱水和血压下降而致休克。肉毒杆菌污染所致食物中毒病情最为严重，可出现吞咽困难、失语、复视等症。食物中毒的处理办法如下。

①立即停止食用可疑中毒食物，食物中毒早期应禁食，但不宜过长。

②剧烈呕吐、腹痛、腹泻不止者可注射硫酸阿托品。

③有脱水征兆者及时补充体液，可饮用加入少许食盐、糖的饮品，或静脉输液。

④肉毒杆菌食物中毒者应速送医院急救，给予抗肉毒素血清等。

⑤对于一般神志清醒者应设法催吐，尽快排除毒物。可大量饮用清水或淡盐水后，用筷子等刺激咽后壁或舌根部，造成呕吐动作，将胃内食物吐出来，反复多次，直到吐出物呈清亮为止。

⑥对于催吐无效或神志不清者，应及时送往医院进行洗胃，以减少毒素的吸收。

11. 刺伤、戳伤急救

刺伤、戳伤是指因刀具、玻璃、铁丝、铁钉、铁棍、钢针、钢钎等尖锐物品刺戳所造成的意外伤害。处理戳伤应注意以下急救要点。

（1）对于较轻的刺伤和戳伤，只需进行创口消毒清洗后，用干净的纱布等包扎止血，或就地取材使用代替品初步包扎后再去医院进一步包扎。

（2）对于仍停留在体内的铁钉、铁棍、钢针、钢钎等硬器，不要立即拔出，应用清洁纱布或其他布料（或干净的手绢）按在伤口四周以止血，并妥当地将硬器固定好，防止脱落，尽快将患者送往医院手术取出。

（3）如果刺入伤口的物体较小，可用环形垫或用其他纱布垫在伤口周围。用干净的纱布覆盖伤口，再用绷带加压包扎，但不要压及伤口。如果戳伤比较严重，则应及时送医院救治。

（4）对于刺中腹部导致肠道等内脏脱出来时，不得将脱出的肠道等内脏再送回腹腔内，以免加大感染，可在脱出的肠道上覆盖消毒纱布，再用干净的盆或碗倒扣在伤口上，用绷带或布带进行固定，同时迅速送往医院抢救。

（5）对于施工现场出现的各类刺伤、戳伤等，无论伤口深浅，均应去医院接收注射治疗，防止引起破伤风。

12. 坍塌急救

坍塌伤害是指由于土体塌方、垮塌而造成人员被土石方等物体压埋，发生掩埋窒息或造成人员肢体损伤的事故。现场抢救坍塌事故被埋压的人员时，应注意以下急救要点。

（1）先认真观察事故地点塌方的情况，如发现现场土、石壁有再塌落的危险时，要先维护好土、石壁，通过由外向里、边支护边掏洞的办法，小心地把遇险者身上的土、石块搬开，把被埋压者救出来。

（2）尽早先将患者头部露出来，立即清除其口腔内的泥土等杂物，保持呼吸道畅通。

（3）如果土、石块较大，无法搬运，可用千斤顶等工具抬起，然后把石块拨开。不得生拉硬拽拖出患者，也不得镐刨锤打移除大石块。

（4）救出伤员后，应立即判断伤员的伤情，根据实际情况采取正确的急救方法。

（5）在搬运伤员过程中，防止肢体活动，无论有无骨折，均需用夹板固定，将肢体暴露在凉爽的空气中；对于脊椎骨折的患者，避免脊柱弯曲扭动，防止加重伤情。

13. 电焊光伤眼急救

电焊工在电焊施工操作过程中，长时间不戴防护眼镜看电焊弧光，眼睛会被电弧光中强烈的紫外线所刺激，从而发生电光性眼炎，即平常所说的电弧光"打"了眼睛，电光性眼炎的主要症状是眼睛磨痛、流泪、怕光。从眼睛被电弧光照射到出现症状，大约要经过2～10h。

从事电焊工作的工人，禁止不戴防护眼镜进行电焊操作，以免引起不必要的事故。电焊工操作时，应穿电焊工作服、绝缘鞋和戴电焊手套、防护面罩等安全防护用品，防止被强光刺伤眼睛。

发生电光性眼炎，可去医院用 4%奴夫卡因药水点眼，症状会很快缓解。如果电光性眼炎的发病在夜间或在家里出现，可用煮过而又冷却的鲜牛奶点眼以止痛；可用毛巾浸冷水敷眼，闭目休息等自我急救措施缓解疼痛。经过应急处理后，除了休息外，还要注意减少光的刺激，并尽量减少眼球转动和摩擦。

14. 中暑急救

中暑是指人员因处于高温高热的环境而引起的疾病。施工现场发现有人中暑时首先应迅速转移中暑患者，将中暑者迅速移至阴凉通风的地方，解开衣服、脱掉鞋子，让其平卧，头部不要垫高，保持患者呼吸畅通；用凉水或50%酒精擦其全身，直到皮肤发红，血管扩张以促进散热、降温；对于能饮水的患者应鼓励其多喝凉盐开水或其他饮料，不能饮水者，应进行静脉补液，以补充水分和无机盐类；对于呼吸衰竭或循环衰竭时的患者，可在医生叮嘱下分别注射相应药物；在患者痊愈前，应进行严密观察，精心护理，在医疗条件不完善的情况下，应及时把患者送往就近医院进行抢救。

15. 传染病患者急救

施工现场一旦发现有传染病患者，应立即报告相关领导，把患者送往医院进行诊治，陪同人员必须做好防护隔离措施；对可能出现病因的场所进行隔离、消毒，严格控制疾病的再次传播；如发现员工有集体发烧、咳嗽等不良症状，应立即报告现场负责人和有关主管部门，对患者进行隔离加以控制，同时启动应急救援方案。由于施工现场的施工人员较多，如若控制不当，容易造成集体感染传染病。因此需要采取正确的措施加以处理，防止大面积人员感染传染病。另外，应加强现场员工的教育和管理，落实各级责任制，严格履行员工进出现场登记手续，做好病情的监测工作。

第4讲 工伤处理

为了保障因工作遭受事故伤害或者患职业病的职工获得医疗救治和经济补偿，促进工伤预防和职业康复，分散用人单位的工伤风险，各单位均应依照法律的规定为员工缴纳工伤保险。因此，建筑工程单位的职工均有依法享受工伤保险待遇的权利。

用人单位和职工应当遵守有关安全生产和职业病防治的法律法规，执行安全卫生规程和标准，预防工伤事故发生，避免和减少职业病危害。职工发生工伤时，用人单位应当采取措施使工伤职工得到及时救治。

一、工伤认定

（1）职工有下列情形之一的，应当认定为工伤：

①在工作时间和工作场所内，因工作原因受到事故伤害的；

②工作时间前后在工作场所内，从事与工作有关的预备性或者收尾性工作受到事故伤害的；

③在工作时间和工作场所内，因履行工作职责受到暴力等意外伤害的；

④患职业病的；

⑤因工外出期间，由于工作原因受到伤害或者发生事故下落不明的；

⑥在上下班途中，受到非本人主要责任的交通事故或者城市轨道交通、客运轮渡、火车事故伤害的；

⑦法律、行政法规规定应当认定为工伤的其他情形。

（2）职工有下列情形之一的，视同工伤：

①在工作时间和工作岗位，突发疾病死亡或者在48小时之内经抢救无效死亡的；

②在抢险救灾等维护国家利益、公共利益活动中受到伤害的；

③职工原在军队服役，因战、因公负伤致残，已取得革命伤残军人证，到用人单位后旧伤复发的。

职工有前款第①次、第②次情形的，按照本条例的有关规定享受工伤保险待遇；职工有前款第③次情形的，按照本条例的有关规定享受除一次性伤残补助金以外的工伤保险待遇。

（3）职工符合上述的规定，但是有下列情形之一的，不得认定为工伤或者视同工伤：

①故意犯罪的；

②醉酒或者吸毒的；

③自残或者自杀的。

(4) 工伤职工有下列情形之一的，停止享受工伤保险待遇：

①丧失享受待遇条件的；

②拒不接受劳动能力鉴定的；

③拒绝治疗的。

二、工伤认定申请的提交与受理

职工发生事故伤害或者按照职业病防治法规定被诊断、鉴定为职业病，所在单位应当自事故伤害发生之日或者被诊断、鉴定为职业病之日起 30 日内，向统筹地区社会保险行政部门提出工伤认定申请。遇有特殊情况，经报社会保险行政部门同意，申请时限可以适当延长。

用人单位未按前款规定提出工伤认定申请的，工伤职工或者其近亲属、工会组织在事故伤害发生之日或者被诊断、鉴定为职业病之日起 1 年内，可以直接向用人单位所在地统筹地区社会保险行政部门提出工伤认定申请。

按照《工伤保险条例》规定应当由省级社会保险行政部门进行工伤认定的事项，根据属地原则由用人单位所在地的设区的市级社会保险行政部门办理。

用人单位未在规定的时限内提交工伤认定申请，在此期间发生符合法律规定的工伤待遇等有关费用由该用人单位负担。

提出工伤认定申请应当提交下列材料：

（1）工伤认定申请表；

（2）与用人单位存在劳动关系（包括事实劳动关系）的证明材料；

（3）医疗诊断证明或者职业病诊断证明书（或者职业病诊断鉴定书）。

工伤认定申请表应当包括事故发生的时间、地点、原因以及职工伤害程度等基本情况。

工伤认定申请人提供材料不完整的，社会保险行政部门应当一次性书面告知工伤认定申请人需要补正的全部材料。申请人按照书面告知要求补正材料后，社会保险行政部门应当受理。

社会保险行政部门受理工伤认定申请后，根据审核需要可以对事故伤害进行调查核实，用人单位、职工、工会组织、医疗机构以及有关部门应当予以协助。职业病诊断和诊断争议的鉴定，依照职业病防治法的有关规定执行。对依法取得职业病诊断证明书或者职业病诊断鉴定书的，社会保险行政部门不再进行调查核实。

职工或者其近亲属认为是工伤，用人单位不认为是工伤的，由用人单位承担举证责任。

社会保险行政部门应当自受理工伤认定申请之日起 60 日内作出工伤认定的决定，并书面通知申请工伤认定的职工或者其近亲属和该职工所在单位。社会保险行政部门对受理的事实清楚、权利义务明确的工伤认定申请，应当在 15 日内作出工伤认定的决定。作出工伤认定决定需要以司法机关或者有关行政主管部门的结论为依据的,在司法机关或者有关行政主管部门尚未作出结论期间,作出工伤认定决定的时限中止。

社会保险行政部门工作人员与工伤认定申请人有利害关系的,应当回避。

三、劳动能力鉴定

职工发生工伤,经治疗伤情相对稳定后存在残疾、影响劳动能力的,应当进行劳动能力鉴定。劳动能力鉴定是指劳动功能障碍程度和生活自理障碍程度的等级鉴定。

劳动功能障碍分为十个伤残等级,最重的为一级,最轻的为十级。生活自理障碍分为三个等级:生活完全不能自理、生活大部分不能自理和生活部分不能自理。

劳动能力鉴定由用人单位、工伤职工或者其近亲属向设区的市级劳动能力鉴定委员会提出申请,并提供工伤认定决定和职工工伤医疗的有关资料。省、自治区、直辖市劳动能力鉴定委员会和设区的市级劳动能力鉴定委员会分别由省、自治区、直辖市和设区的市级社会保险行政部门、卫生行政部门、工会组织、经办机构代表以及用人单位代表组成。

劳动能力鉴定委员会建立医疗卫生专家库。列入专家库的医疗卫生专业技术人员应当具备下列条件:

(1) 具有医疗卫生高级专业技术职务任职资格;

(2) 掌握劳动能力鉴定的相关知识;

(3) 具有良好的职业品德。

设区的市级劳动能力鉴定委员会收到劳动能力鉴定申请后,应当从其建立的医疗卫生专家库中随机抽取3名或者5名相关专家组成专家组,由专家组提出鉴定意见。设区的市级劳动能力鉴定委员会根据专家组的鉴定意见作出工伤职工劳动能力鉴定结论;必要时,可以委托具备资格的医疗机构协助进行有关的诊断。

设区的市级劳动能力鉴定委员会应当自收到劳动能力鉴定申请之日起60日内作出劳动能力鉴定结论,必要时,作出劳动能力鉴定结论的期限可以延长30日。劳动能力鉴定结论应当及时送达申请鉴定的单位和个人。

申请鉴定的单位或者个人对设区的市级劳动能力鉴定委员会作出的鉴定结论不服的,可以在收到该鉴定结论之日起15日内向省、自治区、直辖市劳动能力鉴定委员会提出再次鉴定申请。省、自治区、直辖市劳动能力鉴定委员会作出的劳动能力鉴定结论为最终结论。

劳动能力鉴定工作应当客观、公正。劳动能力鉴定委员会组成人员或者参加鉴定的专家与当事人有利害关系的,应当回避。

自劳动能力鉴定结论作出之日起1年后,工伤职工或者其近亲属、所在单位或者经办机构认为伤残情况发生变化的,可以申请劳动能力复查鉴定。劳动能力鉴定委员会依照以上规定进行再次鉴定和复查,鉴定的期限依照上述的规定执行。

四、工伤保险待遇

职工因工作遭受事故伤害或者患职业病进行治疗,享受工伤医疗待遇。职工治疗工伤应当在签订服务协议的医疗机构就医,情况紧急时可以先到就近的医疗机构急救。

治疗工伤所需费用符合工伤保险诊疗项目目录、工伤保险药品目录、工伤保险住院服务标准的,从工伤保险基金支付。工伤保险诊疗项目目录、工伤保险药品目录、工伤保险住院服务标准,由国务院社会保险行政部门会同国务院卫生行政部门、食品药品监督管理部门等部门规定。

职工住院治疗工伤的伙食补助费,以及经医疗机构出具证明,报经办机构同意,工伤职工到统筹地区以外就医所需的交通、食宿费用从工伤保险基金支付,基金支付的具体标准由统筹地区人民政府规定。

工伤职工治疗非工伤引发的疾病,不享受工伤医疗待遇,按照基本医疗保险办法处理。工伤职工到签订服务协议的医疗机构进行工伤康复的费用,符合规定的,从工伤保险基金支付。

社会保险行政部门作出认定为工伤的决定后发生行政复议、行政诉讼的,行政复议和行政诉讼期间不停止支付工伤职工治疗工伤的医疗费用。

工伤职工因日常生活或者就业需要,经劳动能力鉴定委员会确认,可以安装假肢、矫形器、假眼、假牙和配置轮椅等辅助器具,所需费用按照国家规定的标准从工伤保险基金支付。

职工因工作遭受事故伤害或者患职业病需要暂停工作接受工伤医疗的,在停工留薪期内,原工资福利待遇不变,由所在单位按月支付。

停工留薪期一般不超过 12 个月。伤情严重或者情况特殊,经设区的市级劳动能力鉴定委员会确认,可以适当延长,但延长不得超过 12 个月。工伤职工评定伤残等级后,停发原待遇,按照本章的有关规定享受伤残待遇。工伤职工在停工留薪期满后仍需治疗的,继续享受工伤医疗待遇。

生活不能自理的工伤职工在停工留薪期需要护理的,由所在单位负责。

工伤职工已经评定伤残等级并经劳动能力鉴定委员会确认需要生活护理的,从工伤保险基金按月支付生活护理费。

生活护理费按照生活完全不能自理、生活大部分不能自理或者生活部分不能自理 3 个不同等级支付,其标准分别为统筹地区上年度职工月平均工资的 50%、40% 或者 30%。

职工因工致残被鉴定为一级至十级伤残的,根据《工伤保险条例》的规定享受一次性伤残补助金和伤残津贴。劳动、聘用合同期满终止,或者职工本人提出解除劳动、聘用合同的,由工伤保险基金支付一次性工伤医疗补助金,由用人单位支付一次性伤残就业补助金。一次性工伤医疗补助金和一次性伤残就业补助金的具体标准由省、自治区、直辖市人民政府规定。

五、工亡补助

职工因工死亡,其近亲属按照下列规定从工伤保险基金领取丧葬补助金、供养亲属抚恤金和一次性工亡补助金:

(1)丧葬补助金为6个月的统筹地区上年度职工月平均工资;

(2)供养亲属抚恤金按照职工本人工资的一定比例发给由因工死亡职工生前提供主要生活来源、无劳动能力的亲属。标准为:配偶每月40%,其他亲属每人每月 30%,孤寡老人或者孤儿每人每月在上述标准的基础上增加 10%。核定的各供养亲属的抚恤金之和不应高于因工死亡职工生前的工资。供养亲属的具体范围由国务院社会保险行政部门规定;

(3)一次性工亡补助金标准为上一年度全国城镇居民人均可支配收入的20倍。

伤残职工在停工留薪期内因工伤导致死亡的,其近亲属享受第(1)项规定的待遇。

一级至四级伤残职工在停工留薪期满后死亡的,其近亲属可以享受第(1)项和第(2)项规定的待遇。

第4部分 施工安全资料管理

第1单元 施工安全资料分类及管理职责

第1讲 施工安全管理资料的分类

建设工程施工现场安全资料可分为安全生产保证体系文件和安全记录两大类，是建设单位、监理单位和施工单位对建设工程施工项目进行规范化、标准化、制度化管理过程中所形成的文件资料和工作记录，施工现场安全资料既是相关单位对工程项目安全管理采取的一种有效手段，又是各单位对工程项目安全管理的工作体现。

一、安全生产保证体系文件

（1）施工现场安全生产保证计划，如项目工程安全生产保证计划等。

（2）项目工程施工组织设计，如项目工程施工现场安全施工组织设计、施工现场临时用电施工组织设计等。

（3）分部分项工程专项施工方案，如基坑支护施工方案、土方开挖施工方案、模板施工专项技术措施等。

（4）各类程序文件，如分包控制程序、文件控制程序等。

（5）各类安全管理制度，如安全教育培训制度、安全检查验收制度、安全事故管理制度等。

（6）各类安全生产作业指导书，如各施工机械或各岗位工种安全操作规程、各类应急预案等。

二、安全记录

（1）与策划活动有关的记录，如现场危险源及不利环境因素辨识与评价记录、安全技术文件审批记录等。

(2)与实施活动有关的记录,如各类安全技术交底记录、班前讲话记录等。

(3)与检查活动有关的记录,如施工现场安全检查评分记录等。

(4)与改进活动有关的记录,如事故隐患整改记录等。

第2讲 施工安全资料的管理职责

一、建设单位管理职责

(1)建设单位应当向施工单位提供施工现场及毗邻区域内的供水、排水、供电、供气、供热、通信、广播电视等地上、地下管线资料,气象和水文观测资料,毗邻建筑物和构筑物、地下工程的有关资料。

(2)在申请领取施工许可证时,负责提供建设工程有关安全施工措施的资料。

(3)建设单位应将施工现场安全资料的形成和积累纳入工程建设管理的各个环节,逐级建立健全工程施工现场安全资料岗位责任制,对施工现场安全资料的真实性、完整性和有效性负责。

(4)建设单位施工现场安全资料应随工程进度同步收集、整理,并保存到工程竣工。

(5)建设单位主管施工现场安全工作的负责人应负责本单位施工现场安全资料的全过程管理工作。施工过程中施工现场安全资料的收集和整理工作应有专人负责。

(6)监督、检查各参建单位工程施工现场安全资料的建立和积累。

(7)在编制工程概算时,应确定建设工程安全作业环境及文明安全施工措施所需的费用,并负责统计费用支付的情况。

二、监理单位管理职责

(1)监理单位应将施工现场安全资料的形成和积累纳入工程建设管理的各个环节,逐级建立健全工程施工现场安全资料岗位责任制,对施工现场安全资料的真实性、完整性和有效性负责。

(2)监理单位主管施工现场安全工作的负责人应负责本单位施工现场安全资料的全过程管理工作。施工过程中,施工现场安全资料的收集和整理工作应有专人负责。

(3)监理单位施工现场安全资料应随工程进度同步收集、整理,并保存到工程竣工。

(4)对工程施工现场安全资料的形成、积累、组卷进行监督、检查。

(5)对施工单位报送的施工现场安全资料进行审核,并予以签认。

(6)负责监理单位施工现场安全资料的收集、整理、保存等管理工作。

三、施工单位管理职责

(1) 负责施工单位施工现场安全资料的收集、整理、保存等管理工作。

(2) 施工单位应将施工现场安全资料的形成和积累纳入工程建设管理的各个环节，逐级建立健全工程施工现场安全资料岗位责任制，对施工现场安全资料的真实性、完整性和有效性负责。

(3) 总包单位督促检查各分包单位编制施工现场安全资料。分包单位负责其分包范围内施工现场安全资料的编制、收集和整理，向总包单位提供备案。

(4) 施工单位施工现场安全资料应随工程进度同步收集、整理，并保存到工程竣工。

(5) 主管施工现场安全工作的负责人应负责本单位施工现场安全资料的全过程管理工作。施工过程中，施工现场安全资料的收集和整理工作应有专人负责。

第2单元 施工单位安全资料与归档

第1讲 施工单位安全管理资料

一、工程项目施工现场安全管理资料

(1) 工程概况表。

《工程概况表》是对工程基本情况的简要描述，应包括工程的基本信息、相关单位情况和主要安全管理人员情况。

(2) 项目重大危险源控制措施。

项目经理部应根据项目施工特点，对作业过程中可能出现的重大危险源进行识别和评价，确定重大危险源控制措施，并按要求进行记录，每张表格只能记录一种危险源。

(3) 项目重大危险源识别汇总表。

项目经理部应依据项目重大危险源控制措施的内容，对施工现场存在的重大危险源进行汇总，按要求逐项填写，并由项目技术负责人批准发布。

(4) 危险性较大的分部分项工程专家论证表和危险性较大的分部分项工程汇总表。

按照国务院建设行政主管部门或其他部门规定，必须编制专项施工方案的危险性较大的分部分项工程和其他必须经过专家论证的危险性较大的分部分项工程，项目经理部应在表中进行记录。对应当组织专家组进行论证审查的工程，项目经理部必须组织不少于5人的专家组，对安全专项施工方案进行论证审查。专家组应按照

表的内容提出书面论证审查报告,并作为安全专项施工方案的附件。表经项目监理部确认、项目经理部盖章后,报项目所在地区(县)建委安全监督机构。

(5)施工现场检查表(以北京市为例)。

项目经理部和项目监理部每月至少两次对施工现场安全生产状况进行联合检查,检查内容应按照北京市施工现场检查表的要求进行,对安全管理、生活区管理、现场料具管理、环境保护、脚手架、安全防护、施工用电、塔式起重机和起重吊装、机械安全、保卫消防的十项内容进行评价。对所发现的问题在表中应有记录,并履行整改复查手续。

(6)项目经理部安全生产责任制。

项目经理部对各级管理人员、分包单位负责人、施工作业人员及各职能部门均应明确相应的安全生产责任,保障施工人员在作业中的安全和健康。

(7)项目经理部安全管理机构设置。

项目经理部应成立由项目经理负责的安全生产领导机构,并按照有关文件要求,根据施工规模配备相应的专职安全管理人员或成立安全生产管理机构,并形成项目正式文件记录。

(8)项目经理部安全生产管理制度。

项目经理部应依据现场实际情况制定各项安全管理制度,明确各项管理要求,落实各级安全责任。

(9)总分包安全管理协议书。

总包单位不得将工程分包给不具备相应资质等级和没有安全生产许可证的企业,并应与分包单位签订安全生产管理协议书,明确双方的安全管理责任,分包单位的资质等级证书、安全生产许可证等相关证照的复印件应作为协议附件存档。

(10)施工组织设计、各类专项安全技术方案和冬、雨期施工方案。

施工组织设计应在正式施工前编制完成,对危险性较大的分部分项工程应制订专项安全技术方案,对冬期、雨期的特殊施工季节,应编制具有针对性的施工方案,并须履行相应的审核、审批手续。

(11)安全技术交底汇总表。

工程项目应将各项安全技术交底按照作业内容汇总,并按照要求填写安全技术交底汇总表,以备查验。

(12)作业人员安全教育记录表。

项目经理部对新入场、转场及变换工种的施工人员必须进行安全教育,经考试合格后方准上岗作业;同时,应对施工人员每年至少进行两次安全生产培训,并对被教育人员、教育内容、教育时间等基本情况进行记录。

(13)安全资金投入记录。

应在工程开工前制订安全资金投入计划,并以月度为单位对项目安全资金使用情况进行记录。

(14)施工现场安全事故登记表。

凡发生安全生产事故的工程，应按要求进行记载。事故原因及责任分析应从技术和管理两方面加以分析，明确事故责任。

(15) 特种作业人员登记表。

电工、焊（割）工、架子工、起重机械作业（包括司机、信号指挥等）、场内机动车驾驶等特种作业人员，应按照规定经过专门的安全教育培训，并取得特种作业操作证后，方可上岗作业。特种作业人员上岗前，项目经理部应审查特种作业人员的上岗证，核对资格证原件后在复印件上盖章并由项目部存档，并将情况汇总并填入特种作业人员登记表，报项目监理部复核批准。

(16) 地上、地下管线保护措施验收记录表。

地上、地下管线保护措施方案应在槽、坑、沟土方开挖前编制，地上、地下管线保护措施完成后，由工程项目技术负责人组织相关人员进行验收，并填写地上、地下管线保护措施验收记录表，报项目监理部核查，项目监理部应签署书面意见。

(17) 安全防护用品合格证及检测资料。

项目经理部对采购和租赁的安全防护用品及涉及施工现场安全的重要物资（包括脚手架钢管、扣件、安全网、安全带、安全帽、灭火器、消火栓、消防水带、漏电保护器、空气开关、施工用电电缆、配电箱等），应认真审核生产许可证、产品合格证、检测报告等相关文件，并予以存档。

(18) 生产安全事故应急预案。

项目经理部应当编制生产安全事故应急预案，成立应急救援组织，配备必要的应急救援器材和物资。定期组织演练，并对全体施工人员进行培训。

(19) 安全标识。

对施工现场各类安全标识的采购、发放、使用情况应进行登记，绘制施工现场安全标识布置平面图，有效控制安全标识的使用。

(20) 违章处理记录。

对施工现场的违章作业、违章指挥及处理情况进行记录，建立违章处理记录台账。

二、工程项目生活区资料

(1) 现场、生活区卫生设施布置图。

现场、生活区卫生设施布置图应明确各个区域、设施及卫生责任人。

(2) 办公室、生活区、食堂等各项卫生管理制度。

办公区、生活区、食堂等各类场所应制定相应的卫生管理制度。

(3) 应急药品、器材的登记及使用记录。

应配备必要的急救药品和器材，并对药品、器材的使用情况进行登记。

(4) 项目急性职业中毒应急预案。

必须编制急性中毒应急预案，发生中毒事故时，应能有效启动。

(5) 食堂及炊事人员的证件。

施工现场设置食堂时,必须办理卫生许可证和炊事人员的健康合格证,并将相关证件在食堂明示,复印件存档备案。

三、工程项目现场、料具资料

(1) 居民来访记录。

施工现场应设置居民来访接待室,对居民来访内容进行登记,并记录处理结果。

(2) 各阶段现场存放材料堆放平面图及责任划分。

施工现场应绘制材料堆放平面图,现场内各种材料应按照平面图统一布置,明确各责任区的划分,确定责任人。

(3) 材料保存、保管制度。

应根据各种材料特性建立材料保存、保管制度和措施,制定材料领取、使用的各项制度。

(4) 成品保护措施。

应制订施工现场各类成品、半成品的保护措施,并将措施落实到相关管理和作业人员。

(5) 现场各种垃圾存放、消纳管理资料。

项目经理部应对垃圾、建筑渣土运输和处理单位的相关资料进行备案。

四、工程项目环境保护资料

(1) 项目环境管理方案。

应根据项目施工特点,对作业过程中可能出现的环境危害因素进行识别和评价,确定环境污染控制措施,编制项目环境保护管理措施。

(2) 环境保护管理机构及职责划分。

应成立由项目经理负责的环境保护管理机构,制定相关责任制度,明确责任人。

(3) 施工噪声监测记录。

施工现场作业过程中,各类设备产生的噪声在场界边缘应符合国家有关标准,项目经理部应定期在施工场地边界对噪声进行监测,并将结果记入施工噪声监测记录表。

五、工程项目脚手架资料

(1) 脚手架、卸料平台和支撑体系设计及施工方案。

落地式钢管扣件式脚手架、工具式脚手架、卸料平台及支撑体系等,应在施工前编制相应专项施工方案。

(2) 钢管扣件式支撑体系验收表。

水平混凝土构件模板或钢结构安装使用的钢管扣件式支撑体系搭设完成后,工程项目部应依据相关规范、施工组织设计、施工方案及相关技术交底文件,由总承包单位项目技术负责人组织相关部门和搭设、使用单位进行验收，填写《钢管扣件式支撑体系验收表》，项目监理部对验收资料及实物进行检查并签署意见。

其他结构形式的支撑体系也应参照此表，根据施工方案及有关规定进行验收。

（3）落地式（或悬挑）脚手架搭设验收表。

落地式（或悬挑）脚手架应根据实际情况分段、分部位，由工程项目技术负责人组织相关单位验收。六级以上大风及大雨后、停用超过一个月后均要进行相应的检查验收检查，相关单位参加。每次验收项目监理部对验收资料及实物进行检查并签署意见，合格后方可使用。

（4）工具式脚手架安装验收表。

外挂脚手架、吊篮脚手架、附着式升降脚手架、卸料平台等搭设完成后，应由工程项目技术负责人组织有关单位进行验收，合格后方可使用，验收时可根据进度分段、分部位进行。每次验收时项目监理部对验收资料及实物进行检查并签署意见。

六、工程项目安全防护资料

（1）基坑、土方及护坡方案、模板施工方案。

基坑、土方、护坡和模板施工必须按有关规定，做到有方案、有审批。

（2）基坑支护验收表。

基坑支护完成后，施工单位应组织相关单位按照设计文件、施工组织设计、施工专项方案及相关规范进行验收。

（3）基坑支护沉降观测记录、基坑支护水平位移观测记录表。

总承包单位和专业承包单位应按有关规定对支护结构进行监测，并按要求进行记录，项目监理部对监测的程序进行审核并签署意见。如发现监测数据异常，应立即督促项目经理部采取必要的措施。

（4）人工挖孔桩防护检查表。

项目经理部应每天对人工挖孔桩作业进行安全检查，项目监理部对检查表及实物进行检查并签署意见。

（5）特殊部位气体检测记录。

对人工挖孔和密闭空间施工，应在每班作业前进行气体检测，确保施工人员安全，并将检测结果记录到特殊部位气体检测记录表。

七、工程项目施工用电资料

（1）临时用电施工组织设计及变更资料。

临时用电设备在5台及5台以上或设备总容量在50kW或50kW以上者，均应编制临时用电施工组织设计，并按照《施工现场临时用电安全技术规范》（JGJ 46-2005）的要求进行相关审核、审批手续。

（2）施工现场临时用电验收表。

施工现场临时用电工程必须由总包单位组织验收,合格后方可使用,验收时可根据施工进度分项、分回路进行,并填写施工现场临时用电验收表。项目监理部对验收资料及实物进行检查并签署意见。

(3)总、分包临电安全管理协议。

总包单位、分包单位必须订立临时用电管理协议,明确各方相关责任,协议必须履行签字、盖章手续。

(4)电气设备测试、调试记录。

电气设备的测试、检验凭单和调试记录应由设备生产者或专业维修者提供,项目经理部应将相关技术资料存档。

(5)电气线路绝缘强度测试记录。

主要包括临时用电动力、照明线路及其他必须进行的绝缘电阻测试,工程项目应将测量结果按系统回路填入电气线路绝缘强度测试记录表后,报项目监理部审核。

(6)临时用电接地电阻测试记录表。

主要包括临时用电系统、设备的重复接地、防雷接地、保护接地以及设计有要求的接地电阻测试,工程项目应将测量结果填入临时用电接地电阻测试记录表后,报项目监理部审核。

(7)电工巡检维修记录。

施工现场电工应按有关要求进行巡检维修,并由值班电工每日填写,每月送交项目安全管理部门存档。

八、工程项目塔式起重机、起重吊装资料

(1)塔式起重机租赁、使用、拆装的管理资料。

对施工现场租赁的塔式起重机,出租和承租双方应签订租赁合同,并签订安全管理协议书,明确双方责任和义务。委托安装单位拆装塔式起重机时,还应签订拆装合同。塔式起重机的拆装单位资质、相关人员的资格证等材料及设备统一编号、检测报告等,应一并存档。

(2)塔式起重机拆装统一检查验收表格。

塔式起重机安装过程中,安装单位或施工单位应根据施工进度分别认真填写有关内容。塔式起重机安装完毕后,应当由施工总承包单位、分包单位、出租单位和安装单位,共同进行验收。塔式起重机每次顶升、锚固时,均应填写记录。

塔式起重机安装验收完毕、使用前,还应当经有相应资质的检验检测机构检测,检测合格后,总承包单位应按照要求报项目监理部。

塔式起重机拆卸时,拆装单位应填写记录。

(3)起重机械拆装方案及群塔作业方案、起重吊装作业的专项施工方案。

塔式起重机安装与拆除、起重吊装作业等必须编制专项施工方案,涉及群塔(2台及2台以上)作业时,必须制定相应的方案和措施。群塔作业时,总承包单位应根据方案要求,合理布置塔式起重机的位置,确保各相邻塔式起重机之间的安全距

离，并绘制平面布置图。

（4）对塔机组和信号工安全技术交底。

塔式起重机使用前，总承包单位与机械出租单位应共同对塔机组人员和信号工进行联合安全技术交底，就塔式起重机性能、安全使用及施工现场注意事项等内容，对相关人员做出安全技术交底，并做好记录。

（5）施工起重机械运行记录。

塔式起重机、施工电梯、移动式起重机及物料提升机等起重机械操作人员，应在每班作业后填写施工起重机械运行记录，运行中如发现设备有异常情况，应立即停机检查报修，排除故障后方可继续运行，同时将情况填入记录。起重机械运行记录每本填写完后，送交设备产权单位存档。

九、工程项目机械安全资料

（1）机械租赁合同、出租、承租双方安全管理协议书。

对施工现场租赁的机械设备，出租和承租双方应签订租赁合同和安全管理协议书，明确双方责任和义务。

（2）物料提升机、施工升降机、电动吊篮拆装方案。

施工现场物料提升机、施工升降机、电动吊篮安装前，应编制设备的安装、拆除方案，经审核、审批后，方可进行安装与拆卸工作。

（3）施工升降机拆装统一检查验收表格。

施工升降机安装过程中，安装单位或施工单位应根据施工进度分别填写有关内容。施工升降机安装完毕后，应当由施工总承包单位、分包单位、出租单位和安装单位共同进行验收，验收合格后方可使用。施工升降机每次接高时，均应填写记录。

施工升降机拆卸时，拆装单位应填写记录。

（4）施工机械检查验收表（电动吊篮）。

电动吊篮安装完成后，应由项目经理部组织分包单位、安装单位、出租单位相关人员对设备进行安装验收，并填写记录表。

（5）施工机械检查验收表。

施工现场各类机械进场安装或组装完毕后，项目经理部应按照要求组织相关单位进行验收，并将相关资料报送项目监理部。

（6）机械设备检查维修保养记录。

项目经理部应建立机械设备的检查、维修和保养制度，编制设备保修计划。对设备的检查维修保养情况，应有文字记录。

十、工程项目保卫消防资料

（1）施工现场消防重点部位登记表。

项目经理部应根据防火制度要求，对施工现场消防重点部位进行登记。

(2) 保卫消防设备平面图。

保卫消防设施、器材平面图应明确现场各类消防设施、器材的布置位置和数量。

(3) 现场保卫消防制度、方案、预案。

项目经理部应制定施工现场的保卫消防制度、现场保卫消防管理方案、重大事件、重大节日管理方案、现场火灾应急救援预案等相关技术文件，并将文件对相关人员进行交底。

(4) 现场保卫消防协议。

建设单位与总包单位、总包单位与分包单位必须签订现场保卫消防协议，明确各方相关责任，协议必须履行签字、盖章手续。

(5) 现场保卫消防组织机构及活动记录。

施工现场应设立保卫消防组织机构，成立义务消防队。定期组织教育培训和消防演练，各项活动应有文字和图片记录。

(6) 施工项目消防审批手续。

项目经理部应将消防安全许可证存档，以备查验。

(7) 施工用保温材料产品检测及验收资料。

施工现场使用的施工用保温材料、密目式安全网、水平安全网等材料应为阻燃产品，进场有相关验收手续，其产品资料、检测报告等技术文件项目经理部应予存档保管。

(8) 消防设施、器材验收、维修记录。

施工现场各类消防设施、器材的生产单位应具有公安部门颁发的生产许可证，各类设施、器材的相关技术资料项目经理部应进行存档。项目经理部应定期对消防设施、器材检查，按使用年限及时更换、补充、维修，验收、维修等工作应有文字记录。

(9) 防水施工现场安全措施及交底。

施工现场防水作业施工时，应制定相关的防中毒、防火灾的安全防范技术措施，并对所有参与防水作业的施工人员进行书面交底，所有被交底人必须履行签字手续。

(10) 警卫人员值班、巡查工作记录。

施工现场警卫人员应在每班作业后，填写警卫人员值班、巡查工作记录，对当班期间主要事项进行登记。

(11) 用火作业审批表。

作业人员每次用火作业前，必须到项目经理部办理用火申请，并按要求填写用火作业审批表，经项目经理部主管部门审批同意后，方可用火作业。

十一、其他资料

(1) 安全技术交底表。

分部分项工程施工前及有特殊风险的作业前，应对施工作业人员进行书面安全技术交底，其内容应按照施工方案的要求，讲明操作者的安全注意事项，保证操作者的人身安全并按分部分项工程和针对作业条件的变化具体进行。项目经理部应将安全技术交底按照交底内容分类存档。

（2）应知应会考核表登记及试卷。

施工现场各类管理人员、作业人员必须对其所从事工作安全生产知识进行必要的培训教育，考核合格后方可上岗，项目经理部应将考核情况造表登记，并按照考核内容分类存档。

（3）施工现场安全日志。

施工现场安全日志应由专职安全管理人员按照日常检查情况逐日记载，单独组卷，其内容应包括每日检查内容和安全隐患的处理情况。

（4）班组班前讲话记录。

各作业班组长于每班工作开始前必须对本班组全体人员进行班前安全活动交底，其内容应包括本班组安全生产须知和个人应承担的责任、本班组作业中的危险点和采取的措施。

（5）工程项目安全检查隐患整改记录。

工程项目安全检查人员在检查过程中，针对存在的安全隐患应填写工程项目安全检查隐患整改记录。其中应包括检查情况及安全隐患、整改要求、整改后复查情况等内容，并履行签字手续。

第 2 讲　施工安全管理资料组卷与归档

一、组卷要求

（1）施工现场安全资料的收集、整理应随工程进度同步进行，应真实反映工程的实际情况。

（2）施工现场安全资料应保证字迹清晰，不乱涂乱改、不缺页或无破损。签字、盖章手续齐全。计算机形成的工程资料应采用内容打印、手写签名的方式。

（3）施工现场安全资料组卷时应使用原件，因各种原因不能使用原件的，应在复印件上加盖原件存放单位公章、注明原件存放处，并有经办人签字及时间。

（4）资料表格中各类名称、单位等应采用全称，不宜使用简称，资料表格应填写完整。

（5）施工现场安全资料应采用活页的形式，组卷时可以根据实际情况分册装订。

二、组卷原则

（1）施工现场安全资料必须按相关标准规范的具体要求进行组卷。

（2）卷内资料排列顺序依次为封面、目录、资料部分和封底。也可根据卷内资料构成具体确定。组成的案卷应美观、整齐。

（3）案卷页号的编写应以独立卷为单位，在案卷内资料材料排列顺序确定后，对有书写内容的页面进行页号编写。每卷应从阿拉伯数字"1"开始，用打号机或钢笔依次逐页连续标注页号。

（4）可根据卷内资料分类进行分册，但是各分册资料材料的顺序编号应在本卷内连续编排。

（5）案卷封面要包括卷名、案卷题名、编制单位、安全主管、编制日期、第×册共×册等。

（6）卷内资料、封面、目录、备考表等，应统一采用A4幅尺寸（297mm×210mm），大于A4幅面的资料应折叠（297mm×210mm），小于A4幅面的资料应用A4白纸衬托。

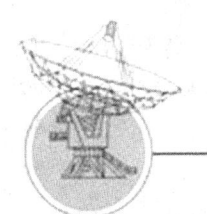

第5部分

危险性较大分项工程安全施工技术

第1单元 土方及基坑工程专项安全 施工技术

第1讲 土方开挖工程施工安全技术

(1) 大型土方和开挖较深的基坑工程，施工前要认真研究整个施工区域和施工场地内的工程地质和水文资料、邻近建筑物或构筑物的质量和分布状况、挖土和弃土要求、施工环境及气候条件等，编制专项施工组织设计（方案），制定有针对性的安全技术措施，严禁盲目施工。

(2) 基坑开挖后应及时修筑基础，不得长期暴露。基础施工完毕，应抓紧基坑的回填工作。回填基坑时，必须事先清除基坑中不符合回填要求的杂物。在相对的两侧或四周同时均匀进行，并且分层夯实。

(3) 施工机械进入施工现场所经过的道路、桥梁和卸车设备等，应事先做好检查和必要的加宽、加固工作。开工前应做好施工场地内机械运行的道路，开辟适当的工作面，以利安全施工。

(4) 在饱和黏性土、粉土的施工现场不得边打桩边开挖基坑，应待桩全部打完并间歇一段时间后再开挖，以免影响边坡或基坑的稳定性，并应防止开挖基坑可能引起的基坑内外的桩产生过大位移、倾斜或断裂。

(5) 土方开挖前，应会同有关单位对附近已有建筑物或构筑物、道路、管线等进行检查和鉴定，对可能受开挖和降水影响的邻近建（构）筑物、管线，应制定相应的安全技术措施，并在整个施工期间，加强监测其沉降和位移、开裂等情况，发现问题应与设计或建设单位协商采取防护措施，并及时处理。

相邻基坑深浅不等时，一般应按先深后浅的顺序施工，否则应分析后施工的深坑对先施工的浅坑可能产生的危害，并应采取必要的保护措施。

（6）山区施工，应事先了解当地地形地貌、地质构造、地层岩性、水文地质等，如因土石方施工可能产生滑坡时，应采取可靠的安全技术措施。在陡峻山坡脚下施工，应事先检查山坡坡面情况，如有危岩、孤石、崩塌体、古滑坡体等不稳定迹象时，应妥善处理后，才能施工。

（7）基坑开挖工程应验算边坡或基坑的稳定性，并注意由于土体内应力场变化和淤泥土的塑性流动而导致周围土体向基坑开挖方向位移，使基坑邻近建筑物等产生相应的位移和下沉。验算时应考虑地面堆载、地表积水和邻近建筑物的影响等不利因素，决定是否需要支护，选择合理的支护形式。在基坑开挖期间应加强监测。

（8）施工前，应对施工区域内存在的各种障碍物，如建筑物、道路、沟渠、管线、防空洞、旧基础、坟墓、树木等，凡影响施工的均应拆除、清理或迁移，并在施工前妥善处理，确保施工安全。

（9）挖土方前对周围环境要认真检查，不能在危险岩石或建筑物下面进行作业。

（10）基坑开挖深度超过9m（或地下室超过二层），或深度虽未超过9m，但地质条件和周围环境复杂时，在施工过程中要加强监测，施工方案必须由单位总工程师审定，报企业上一级主管部门备查。

（11）上下坑沟应先挖好阶梯或设木梯，不应踩踏土壁及其支撑上下。

（12）土方工程、基坑工程在施工过程中，如发现有文物、古迹遗址或化石等，应立即保护现场和报请有关部门处理。

（13）深基坑四周设防护栏杆，人员上下要有专用爬梯。

（14）用挖土机施工时，挖土机的工作范围内，不得有人进行其他工作；多台机械开挖，挖土机间距大于10m；挖土要自上而下，逐层进行，严禁先挖坡脚的危险作业。

（15）夜间施工时，应合理安排施工项目，防止挖方超挖或铺填超厚。施工现场应根据需要安设照明设施，在危险地段应设置红灯警示。

（16）基坑开挖应严格按要求放坡，操作时应随时注意边坡的稳定情况，如发现有裂纹或部分塌落现象，要及时进行支撑或改缓放坡，并注意支撑的稳固和边坡的变化。

（17）人工开挖时，两人操作间距应保持2~3m，并应自上而下挖掘，严禁采用掏洞的挖掘操作方法。

（18）机械挖土，多台阶同时开挖土方时，应验算边坡的稳定，根据规定和验算确定挖土机离边坡的安全距离。

（19）基坑深度超过14m、地下室为三层或三层以上，地质条件和周围特别复杂及工程影响重大时，有关设计和施工方案，施工单位要协同建设单位组织评审后，报市建设行政主管部门备案。

（20）挖土施工安全要求。

1）在斜坡上方弃土时，应保证挖方边坡的稳定。弃土堆应连续设置，其顶面应向外倾斜，以防山坡水流入挖方场地。但坡度陡于1/5或在软土地区，禁止在挖方上侧弃土。在挖方下侧弃土时，要将弃土堆表面整平，并向外倾斜，弃土表面要低于挖方场地的设计标高，或在弃土堆与挖方场地间设置排水沟，防止地面水流入挖方场地。

2）土方开挖宜从上到下分层分段进行，并随时做成一定的坡势以利泄水，且不应在影响边坡稳定的范围内积水。

3）使用时间较长的临时性挖方，土坡坡度要根据工程地质和土坡高度，结合当地同类土体的稳定坡度值确定。

4）在滑坡地段挖方时，应符合下列要求：

①开挖过程中如发现滑坡迹象（如裂缝、滑动等）时，应暂停施工，必要时，所有人员和机械要撤至安全地点，并采取措施及时处理。

②遵循先整治后开挖的施工顺序，在开挖时，须遵循由上到下的开挖顺序，严禁先切除坡脚。

③爆破施工时，严防因爆破震动产生滑坡。

④不宜雨季施工，同时不应破坏挖方上坡的自然植被，并事先作好地面和地下排水设施。

⑤施工前先了解工程地质勘察资料、地形、地貌及滑坡迹象等情况，并制定相应的施工方法和安全技术措施。

⑥抗滑挡土墙要尽量在旱季施工，基槽开挖应分段跳槽进行，并加设支撑；开挖一段就要将挡土墙做好一段。

（21）基坑（槽）和管沟施工安全要求。

1）基坑（槽）底部的开挖宽度，除基础底部宽度外，应根据施工需要增加工作面、排水设施和支撑结构的宽度。

2）基坑（槽）、管沟的开挖或回填应连续进行，尽快完成。施工中应防止地面水流入坑、沟内，以免边坡塌方或基土遭到破坏。

雨季施工或基坑（槽）、管沟挖好后不能及时进行下一工序时，可在基底标高以上留150～300mm厚的土层暂时不挖，待下一工序开始前再挖除。

采用机械开挖基坑（槽）或管沟时，可在基底标高以上预留一层用人工清理，其厚度应根据施工机械确定。

3）管沟底部开挖宽度（有支撑者为撑板间的净宽），除管道结构宽度外，应增加工作面宽度。每侧工作面宽度应符合表5—1的要求。

4）土质均匀且地下水位低于基坑（槽）或管沟底面标高时，其挖方边坡可做成直立壁不加支撑。挖方深度应根据土质确定，但不宜超过下列要求：

①密实、中实的砂土和碎石类土（充填物为砂土）——1m；

②硬塑、可塑的轻亚黏土和碎亚黏土——1.25m；

③硬塑、可塑的黏土和碎石类土（充填物为黏性土）——1.5m；

④坚硬的黏土——2m。

表5—1 管沟底部每侧工作面宽度

管道结构宽度/mm	每侧工作面宽度/mm	
	非金属管道	金属管道或砖沟
200~500	400	300
600~1000	500	400
1100~1500	600	600
1600~2500	800	800

注:1. 管道结构宽度指无管座按管身外皮计;有管座按管座外皮计,砖砌或混凝土管沟按管沟外皮计。
2. 沟底需增设排水沟时,工作面宽度可适当增加。
3. 有外防水的砖沟或混凝土沟时,每侧工作面宽度宜取800mm。

基坑(槽)或管沟挖好后,应及时进行地下结构和安装工程施工。在施工过程中,应经常检查坑壁的稳定情况。

注:挖方深度超过本要求时,应按第5)项的要求放坡或做成直立壁加支撑。

5)地质条件良好、土质均匀且地下水位低于基坑(槽)或管沟底面标高时,挖方深度在5m以内开挖后暴露时间不超过15d的,不加支撑的边坡的最陡坡度应符合表5—2的要求。

表5—2 不加支护基坑(槽)边坡的最大坡度

土的类别	坑壁坡度		
	坑缘无荷载	坑缘静荷载	坑缘有动荷载
中密的砂土	1:1.00	1:1.25	1:1.50
中密的砂石土(充填物为砂土)	1:0.75	1:1.00	1:1.25
稍湿的粉土	1:0.67	1:0.75	1:1.00
中密的碎石土(充填物为黏土)	1:0.50	1:0.67	1:0.45
硬塑的粉质黏土、黏土	1:0.33	1:0.5	1:0.67
软土(经井点降水后)	1:1.00	—	—
泥岩、白垩土、黏土夹有石块	1:0.25	1:0.33	1:0.67
未风化页岩	1:0	1:0.1	1:0.25
岩石	1:0	1:0	1:0

6)坑壁垂直开挖,在土质湿度正常的条件下,对松软土质的基坑,其开挖深度宜小于0.75m;中等密度的(锹挖)土质宜小于1.23m。密实(镐挖)土质宜小于2.0m。黏性土中的垂直坑壁的允许高度尚可用下式决定:

$$h_{max}=2c/K \cdot \tan(45°-\phi/2)-q/\gamma$$

式中 K——安全系数,可采用 1.25;

γ——坑壁土的重力密度（kN/m²）;

ϕ——坑壁土的内摩擦角（°）,对饱和软土,取 $\phi=0$;

q——坑顶护道上的均布荷载（kN/m²）;

c——坑壁土的黏聚力,对饱和软土,取不排水抗剪强度 C_n（kN/m²）;

h_{max}——垂直坑壁的允许高度（m）。

7）深基坑或雨季施工的浅基坑的边坡开挖以后，必须随即采取护坡措施，以免边坡坍塌或滑移。护坡方法视土质条件、施工季节、工期长短等情况，可采用塑料布和聚丙烯编织物等不透水薄膜加以覆盖、砂袋护坡、碎石铺砌、喷抹水泥砂浆、铁丝网水泥浆抹面等，并应防止地表水或渗漏水冲刷边坡。

8）基坑深度大于 5m 且无地下水时，如现场条件许可且较为经济、合理时，可将坑壁坡度适当放缓，或可采取台阶式的放坡形式，并在坡顶和台阶处宜加设宽 1m 以上的平台。

9）采用钢筋混凝土地下连续墙作坑壁支撑时，混凝土达到设计强度后，方许进行挖土方。

10）开挖基坑（槽）或管沟时，应合理确定开挖顺序和分层开挖深度。当接近地下水位时，应先完成标高最低处的挖方，以便于在该处集中排水。

11）基坑（槽）、管沟的直立壁和边坡，在开挖过程和敞露期间应防止塌陷，必要时应加以保护。

在挖方边坡上侧堆土或材料以及移动施工机械时，应与挖方边缘保持一定距离，以保证边坡和直立壁的稳定。当土质良好时，堆土或材料应距挖方边缘 0.8m 以外，高度不宜超过 1.5m。在柱基周围、墙基或围墙一侧，不得堆土过高。

12）基坑（槽）或管沟需设置坑壁支撑时，应根据开挖深度、土质条件、地下水位、施工方法、相邻建筑物和构筑物等情况进行选择和设计。支撑必须牢固可靠，确保安全施工。

13）基坑（槽）、管沟回填时，应符合下列要求。

①基础或管沟的现浇混凝土应达到一定强度，不致因填土而受损伤时，方可回填。

②回填土料、每层铺填厚度和压实要求，应按有关规定执行，如设计允许回填土自行沉实时，可不分实。

③沟（槽）回填顺序，应按基底排水方向由高至低分层进行。

④填土前，应清除沟槽内的积水和有机杂物。

⑤基坑（槽）回填应在相对两侧和四周同时进行。

⑥回填管沟时，为防止管道中心线位移或损坏管道，应用人工先在管子周围夯实，并应从管道两边同时进行，直至管顶 0.5m 以上。在不损坏管道的情况下，方可采用机械回填和压实。

14）在软土地区开挖基坑（槽）或管沟时，除应按照本节有关要求外，尚应符合下列要求。

①相邻基坑（槽）和管沟开挖时，应遵循先深后浅或同时进行的施工顺序，并应及时做好基础。

②基坑（槽）开挖后，应尽量减少对基土的扰动。如基础不能及时施工时，可在基底标高以上留 0.1～0.3m 土层不挖，待做基础时挖除。

③施工机械行驶道路应填筑适当厚度的碎（砾）石，必要时应铺设工具式路基箱（板）或梢排等。

④在密集群桩上开挖基坑时，应在打桩完成后间隔一段时间，再对称挖土，邻近四周不得有振动作用。挖土宜分层进行，并应注意基坑土体的稳定，加强土体变形监测，防止由于挖土过快或边坡过陡使基坑中卸载过速、土体失稳等原因而引起桩身上浮、倾斜、位移、断裂等事故。

⑤施工前必须做好地面排水和降低地下水位工作，地下水位应降低至基底以下 0.5～1.0m 后，方可开挖。降水工作应持续到回填完毕，采用明排水时可不受此限。

⑥挖出的土不得堆放在边坡顶上或建筑物（构筑物）附近，应立即转运至规定的距离以外。

15）膨胀土地区开挖基坑（槽）或管沟时，除按照本节有关要求外，尚应符合下列要求。

①开挖前应做好排水工作，防止地表水、施工用水和生活废水浸入施工场地或冲刷边坡。

②基坑（槽）或管沟的开挖、地基与基础的施工和回填土等应连续进行，并应避免在雨天施工。

③采用砂地基时，应先将砂浇水至饱和后再铺填夯实，不得采用基坑（槽）或管沟内浇水使砂沉落的施工方法。

④开挖后，基土不得受烈日暴晒或雨水浸泡，必要时可预留一层不挖，待做基础时挖除。

⑤场地平整后至基坑（槽）、管沟开挖宜间隔一段时间，以减少基土的膨胀变形。

⑥回填土料应符合设计要求。如无设计要求时，宜选用非膨胀土、弱膨胀土或掺有适当比例的石灰及其他松散材料的膨胀土。

第 2 讲　基坑支护工程施工安全基本要求

（1）施工现场应划定作业区，安设护栏并设安全标志，非作业人员不得入内。

（2）先开挖后支护的沟槽、基坑，支护必须紧跟挖土工序，土壁裸露时间不宜超过 4h。先支护后开挖的沟槽、基坑，必须根据施工设计要求，确定开挖时间。

（3）施工场地应平整、坚实、无障碍物，能满足施工机具的作业要求。

（4）在现场建（构）筑物附近进行桩工作业前，必须掌握其结构和基础情况，确认安全；机械作业影响建（构）筑物结构安全时，必须先对建（构）筑物采取安全技术措施，经验收确认合格，形成文件后，方可进行机械作业。

（5）沟槽、基坑支护施工前，主管施工技术人员应熟悉支护结构施工设计图纸和地下管线等设施状况，掌握支护方法、设计要求和地下设施的位置、埋深等现况。

（6）上下沟槽、基坑应设安全梯或土坡道、斜道，其间距不宜大于 50m，严禁攀登支护结构。

（7）土壁深度超过 6m，不宜使用悬臂桩支护。

（8）编制施工组织设计中，应根据工程地质、水文地质、开挖深度、地面荷载、施工设备和沟槽、基坑周边环境等状况，对专护结构进行施工设计，其强度、刚度和稳定性应满足邻近建（构）筑物和施工安全的要求，并制定相应的安全技术措施。

（9）施工过程中，严禁利用支护结构支搭作业平台、挂装起重设施等。

（10）拆除支护结构应设专人指挥，作业中应与土方回填密切配合，并设专人负责安全监护。

（11）支护结构施工完成后，应进行检查、验收，确认质量符合施工设计要求，并形成文件后，方可进入沟槽、基坑作业。

（12）大雨、大雪、大雾、沙尘暴和风力 6 级以上（含 6 级）的恶劣天气，必须停止露天桩工、起重机械作业。

（13）施工过程中，对支护结构应经常检查，发现异常应及时处理，并确认合格。

第 3 讲　钢木支护施工安全技术

（1）现场支护材料应分类码放整齐，不得随意堆放。支护时，应随支设随供应，不得集中堆放在沟槽、基坑边上。运入槽、坑内的材料应卧放平稳。

（2）使用起重机从地面向沟槽、基坑内运送支护材料时，应符合下列要求。

1）吊运时，沟槽上下均应划定作业区域，非作业人员禁止入内。

2）起吊时，钢丝绳应保持垂直，不得斜吊。

3）运输车辆和起重机与沟槽、基坑边缘的距离应依荷载、土质、槽深和槽（坑）壁状况确定，且不得小于 1.5m。

4）严禁起重机械超载吊运。

5）作业时，必须由信号工指挥。起吊前，指挥人员应检查吊点、吊索具和周围环境状况，确认安全。

6) 作业时，机臂回转范围内严禁有人。

7) 起重机、吊索具应完好，防护装置应齐全有效。作业前应检查、试运行，确认符合要求。

8) 吊运材料距槽底 50cm 时，作业人员方可靠近，吊物落地确认稳固或临时支撑牢固后方可摘钩。

（3）支护材料应符合下列要求。

1) 木质支护材料的材质应均匀、坚实，严禁使用劈裂、腐朽、扭曲和变形的木料。

2) 支护材料的材质、规格、型号应满足施工设计要求。

3) 严禁使用断裂、破损、扭曲、变形和腐蚀的钢材。

（4）预钻孔埋置桩施工应符合下列要求。

1) 使用机械吊桩时，必须由信号工指挥。吊点应符合施工设计规定。作业时，应缓起、缓转、缓移，速度均匀并用控制绳保持桩平稳。向钻孔内吊桩时，严禁手、脚伸入桩与孔壁间隙。

2) 埋置桩间隔设置时，相邻两桩间的土壁在土方开挖过程中，应及时安设挡土板，或挂网喷射护壁混凝土。

3) 钻孔应连续完成。成孔后，应及时埋桩至施工设计高度。

4) 挡土板安设应符合下列要求。

①挡土板两端的支撑长度应满足施工设计要求。

②挡土板后的空隙应填实。

③挡土板拼接应严密。

5) 当桩、墙有支撑或土钉时，支撑、土钉施工应符合下列要求。

①有横梁的支撑结构，应在横梁连接处或其附近设支撑。横梁为焊接钢梁时，接头位置与近支撑点的距离应在支撑间距的 1/3 以内。

②支撑或土钉作业应与挖土密切配合。每层开挖的深度，不得超过底部撑杆或土钉以下 30cm，或施工设计规定的位置。

③施工中，应按照施工设计规定的位置及时安设撑杆或土钉。

6) 支撑、土钉必须牢固，严禁碰撞。

（5）人工锤击沉入木桩支护应符合下列要求。

1) 作业中，应划定作业区，非作业人员禁止入内。

2) 沉桩过程中，应随时检查木夯、铁夯、大锤等，确认操作工具完好，发现松动、破损，必须立即修理或更换。

3) 锤击时夯头应对准桩头，严禁用手扶夯头或桩帽。

4) 作业时，必须由作业组长负责指挥，统一信号，作业人员的动作应协调一致。

（6）使用人工方法从地面向沟槽、基坑内运送支护材料，应符合下列要求。

1) 运送材料过程中，被运送物下方严禁有人，槽内作业人员必须位于安全地带。

2）使用溜槽溜放时，溜槽应坚固，且必须支搭牢固，使用前应检查，确认合格。

3）严禁向沟槽、基坑内投掷和倾卸支护材料。

4）手工传送时，应缓慢，上下作业人员应相互呼应，协调一致。

5）系放时，应根据系放材料的质量确定绳索直径。绳索应坚固，使用前应检查确认符合要求。

（7）拆除支护结构应符合下列要求。

1）拆除支护结构应和回填土紧密结合，自下而上分段、分层进行，拆除中严禁碰撞、损坏未拆除部分的支护结构。

2）拆除前，应根据槽壁土体、支护结构的稳定情况和沟槽、基坑附近建（构）筑物、管线等状况，制订拆除安全技术措施。

3）采用机械拆除沉、埋桩时应符合下列要求。

①拆除作业必须由信号工负责指挥。

②拔除桩后的孔应及时填实，恢复地面原貌。

③吊拔桩的拔出长度至半桩长时，应系控制缆绳保持桩的稳定。

④作业前，应划定作业区和设安全标志，非作业人员不得入内。

⑤吊拔困难或影响邻近建（构）筑物安全时，应暂停作业，待采取相应的安全技术措施，确认安全后方可实施。

⑥拆除前宜先用千斤顶将桩松动。吊拔时应垂直向上，不得斜拉、斜吊，严禁超过机械的起拔能力。

4）拆除立板撑，应在还土至撑杆底面 30cm 以内，方可拆除撑杆和相应的横梁；撑板应随还土的加高逐渐上拔，其埋深不得小于施工设计规定。

5）拆除相邻桩间的挡土板时，每次拆除高度应依据土质、槽深而定；拆除后应及时回填土，槽壁的外露时间不宜超过 4h。

6）拆除沉、埋桩的撑杆时，应待回填土还至撑杆以下 30cm 以内或施工设计规定位置，方可倒撑或拆除撑杆。

7）拆除与回填上施工过程中，应设专人检查，发现槽壁现坍塌征兆或支护结构发生劈裂、位移、变形等情况必须暂停施工，待及时采取安全技术措施，确认安全后方可继续施工。

8）拆除横板密撑应随还土的加高自下而上拆除，一次拆除撑板不宜大于 30cm 或一横板宽。一次拆撑不能保证安全时应倒撑，每步倒撑不得大于原支撑的间距。

9）拆除单板撑、稀撑、井字撑一次拆撑不能保证安全时，必须进行倒撑。

10）采用排水井的沟槽应由排水沟的分水线向两端延伸拆除。

11）拆除的支护材料应及时集中到指定场地，分类码放整齐。

（8）沟槽中采用板撑支护应符合下列要求：

1）施工过程中，应设专人检查，确认支护结构的支设符合施工设计的要求。

2）施工中应根据土质、施工季节、施工环境等情况选用单板撑或井字撑、稀撑、横板密撑、立板密撑支护，如图5—1～图5—5所示。

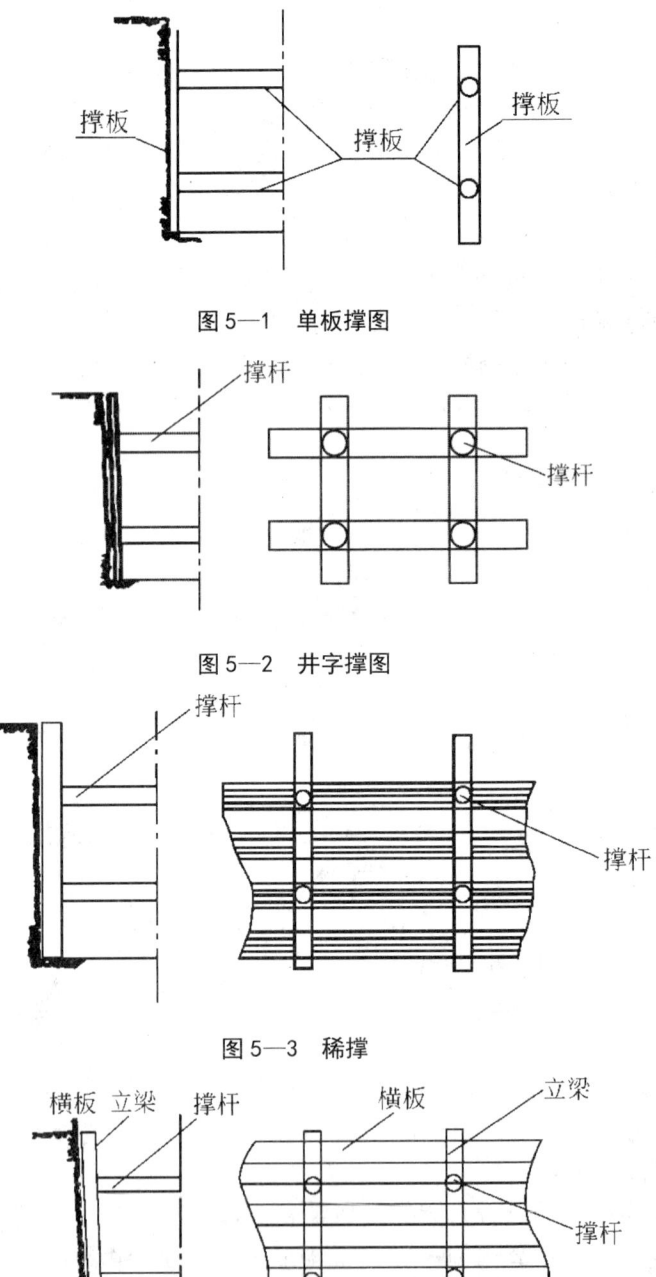

图5—1　单板撑图

图5—2　井字撑图

图5—3　稀撑

图5—4　横板密撑

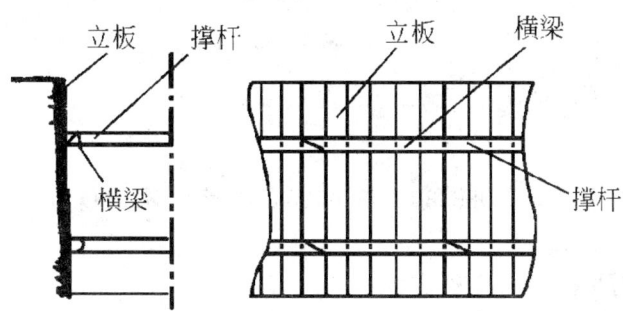

图 5—5 立板密撑

3）支护前，应将槽壁整修平整，撑板安装应密贴槽壁，立梁或横梁应紧贴撑板，撑杆应水平，支靠应紧密，连接应牢固。

4）倒撑或缓撑，必须在新撑安装牢固后，方可松动旧撑。

5）支护应紧跟沟槽挖土。槽壁开挖后应及时支护，土壤外露时间不宜超过4h。

6）沟槽土壤中应无水，有水时应采取排降水措施将水降至槽底50cm以下。

7）安设撑板并稳固后，应立即安设立梁或横梁、撑杆。

8）严禁用短木接长作撑杆。

9）槽壁出现裂缝或支护结构发生位移、变形等情况时，必须停止该部位的作业，对支护结构采取加固措施，经检查验收合格，形成文件后，方可继续施工。

第4讲 碎石压浆混凝土桩支护施工安全技术

（1）桩的成孔间距应依土质、孔深确定。

（2）施工前应根据地质条件，桩径、桩长选择适用的成孔机械。

（3）提出钻孔的钻杆必须放置稳定，并不得影响向钻孔内放钢筋笼、填注碎石和二次注浆作业与危及作业人员的安全。

（4）注浆应分二次进行：首次注浆应在钻孔达到设计高程，经空钻、清底后进行；在注浆过程中应借助浆液的浮力同步提升钻杆；桩孔内有地下水时，在注浆液面达到无塌孔危险位置以上50cm处，方可提出钻杆；向碎石的空隙内二次注浆与首次注浆的间隔时间不得超过45min。

（5）桩孔成孔后，应连续作业，及时完成支护桩施工。特殊情况不能连续施工时，孔口应采取加盖或围挡等防护措施，并设安全标志。

（6）钻孔深度达到设计高程后应空钻、清底。

（7）向钻孔内置入钢筋笼前，应检查绑扎在钢筋笼内侧的高压注浆管的牢固性、接头的严密性和喷孔的通畅性，确认合格。

（8）吊装钢筋笼应使用起重机。作业时，必须设信号工指挥。起吊前信号工应检查吊索具及其与钢筋笼的连接和环境状况，确认安全。

第5讲 土钉墙支护施工安全技术

（1）土钉钢筋宜采 HRB335 或 HRB400 级钢筋，钢筋直径宜为 16～32mm，钻孔直径宜为 70～120mm。

（2）土钉墙的墙面坡度不宜大于 1：0.1。

（3）坡面上下段钢筋网搭接长度应大于 30cm。

（4）土钉墙支护适用于无地下水的沟槽。当沟槽范围内有地下水时，应在施工前采取排降水措施降低地下水。在砂土、虚填土、房碴土等松散土质中，严禁使用土钉墙支护。

（5）土钉的长度宜为开挖深度的 0.5～1.2 倍，间距宜为 1～2m，与水平面夹角宜为 5°～20°。

（6）喷射混凝土和注浆作业人员应按规定佩戴防护用品，禁止裸露身体作业。

（7）土钉墙施工设计中，应确认土钉抗拉承载力、土钉墙整体稳定性满足施工各个阶段施工安全的要求。

（8）注浆材料宜采用水泥浆或水泥砂浆，其强度等级不宜低于 M10。

（9）喷射混凝土面层宜配置钢筋网，钢筋直径宜为 6～10mm，网间距宜为 15～30mm；喷射混凝土强度等级不宜低于 C20，面层厚度不宜小于 8cm。

（10）土钉墙支护，应先喷射混凝土面层后施工土钉。

（11）进入沟槽和支护前，应认真检查和处理作业区的危石、不稳定土层，确认沟槽土壁稳定。

（12）喷射管道安装应正确，连接处应紧固密封。管道通过道路时，应设置在地槽内并加盖保护。

（13）土钉必须和面层有效连接，应设置承压板或加强钢筋等构造措施，承压板、加强钢筋应分别与土钉螺栓、钢筋焊接连接。

（14）喷射支护施工应紧跟土方开挖面。每开挖一层土方后，应及时清理开挖面，安设骨架、挂网，喷射混凝土或砂浆，并符合下列要求。

1）骨架和挂网应安装稳固，挂网应与骨架连接牢固。

2）喷射混凝土或砂浆配比、强度应符合施工设计规定。喷射过程中，应设专人随时观察土壁变化状况，发现异常必须立即停止喷射，采取安全技术措施，确认安全后，方可继续进行。

（15）土钉墙支护应按施工设计规定的开挖顺序自上而下分层进行，随开挖随支护。

（16）施工中应随时观测土体状况，发现墙体裂缝、有坍塌征兆时，必须立即将施工人员撤出基坑、沟槽的危险区，并及时处理，确认安全。

（17）土钉宜在喷射混凝土终凝 3h 后进行施工，并符合下列要求。
1）钻孔过程应连续完成。作业时，严禁人员触摸钻杆。
2）搬运、安装土钉时，不得碰撞人、设备。
3）土钉类型、间距、长度和排列方式应符合施工设计的规定。
（18）钻孔完成后应及时注浆，并符合下列要求。
1）作业和试验人员应按规定佩戴安全防护用品，严禁裸露身体作业。
2）作业中注浆罐内应保持一定数量的浆液，防止放空后浆液喷出伤人。
3）作业中遗洒的浆液和刷洗机具、器皿的废液，应及时清理，妥善处置。
4）注浆机械操作工和浆液配制人员，必须经安全技术培训，考核合格方可上岗。
5）注浆初始压力不得大于 0.1MPa。注浆应分级、逐步升压至控制压力。填充注浆压力宜控制在 0.1~0.3MPa。
6）浆液原材料中有强酸、强碱等材料时，必须储存在专用库房内，设专人管理，建立领发料制度，且余料必须及时退回。
7）注浆的材料、配比和控制压力等，必须根据土质情况、施工工艺、设计要求，通过试验确定。浆液材料应符合环境保护要求。
8）使用灰浆泵应符合下列要求。
①作业后应将输送管道中的灰浆全部泵出，并将泵和输送管道清洗干净。
②作业前应检查并确认球阀完好，泵内无干硬灰浆等物，各连接件紧固牢靠，安全阀已调到预定安全压力。
③故障停机时，应先打开泄浆阀使压力下降，再排除故障。灰浆泵压力未达到零时，不得拆卸空气室、安全阀和管道。
（19）施工中每一工序完成后，应隐蔽验收，确认合格并形成文件后，方可进入下一工序。
（20）遇有不稳定的土体，应结合现场实际情况采取防塌措施，并应符合下列要求。
1）土钉支护宜与预应力锚杆联合使用。
2）施工中应加强现场观测，掌握土体变化情况，及时采取应急措施。
3）支护面层背后的土层中有滞水时，应设水平排水管，并将水引出支护层外。
4）在修坡后应立即喷射一层砂浆、素混凝土或挂网喷射混凝土，待达到规定强度后方可设置土钉。
（21）土钉墙的土钉注浆和喷射混凝土层达到设计强度的 70% 后，方可开挖下层土方。

第6讲 地下连续墙支护施工安全技术

（1）用泥浆护壁挖槽施工的地下连续墙，应先构筑导墙。导墙应能满足地下连续墙的施工导向、蓄积泥浆并维持其表面高度、支承挖槽机械设备和其他荷载、维护槽顶表土层的稳定和阻止地面水流入沟槽的要求。

（2）地下连续墙支护的施工设计应遵守现行《建筑基坑支护技术规程》（JGJ 120-2012）的有关规定。

（3）导墙的构造应符合下列要求。

1）导墙支撑应每隔 1～1.5m 距离设置。

2）导墙宜采用钢筋混凝土材料构筑，混凝土强度等级不宜低于 C20。

3）导墙的平面轴线应与地下连续墙轴线平行，两导墙的内侧间距宜比地下连续墙体厚度大 4～6cm。

4）导墙底端埋入土内深度宜大于 1m，基底土层应夯实，遇特殊情况应妥善处理。导墙顶面应高出地面，遇地下水位较高时，导墙顶端应高出地下水位。墙后应填土，并与墙顶平齐，全部导墙顶面应保持水平。内墙面应保持垂直。

（4）地下连续墙支护必须具备施工区域内完整的工程地质、水文地质和建（构）筑物结构状况的资料。

（5）导墙施工应符合下列要求。

1）安装预制块导墙时，块件连接处应严密，防止渗漏。

2）导墙混凝土强度达到设计规定后，方可开挖该导墙槽段下的土方。

3）混凝土导墙浇筑和养护时，重型机械、车辆不得在其附近作业。

4）导墙分段施工时，段落划分应与地下连续墙划分的节段错开。

5）导墙土方开挖后，直至导墙混凝土浇筑前，必须在导墙槽边设围挡或护栏和安全标志。

（6）槽壁式地下连续墙的沟槽开挖应符合下列要求。

1）开挖到槽底设计高程后，应对成槽质量进行检查，确认符合技术规定并记录。

2）现场应设泥浆沉淀池，周围应设防护栏杆；废弃泥浆和钻渣，应妥善处理，不得污染环境。

3）开挖前应按已划分的单元节段，决定各段开挖先后次序。挖槽开始后应连续进行，直至节段完成。

4）挖掘的槽壁和接头处应竖直，竖直度允许偏差应符合技术规定；接头处相邻两槽段中心线在任一深度的偏差值不得大于墙厚的 1/3。

5）成槽机械开挖一定深度后，应立即输入调好的泥浆，并保持槽内浆面不低于导墙顶面 30cm。泥浆浓度应满足槽壁稳定的要求，重复使用的泥浆如性能发生变化，应进行再生处理。

6）挖槽时应加强观测，遇槽壁发生坍塌、沟槽偏斜等故障时，应立即停止作业，查明原因，采取相应的安全技术措施，待确认安全后，方可继续作业。遇严重大面积坍塌，应先提出挖掘机械，待采取安全技术措施，确认安全后方可挖掘。

（7）地下连续墙沟槽开挖应选择专业机械，并应符合下列要求。

1）作业前，应检查挖槽机械状况，经试运行，确认合格。

2）施工前应划定作业区，非施工人员不得入内。

3）施工场地应平整、坚实。

4）挖槽机械应安装稳固。

（8）槽段清底应在吊放接头装置前进行，并应符合下列要求。

1）清底工作应包括清除槽底沉淀的泥渣和置换槽中的泥浆。

2）清理槽底和置换泥浆工作结束 1 小时后，应检查槽底以上 20cm 处的泥浆密度，确认符合施工设计的规定；并检查槽底沉淀物厚度，确认符合施工设计的要求。

3）清底前应检查节段平面、横截面和竖面位置。遇槽壁竖向倾斜、弯曲和宽度不足等超过允许偏差时，应进行修槽，并确认符合要求。节段接头处应用刷子或高压射水清扫。

（9）挖槽前应完成准备工作，保持挖槽和浇筑混凝土施工正常连续进行。

第7讲 沉井施工安全技术

（1）沉井的制作高度不宜使重心离地太高，以不超过沉井短边或直径的长度为宜。一般不应超过 12m。特殊情况需要加高时，必须有可靠的计算数据，并采取必要的技术措施。

（2）沉井顶部周围应设防护栏杆。井内的水泵、水力机械管道等设施，必须架设牢固，以防坠落伤人。

（3）采用套井与触变泥浆法施工时，套井四周应设置防护设施。

（4）抽承垫木时，应有专人统一指挥，分区域，按规定顺序进行。并在抽承垫木及下沉时，严禁人员从刃脚、底梁和隔墙下通过。

（5）潜水员的增、减压规定及有关职业病的防治，应按照有关规定进行。

（6）空压机的贮气罐应设有安全阀，输气管道编号，供气控制应有专人负责，在有潜水员工作时，应有滤清器，进气口应设置在能取得洁净空气处。

（7）沉井下沉采用加载助沉时，加载平台应经过计算，加载或卸载范围内，应停止其他作业。

（8）沉井下沉前应把井壁上拉杆螺栓和圆钉割掉。特别在不排水下沉时，应全部清除井内障碍和插筋，以防割破潜水员的潜水服。

（9）当沉井面积较大，采用不排水下沉时，在井内隔墙上应设有潜水员通行的预留孔。井内应搭设专供潜水员使用的浮动操作平台。

(10) 沉井的内外脚手，如不能随同沉井下沉时，应和沉井的模板、钢筋分开。井字架、扶梯等设施均不得固定在井壁上，以防沉井突然下沉时被拉倒发生事故。

(11) 浮运沉井的防水围壁露出水面的高度，在任何情况下均不得小于 1m。

(12) 沉井在淤泥质黏土或亚黏土中下沉时，井内的工作平台应用活动平台，严禁固定在井壁、隔墙和底梁上。沉井发生突然下沉，平台应能随井内涌土上升。

(13) 采用抓斗抓土时，井孔内的人员和设备应事前撤出，如不撤出，应采取有效的安全措施进行妥善保护。

(14) 沉井下沉时，在四周的影响区域内，不应有高压电线杆、地下管道、固定式机具设备和永久性建筑物，否则应采取安全措施。

(15) 采用人工挖土机械运输时，土斗装满后，待井下工人躲开，并发出信号，方可起吊。

(16) 沉井如由不排水转换为排水下沉时，抽水后应经过观测，确认沉井已经稳定，方允许下井作业。

(17) 采用水力机械时，井内作业面与水泵站应建立通信联系。水力机械的水枪和吸泥机应进行试运转，各连接处应严密不漏水。

(18) 采用井内抽水强制下沉时，井上人员应离开沉井，不能离开时，应采取安全措施。

(19) 沉井水下混凝土封底时，工作平台应搭设牢固，导管周围应有栏杆。平台周围应有栏杆。平台的荷载除考虑人员、机具重量外，还应考虑漏斗和导管堵塞后，装满混凝土时的悬吊重量。

第 2 单元 建筑降水、排水工程专项安全施工技术

第 1 讲 基本要求

(1) 排降水结束后，集水井、管井和井点孔应及时填实，恢复地面原貌或达到设计要求。

(2) 现场施工排水，宜排入已建排水管道内。排水口宜设在远离建（构）筑物的低洼地点并应保证排水畅通。

(3) 施工期间施工排降水应连续进行，不得间断。构筑物、管道及其附属构筑物未具备抗浮条件时，不得停止排降水。

(4) 施工排水不得在沟槽、基坑外漫流回渗，危及边坡稳定。

(5) 排降水机械设备的电气接线、拆卸、维护必须由电工操作，严禁非电工操作。

(6) 施工现场应备有充足的排降水设备，并宜设备用电源。

(7) 施工降水期间，应设专人对临近建（构）筑物、道路的沉降与变位进行

监测，遇异常征兆，必须立即分析原因，采取防护、控制措施。

（8）对临近建（构）筑物的排降水方案必须进行安全论证，确认能保证建（构）筑物、道路和地下设施的正常使用和安全稳定，方可进行排降水施工。

（9）采用轻型井点、管井井点降水时，应进行降水检验，确认降水效果符合要求。降水后，通过观测井水位，确认水位符合施工设计规定，方可开挖沟槽或基坑。

第2讲 排水井排水

（1）采用明沟排水，排水井宜布置在管道和构筑物基础的范围以外，并不得扰动地基。当构筑物基坑面积较大或基坑底部呈倒锥形时，可在基坑范围内设置，但应使排水井井筒与基础紧密连接，并在终止排水时，便于采取封堵的安全措施。

（2）采用明沟排水，不得扰动地基，并应保证沟槽、基坑边坡的稳定。

（3）修建排水井应符合下列要求：

1）排水井应设安全梯；

2）排水井井底高程，应保证水泵吸水口距动水位以下不小于50cm；

3）排水井处于细砂、粉砂等砂土层时，井底应采取过滤或封闭措施；

4）排水井应根据土质、井深情况对井壁采取支护措施；

5）排水井进水口处土质不稳定时，应采取支护措施；

6）安装预制井筒时，井内严禁有人。

（4）排水井应在沟槽、基坑土方开挖至地下水位以下前建成。

（5）排水沟开挖过程中，遇土质不良，应采取护坡技术措施，保持排水沟和沟槽、基坑的边坡稳定。

（6）排水井内掏挖土方应符合下列要求：

1）井内环境恶劣时，人工掏挖应轮换作业，每次下井时间不宜大于1h；掏挖作业时，井上应设专人监护；

2）上、下排水井应走安全梯；

3）掏挖过程中，应随时观察土壁和支护的变形、稳定情况，发现土壁有坍塌征兆和支护位移、井筒裂缝和歪斜现象，必须立即停止作业，并撤至地面安全地带，待采取措施，确认安全后方可继续作业；

4）在孔口1m范围内不得堆土（泥）。

（7）排水沟应随沟槽基坑的开挖及时超前开挖，其深度不宜小于30cm，并保持排水通畅。

第3讲 地表水排除

(1) 潜水泵运转中 30m 水域内，人、畜不得入内。

(2) 离心泵运转中严禁人员从机上越过。

(3) 进入水深超过 1.2m 水域作业时，必须选派熟悉水性的人员，并应采取防止发生溺水事故的措施。

(4) 施工现场水域周围应设护栏和安全标志。

(5) 离心式水泵吸水口应设网罩，且距动水位不得小于 50cm；潜水泵泵体距动水位不得小于 50cm。严禁潜水泵陷入污泥中运行。

第4讲 管井井点降水

(1) 成孔后，应及时安装井管。由于条件限制，不能及时安装时，必须安设围挡、防护栏杆等安全防护设施和安全标志。

(2) 电缆不得与井壁或其他尖利物摩擦遭受损伤。

(3) 管井井口必须高出地面，不得小于 50cm。井口必须封闭，并设安全标志。当环境限制不允许井口高出地面时，井口应设在防护井内；防护井井盖应与地面同高；防护井必须盖牢。

(4) 向井管内吊装水泵时，应对准井管，不得将手脚伸入管口，严禁用电缆做吊绳。

(5) 井管安装时，吊点位置应正确，吊绳必须拴系牢固，并用控制绳保持井管平衡。向孔内下井管时，严禁手脚伸入管与孔之间。

(6) 使用深井泵应符合下列要求。

1) 泵在试运转过程中，有明显声响、不出水、出水不连续和电流超过额定值等情况，应停泵查明原因，排除故障后方可投入使用。

2) 停泵前应先关闭出水阀，再切断电源，锁闭闸箱。

3) 深井泵抽水的含砂量应低于 0.01%。

4) 泵在运转过程中，应经常观察井中水位变化，水泵的 1~2 级叶轮应浸入动水位 1m 以下。

第5讲 轻型井点降水

(1) 高压水冲孔成型应符合下列要求。

1) 冲孔水压应从 0.2MPa 开始，逐步调试至控制压力值。冲孔过程中，不得超过控制压力，且不宜大于 1.0MPa。

2) 冲孔时应设专人指挥,并划定作业区。非操作人员不得入内。

3) 施工场地应平整、坚实,道路通畅,作业空间应满足冲孔机械设备操作的要求。

4) 作业中,严禁高压水枪对向人、设备、建(构)筑物。

5) 现场应设泥水沉淀池,冲孔排出的泥水,不得任意漫流。

6) 严禁在架空线路下方及其附近进行冲孔作业;在电力架空线路一侧冲孔时,应符合施工用电安全要求。

7) 吊管时,吊点位置应正确,吊索栓系必须牢固,保持吊装稳定;吊管下方禁止有人。

(2) 拔除井点管时应先试拔,确认松动后,方可将井管抽出,不得强拔、斜拔。

(3) 降水过程中,应按技术要求观测其真空度和井水位,发现异常应及时采取技术措施,保持正常降水。

(4) 井点管、干管、机、泵接头安装应严密。真空度应满足降水要求;滤管的顶部高程应在设计动水位以下且不得小于50cm。

(5) 多层井点拆除,必须自底层开始逐层向上进行。当拆除下层井点时,上层井点不得中断抽水。

六、砂井降水

(1) 当钻孔采用套管成孔,吊拔套管时,应垂直向上,边吊拔边填砂滤料,不得一次填满后吊拔。吊拔困难时,应先松动后方可继续吊拔,不得强拔。

(2) 砂井中滤料回填后,道路范围内的砂井上端,应恢复原道路结构;道路以外的砂井上端应夯填厚度不小于50cm的非渗透性材料,并与地面同高。

第3单元 脚手架工程专项安全施工技术

第1讲 基本要求

(1) 大雾及雨、雪天气和6级以上大风时,不得进行脚手架上的高处作业。雨、雪天后作业,必须采取安全防滑措施。

(2) 搭设作业,应按以下要求作好自我保护和保护好作业现场人员的安全。

1) 架上作业人员应作好分工和配合,传递杆件应掌握好重心,平稳传递。不要用力过猛,以免引起人身或杆件失衡。对每完成的一道工序,要相互询问并确认后才能进行下一道工序。

2) 作业人员应佩戴工具袋，工具用后装于袋中，不要放在架子上，以免掉落伤人。

3) 在架上作业人员应穿防滑鞋和佩挂好安全带。保证作业的安全，脚下应铺设必要数量的脚手板，并应铺设平稳，且不得有探头板。当暂时无法铺设落脚板时，用于落脚或抓握、把（夹）持的杆件均应为稳定的构架部分，着力点与构架节点的水平距离应不大于 0.8m，垂直距离应不大于 1.5m。位于立杆接头之上的自由立杆（尚未与水平杆连接者）不得用作把持杆。

4) 每次收工以前，所有上架材料应全部搭设上，不要存留在架子上，而且一定要形成稳定的构架，不能形成稳定构架的部分应采取临时撑拉措施予以加固。

5) 架设材料要随上随用，以免放置不当时掉落。

6) 在搭设作业进行中，地面上的配合人员应避开可能落物的区域。

（3）操作人员应持证上岗。操作时必须佩戴安全帽，系好安全带，穿防滑鞋。

（4）架上作业时的安全注意事项。

1) 作业时应注意随时清理落在架面上的材料，保持架面上规整清洁，不要乱放材料、工具，以免影响作业的安全和发生掉物伤人。

2) 作业前应注意检查作业环境是否可靠，安全防护设施是否齐全有效，确认无误后方可作业。

3) 当架面高度不够、需要垫高时，一定要采用稳定可靠的垫高办法，且垫高不要超过 50cm；超过 50cm 时，应按搭设规定升高铺板层。在升高作业面时，应相应加高防护设施。

4) 在进行撬、拉、推等操作时，要注意采取正确的姿势，站稳脚跟，或一手把持在稳固的结构或支持物上，以免用力过猛身体失去平衡或把东西甩出。在脚手架上拆除模板时，应采取必要的支托措施，以防拆下的模板材料掉落架外。

5) 严禁在架面上打闹戏耍、退着行走和跨坐在外防护横杆上休息。不要在架面上抢行、跑跳，相互避让时应注意身体不要失衡。

6) 在架面上运送材料经过正在作业中的人员时，要及时发出"请注意"、"请让一让"的信号。材料要轻搁稳放，不许采用倾倒、猛磕或其他匆忙卸料方式。

（5）在脚手架上进行电气焊作业时，要铺铁皮接着火星或移去易燃物，以防火星点着易燃物，并应有防火措施。一旦着火时，及时予以扑灭。

（6）脚手架搭设作业时，应按形成基本构架单元的要求逐排、逐跨和逐步地进行搭设，矩形周边脚手架宜从其中的一个角部开始向两个方向延伸搭设。确保已搭部分稳定。门式脚手架以及其他纵向竖立面刚度较差的脚手架，在连墙点设置层宜加设纵向水平长横杆与连接件连接。

（7）其他安全注意事项。

1) 除搭设过程中必要的 1~2 步架的上下外，作业人员不得攀缘脚手架上下，应走房屋楼梯或另设安全人梯。

2) 运送杆配件应尽量利用垂直运输设施或悬挂滑轮提升，并绑扎牢固。尽量避免或减少用人工层层传递。

3）作业人员要服从统一指挥，不得自行其是。

4）在搭设脚手架时，不得使用不合格的架设材料。

（8）钢管脚手架的高度超过周围建筑物或在雷暴较多的地区施工时，应安设防雷装置。其接地电阻应不大于4Ω。

（9）架上作业应按规范或设计规定的荷载使用，严禁超载。并应遵守如下要求。

1）架面荷载应力求均匀分布，避免荷载集中于一侧。

2）垂直运输设施（如物料提升架等）与脚手架之间的转运平台的铺板层数和荷载控制应按施工组织设计的规定执行，不得任意增加铺板层的数量和在转运平台上超载堆放材料。

3）脚手架的铺脚手板层和同时作业层的数量不得超过规定。

4）过梁等墙体构件要随运随装，不得存放在脚手架上。

5）作业面上的荷载，包括脚手板、人员、工具和材料，当施工组织设计无规定时，应按规范的规定值控制，即结构脚手架不超过 $3kN/m^2$；装修脚手架不超过 $2kN/m^2$；维护脚手架不超过 $1kN/m^2$。

6）较重的施工设备（如电焊机等）不得放置在脚手架上。严禁将模板支撑、缆风绳、泵送混凝土及砂浆的输送管等固定在脚手架上及任意悬挂起重设备。

（10）架上作业时，不要随意拆除安全防护设施，未有设置或设置不符合要求时，必须补设或改善后，才能上架进行作业。

（11）架上作业时，不要随意拆除基本结构杆件和连墙件，因作业的需要必须拆除某些杆件和连墙点时，必须取得施工主管和技术人员的同意，并采取可靠的加固措施后方可拆除。

（12）脚手架拆除作业前，应制订详细的拆除施工方案和安全技术措施。并对参加作业全体人员进行技术安全交底，在统一指挥下，按照确定的方案进行拆除作业，注意事项如下。

1）拆卸脚手板、杆件、门架及其他较长、较重、有两端联结的部件时，必须要两人或多人一组进行。禁止单人进行拆卸作业，防止把持杆件不稳、失衡而发生事故。拆除水平杆件时，松开联结后，水平托持取下。拆除立杆时，在把稳上端后，再松开下端联结取下。

2）多人或多组进行拆卸作业时，应加强指挥，并相互询问和协调作业步骤，严禁不按程序进行的任意拆卸。

3）拆卸现场应有可靠的安全围护，并设专人看管，严禁非作业人员进入拆卸作业区内。

4）因拆除上部或一侧的附墙拉结而使架子不稳时，应加设临时撑拉措施，以防因架子晃动影响作业安全。

5）一定要按照先上后下、先外后里、先架面材料后构架材料、先辅件后结构件和先结构件后附墙件的顺序,一件一件地松开联结,取出并随即吊下(或集中到毗邻的未拆的架面上,扎捆后吊下)。

6)严禁将拆卸下的杆部件和材料向地面抛掷。已吊至地面的架设材料应随时运出拆卸区域,保持现场文明。

(13)脚手架立杆的基础(地)应平整夯实,具有足够的承载力和稳定性。设于坑边或台上时,立杆距坑、台的上边缘不得小于1m,且边坡的坡度不得大于土的自然安息角,否则,应作边坡的保护和加固处理。脚手架立杆之下必须设置垫座和垫板。

(14)搭设和拆除作业中的安全防护。

1)设置材料提上或吊下的设施,禁止投掷。
2)在无可靠的安全带扣挂物时,应拉设安全网。
3)对尚未形成或已失去稳定结构的脚手架部位加设临时支撑或拉结。
4)作业现场应设安全围护和警示标志,禁止无关人员进入危险区域。

(15)作业面的安全防护。

1)脚手架的作业面的脚手板必须满铺,不得留有空隙和探头板。脚手板与墙面之间的距离一般不应大于20cm。脚手板应与脚手架可靠拴结。

2)作业面的外侧立面的防护设施视具体情况可采用:
①其他可靠的围护办法;
②二道防护栏杆绑挂高度不小于1m的竹笆;
③挡脚板加二道防护栏杆;
④二道防护横杆满挂安全立网。

(16)临街防护视具体情况可采用以下两种方法。

1)视临街情况设安全通道。通道的顶盖应满铺脚手板或其他能可靠承接落物的板篷材料。篷顶临街一侧应设高于篷顶不小于1m的墙,以免落物又反弹到街上。
2)采用安全立网、竹笆板或帆布将脚手架的临街面完全封闭。

(17)人行和运输通道的防护。

1)上下脚手架有高度差的入口应设坡度或踏步,并设栏杆防护。
2)贴近或穿过脚手架的人行、运输通道必须设置板篷。

(18)脚手架搭设或拆除人员必须由符合原劳动部颁发的《特种作业人员安全技术培训考核管理规定》经考核合格,领取《特种作业人员操作证》的专业架子工进行。

(19)吊挂架子的防护。当吊、挂脚手架在移动至作业位置后,应采取撑、拉措施将其固定或减少其晃动。

第2讲 竹脚手架搭设与拆除施工安全技术

一、竹脚手架搭设的安全技术要求

(1) 根据建筑物的平面几何形状和搭设高度，确定脚手架的搭设形式及各部分如斜道、上料平台架等的位置。夯实搭设脚手架范围内的回填土。

(2) 施工程序。

确定立杆位置→挖立杆坑→竖立杆→绑大横杆→绑顶撑→绑小横杆→铺脚手板→绑栏杆→绑抛撑、斜撑、剪刀撑等→设置连墙点→搭设安全网。

1) 绑小横杆：

小横杆绑扎在立杆上。采用竹笆、木或钢筋网预制脚手板，小横杆应置于大横杆之下；采用纵向支承的脚手板，小横杆应置于大横杆之上。

2) 竖立杆：

先竖里排两端头的立杆，再立中间立杆，外排立杆照里排立杆依次进行。立杆竖好后，应纵向成行，横向成方，杆身垂直。立杆弯曲时，其弯曲面应顺纵向方向，既不能朝墙面也不能背墙面，以保证大横杆能与立杆接触良好。

3) 绑大横杆：

脚手架两端大横杆的大头应朝外。绑扎第一步架的大横杆时，应检查立杆是否埋正、埋牢。同一步架的大横杆大头朝向应一致，上下相邻两步架的大横杆大头朝向应相反，以增强脚手架的整体稳定。

4) 扫地杆：

脚手架的搭设高度较小，地基为岩石等坚硬土层时，可不挖立杆坑，直接在地面上竖立杆，在立杆底部加绑扫地杆。

5) 绑顶撑：

顶撑并立在立杆旁，与立杆绑扎三道，顶住顶紧小横杆。脚手架的小横杆在大横杆之下时，则必须设置顶撑。顶撑应选用整根竹竿，不允许接长。上下顶撑应保持在同一直线上，底层顶撑下端应支承在夯实地面的垫块上，如砖、木等。其他各层顶撑下端不得加垫块。

6) 立杆坑：坑深300~500mm，坑口直径较立杆直径大100mm。坑底直径稍大于坑口直径，这样可容纳较多的回填土，坑口自然土破坏较少，易于将立杆挤紧，埋设稳固。

7) 铺脚手板：

横铺脚手板绑扎在搁栅上，直铺脚手板绑扎在小横杆上。操作层脚手板必须满铺，直铺脚手板搭接必须在小横杆处。

8) 搭设安全网：

按照建筑施工安全网搭设安全技术要求进行。

9）设置连墙点：

脚手架高度超过 7m 时，随搭设脚手架随设置连墙点。整体脚手架向里的倾斜度为 1%，脚手架全高倾斜不允许大于 150mm，严禁向外倾斜。

10）绑抛撑、斜撑、剪刀撑：

脚手架搭设至三步架以上时，即应绑扎抛撑、斜撑（脚手架长 15m 以内）、剪刀撑（脚手架长超过 15m）。

（3）双排外脚手架安全技术要求。

1）立杆必须按规定进行接长，相邻两立杆的接头应上下错开一个步距。

2）为使接长后的立杆位于同一平面内，上下立杆的接头应沿纵向左右错开。竹竿存在弯曲时，应将弯曲部分弯向脚手架纵向。

3）小横杆：小横杆垂直于墙面，绑扎在立杆上。采用竹笆或木、钢筋网预制脚手板，小横杆应置于大横杆下；采用纵向支撑的脚手板，小横杆位于大横杆之上。操作层的小横杆应加密间距：砌筑用脚手架不大于 0.5m；装饰用脚手架不大于 0.75m。

4）立杆的垂直偏差：脚手架顶端向内水平倾斜不得大于架高 1/250、且不大于 100mm，不得向外倾斜。

5）大横杆：大横杆绑扎在立杆的内侧，沿纵向平放。大横杆必须按规定进行接长，接头置于立杆处，接头位置应上下、里外错开一倍的立杆纵距。

同一排大横杆的水平偏差不得大于脚手架总长度的 1/300，且不大于 200mm。

6）斜撑：斜撑设置在脚手架外侧转角处，与地面成 45°角倾斜。斜撑底端埋入土中深度不小于 0.3m，底脚距立杆纵距为 700mm。脚手架纵向长度小于 15m 或架高小于 10m，可设置斜撑代替剪刀撑，从下而上连续设置，呈"之"字形。

7）顶撑：顶撑应并立在立杆边顶住小横杆，与立杆必须绑扎三道。

8）立杆：立杆应小头朝上，上下垂直。搭设到建筑物顶端时，里排立杆要求低于檐口 0.4~0.5m；外排立杆要求高出檐口，其中平屋顶为 1~1.2m，坡屋顶不小于 1.5m。最后一根立杆应小头朝下，为使立杆顶端齐平，可将高出立杆向下错动。

9）连墙点：连墙点设置在立杆与横杆交点附近，呈梅花形交错布置，将脚手架连接在建筑物上，连接处既要承受拉力也要承受压力。两排连墙点的垂直距离为 2~3 步架高，但不大于 4m，两排连墙点的水平距离不大于 4 倍立杆纵距。转角两侧立杆和预排架必须设置连墙点。混凝土结构墙、梁、柱部位，可预埋钢筋环或膨胀螺栓；混合结构承重砖墙部位可在墙内侧布置短竹竿，用 8 号镀锌铁丝双股穿过钢筋环或将短竹竿与内侧立杆绑牢，承受拉力。利用小横杆顶住墙面，承受压力。窗洞口处采用 2 根竹竿夹墙，将小横杆与夹墙杆绑扎，以承受拉力和压力。

10）剪刀撑：剪刀撑设置在脚手架外侧，是与地面成 45°~60°的交叉杆件，从下至上与脚手架其他杆件同步搭设。杆件的交叉点要互相绑扎，与立杆相交处绑扎点间距不得大于 4.5m。脚手架端头、转角和中间每隔 10m 净距设置一道剪刀撑，宽度为 4 倍立杆纵距。可以根据需要设置间断式剪刀撑或纵向连续式剪刀撑，剪刀撑的最大跨度不得超过 4 倍的立杆纵距。剪刀撑的斜杆底脚埋入土中深度不得小于 0.3m。

11）抛撑：抛撑与地面成 45°～60°。脚手架搭设到 3 步架高，而墙面暂时无法设置连墙点，其架高低于 10m 时，每隔 5～7 根立杆应设置抛撑一道。抛撑底脚埋入土中深度不得小于 0.5m。

12）格栅：格栅应设在小横杆上，间距不大于 0.25m。格栅绑扎在小横杆上，搭接处竹竿应头搭头，梢搭梢，搭接端应在小横杆上，伸出 200～300mm。

13）护栏和挡脚板：脚手架搭设到三步架以上，操作层必须设防护栏和挡脚板，护栏高 1.2m，挡脚板高不小于 0.18m。也可以加设一道 0.2～0.4m 高的低护栏代替挡脚板。

14）脚手板：横铺脚手板铺设在格栅上，直铺脚手板铺设在小横杆上。操作层脚手板必须铺满，每块脚手板用铁丝与格栅、小横杆绑牢。直铺脚手板搭接必须在小横杆上，脚手板端伸出小横杆长度为 100～150mm，靠墙边的脚手板离开墙面 120～150mm。

（4）斜道：

斜道用于人员上下和施工材料、施工工具的运输。斜道与脚手架应同步进行搭设。

斜道的搭设和安全技术要求。

1）附设于脚手架外侧的斜道，可用脚手架的外立杆兼作斜道里排立柱，斜道内立柱应加密，纵距缩小。

2）斜道两侧及平台外侧应设剪刀撑。沿斜道纵向每隔 6～7 根立杆设一道抛撑，高度超过 7m，可将抛撑附设于脚手架外侧，同时应适当加密脚手架的连墙点。

3）人行斜道坡度宜为 1∶3，宽度不小于 1m；运料斜道坡度宜为 1∶6，宽度不小于 1.5m。平台面积不小于 3m²。

4）斜道两侧及转角平台外围应设防护栏杆和挡脚板。

5）斜横杆间距 300mm，靠边的斜横杆与立杆绑扎，中间的斜横杆与小横杆绑扎。

6）脚手架高 4 步以下，可搭设一字形斜道或中间设休息平台的上折形斜道；脚手架高 4 步以上，搭设之字形斜道，转弯处设休息平台。

7）斜道脚手板顺铺时，脚手板直接铺在小横杆上，小横杆绑扎在斜横杆上，间距不大于 1m，脚手板接头处应设双根小横杆，搭接长度不小于 400mm。斜道脚手板横铺或铺竹笆及木，钢筋网预制脚手板时，脚手板平铺在斜横杆上，斜横杆绑扎在小横杆上，斜横杆的水平距离应小于 200mm。斜道脚手板上每隔 300mm 设置一道防滑条。

（5）满堂脚手架。

1）设水平斜撑与横杆成 45°，绑扎在立杆上。每道水平斜撑水平间距为 5 根立杆，垂直间距为三步架高。

2）横向水平杆绑扎在立杆上，纵向水平杆每隔一步架绑扎一道。

3）操作层脚手板必须满铺，四边的脚手板与横杆绑牢。

4）满堂脚手架高度大于其短边长度 2 倍时，应与建筑物采取可靠的连接措施，如用连墙点以保证整架的稳定。

5）满堂脚手架搭设先立四角的立杆，再立四周的立杆，最后立中间的立杆，必须保证纵横向立杆距离相等。立杆底部应垫垫木，垫木规格应满足使用的要求。

6）满堂脚手架四角设抱角斜撑，四边每隔四排立杆沿纵向设一道剪刀撑。斜撑和剪刀撑均须由底到顶连续设置。剪刀撑宽度为 3 倍立杆纵距。

7）爬梯绑扎牢固，供人员上下、上料井口四边应设安全栏杆。

（6）上料平台架的搭设和安全技术要求

1）上料平台架的四周垂直面应自下至上设置连续剪刀撑。每五步架高设一道，每度剪刀撑的顶部应设置水平剪刀撑。

2）上料平台架立杆布置方格，横向常用 4 根立杆，纵向根据所需长度确定立杆数，但不得少于 4 根。

3）上料平台架高不超过 10m 时，顶部设一组缆风绳（4～6 根缆风绳），每增高 7m 加设一组缆风绳。缆风绳宜选用直径不小于 10mm 的钢丝绳。

4）沿平台架横向设置大横杆，纵向外侧立杆每步架设一水平拉杆，纵向里排立杆每两步架设一水平拉杆。

5）脚手板应满铺、铺稳、绑扎牢固。

6）上料平台架封顶时，立杆大头应朝上，四周立杆必须高出顶层脚手板 1.2～1.4m，以绑扎防护栏杆和挡脚板。里排立杆应低于脚手板下表面，而上表面小横杆取齐。

二、竹脚手架拆除的安全技术要求

（1）脚手架拆除时，作业区及进出口处必须设置警戒标志，派专人指挥，严禁非作业人员进入。

（2）施工完毕由专业架子工拆除脚手架。

（3）脚手架拆除必须自上而下按顺序进行，先绑的后拆，后绑的先拆。拆除顺序：栏杆→脚手板→剪刀撑→斜撑→小横杆→大横杆→立杆等。严禁上下同时进行拆除作业，严禁采用推倒或拉倒的方法进行拆除。

（4）拆除的杆件应自上而下传递或利用滑轮和绳索运送，不得从架子上向下抛落。

（5）杆件拆除时注意事项。

1）整片脚手架拆除后的斜道、上料平台必须在脚手架拆除前进行加固，以保证其整体稳定和安全。

2）抛撑，先用临时支撑加固后，才允许拆除抛撑。

3）大横杆、剪刀撑、斜撑，先拆中间扣，托住中间再解开头扣。
4）剪刀撑、斜撑及连墙点只能在拆除层上拆除，不得一次全部拆掉。
5）立杆，先抱住立杆再解开最后两个扣。
6）特殊搭设的脚手架，应单独制定拆除方案，保证拆除工作安全进行。

第3讲　扣件式钢管脚手架搭设与拆除施工安全技术

一、扣件式钢管脚手架搭设的安全技术要求

（1）地基处理与底座安放。
1）根据脚手架的搭设高度、搭设场地土质情况，可按表5—3或根据计算要求进行地基处理。

表5—3　立杆地基基础构造

搭设高度 H /m	地基土质		
	中、低压缩性且压缩性均匀	回填土	高压缩性或压缩性不均匀
≤24	夯实原土，立杆底座置于面积不小于0.075m²的垫块、垫木上	土夹石或灰土回填夯实，立杆底座置于面积不小于0.10m²的混凝土垫块或垫木上	夯实原土，铺设宽度不小于200mm的通长槽钢或垫木
25~35	垫块、垫木面积不小于0.1m²，其余同上	砂夹石回填夯实，其余同上	夯实原土，铺厚度不小于200mm砂垫层，其余同上
36~50	垫块、垫木面积不小于0.15m²或铺通专用槽钢或木板，其余同上	砂夹石回填夯实，垫块或垫木面积不小于0.15m²或铺通专用槽钢或木板	夯实原土，铺150mm厚道渣夯实，再铺通长槽钢或垫木，其余同上

注：表中混凝土垫块厚度不小于200mm；垫木厚度不小于50mm。

当脚手架搭设在结构楼面、挑台上时，立杆底座下应铺设垫板或垫块，并对楼面或挑台等结构进行强度验算。
2）铺设垫板（块）和安放底座，并应注意以下事项：
①垫板必须铺放平稳，不得悬空；
②垫板、底座应准确地放在定位线上；
③双管立柱应采用双管底座或点焊于一根槽钢上。
3）按脚手架的柱距、排距要求进行放线、定位。

(2) 在搭设脚手架前,单位工程负责人应按施工组织设计中有关脚手架的要求,逐级向架设和使用人员进行技术交底。

1) 对钢管、扣件、脚手板等进行检查验收,不合格的构配件不得使用。

2) 清除地面杂物,平整搭设场地,并使排水畅通。

(3) 扣件式钢管脚手架的构造参数。

根据国内外的使用经验及经济合理性,单管立柱的扣件式脚手架搭设高度不宜超过 50m。50m 以上的高架有以下两种常用做法。

1) 将脚手架的下部柱距减半,较大柱距的上部高度在 35m 以下。

扣件式钢管脚手架构造参数,见表 5—4。

表 5—4 扣件式钢管脚手架构造参数

用途	构造形式	水平运输条件	立杆间距/m		操作层小横杆间距/m	大横杆步距/m	小横杆挑向墙面的悬臂长/m
			横向	纵向			
砌筑	单排	不推车	1.2~1.5	≤2	≤1.0	1.2~1.4	0.45
	双排	推车	1.5	≤1.5	≤0.75	1.2~1.4	
装修	单排	不推车	1.2~1.5	≤2	≤1.5	1.5~1.8	0.40
	双排	推车	1.5	≤1.5	≤1.0	1.6~1.8	

注:最下一步的步距可放大到 1.8m。

2) 脚手架的下部采用双管立柱,上部采用单管立柱,单管部分高度在 35m 以下。

(4) 扣件式钢管脚手架的搭设和安全技术要求。

1) 脚手架搭设顺序如下:放置纵向扫地杆→立柱→横向扫地杆→第一步纵向水平杆→第一步横向水平杆→连墙件(或加抛撑)→第二步纵向水平杆→第二步横向水平杆。

2) 搭设立柱的注意事项。

①立柱上的对接扣件应交错布置,两个相邻立柱接头不应设在同步同跨内,两相邻立柱接头在高度方向错开的距离不应小于 500mm;各接头中心距主节点的距离不应大于步距的 1/3。

②当搭至有连墙件的构造层时,搭设完该处的立柱、纵向水平杆、横向水平杆后,应立即设置连墙件。

③开始搭设立柱时,应每隔 6 跨设置一根抛撑,直至连墙件安装稳定后,方可根据情况拆除。

④外径 48mm 与 51mm 的钢管严禁混合使用。

⑤立柱搭接长度不应小于 1m,立柱顶端应高出建筑物檐口上皮高度 1.5m。

3) 搭设纵、横向水平杆的注意事项。

①搭设纵向水平杆的注意事项:

对接接头应交错布置，不应设在同步、同跨内，相邻接头水平距离不应小于500mm，并应避免设在纵向水平杆的跨中；搭接接头长度不应小于1m，并应等距设置3个旋转扣件固定，端部扣件盖板边缘至杆端的距离不应小于100mm；纵向水平杆的长度一般不宜小于3跨，并不小于6m。

②封闭型脚手架的同一步纵向水平杆必须四周交圈，用直角扣件与内、外角柱固定。

③双排脚手架的横向水平杆靠墙一端至墙装饰面的距离不应大于100mm。单排脚手架横向水平杆伸入墙内的长度不小于180mm。

④单排脚手架的横向水平杆不应设置在下列部位：设计上不允许留脚手眼的部位；砖过梁上与过梁成60°的三角形范围内；宽度小于1m的窗间墙；梁或梁垫下及两侧各500mm的范围内。

⑤砖砌体的门窗洞口两侧3/4砖和转角处1¼砖的范围内；其他砌体的门窗洞口两侧300mm和转角处600mm的范围内。

⑥独立或附墙的砖柱。

4）搭设连墙件、剪刀撑、横向支撑等注意事项。

①剪刀撑、横向支撑应随立柱、纵横向水平杆等同步搭设。

每道剪刀撑跨越立柱的根数宜在5~7根之间。每道剪刀撑宽度不应小于4跨，且不小于6m，斜杆与地面的倾角宜在45°~60°；24m以下的单双排脚手架，均必须在外侧立面的两端各设置一道剪刀撑，由底至顶连续设置；中间每道剪刀撑的净距不应大于15m。

②连墙件应均匀布置，形式宜优先采用花排，也可以并排，连墙件宜靠近主节点设置，偏离主节点的距离不应大于300mm。

连墙件必须从底步第一根纵向水平杆处开始设置，当脚手架操作层高出连墙件二步时，应采取临时稳定措施，直到连墙件搭设完后方可拆除。

③一字形、开口形双排脚手架的两端均必须设置横向支撑，中间宜每隔6跨设置一道。横向支撑的斜杆应由底至顶层呈之字形连续布置；24m以下的闭型双排脚手架可不设横向支撑，24m以上者除两端应设置横向支撑外，中间应每隔6跨设置一道。

5）扣件安装的注意事项。

①扣件螺栓拧紧扭力矩不应小于40N·m，并不大于65N·m。

②扣件规格（φ48或φ51）必须与钢管外径相同。

③主节点处，固定横向水平杆（或纵向水平杆）、剪刀撑、横向支撑等扣件的中心线距主节点的距离不应大于150mm。

④对接扣件的开口应朝上或朝内。

⑤各杆件端头伸出扣件盖板边缘的长度不应小于100mm。

6）铺设脚手板的注意事项。

①脚手板的探头应采用直径3.2mm（10号）的镀锌铁丝固定在支承杆上。

②应铺满、铺稳，靠墙一侧离墙面距离不应大于 150mm。

③在拐角、斜道平台口处的脚手板，应与横向水平杆可靠连接，以防止滑动。

7) 搭设栏杆、挡脚板的注意事项。

①上栏杆上皮高度 1.2m，中栏杆居中设置。

②栏杆和挡脚板应搭设在外立柱的内侧。

③挡脚板高度不应小于 150mm。

二、扣件式钢管脚手架拆除的安全技术

（1）拆除应符合以下要求。

1) 所有连墙件应随脚手架逐层拆除，严禁先将连墙件整层或数层拆除后再拆脚手架；分段拆除高差不应大于 2 步，如高差大于 2 步，应增设连墙件加固。

2) 拆除顺序应逐层由上而下进行，严禁上下同时作业。

3) 当脚手架采取分段、分立面拆除时，对不拆除的脚手架两端，应先设置连墙件和横向支撑加固。

4) 当脚手架拆至下部最后一根长钢管的高度（约 6.5m）时，应先在适当位置搭临时抛撑加固，后拆连墙件。

（2）卸料应符合以下要求。

1) 运至地面的构配件应按规定的要求及时检查整修与保养，并按品种、规格随时码堆存放，置于干燥通风处，防止锈蚀。

2) 各构配件必须及时分段集中运至地面，严禁抛扔。

3) 拆除脚手架时，地面应设围栏和警戒标志，并派专人看守，严禁非操作人员入内。

（3）拆除前必须完成以下准备工作。

1) 清除脚手架上杂物及地面障碍物。

2) 拆除安全技术措施，应由单位工程负责人逐级进行技术交底。

3) 全面检查脚手架的扣件连接、连墙件、支撑体系是否符合安全要求。

4) 根据检查结果，补充完善施工组织设计中的拆除顺序，经主管部门批准方可实施。

第 4 讲　门式钢管脚手架搭设与拆除施工安全技术

一、门式钢管脚手架搭设的安全技术要求

（1）门式钢管脚手架的最大搭设高度，可根据表 5—5 确定。

表 5—5　门式钢管脚手架搭设高度

施工荷载标准值/(kN/m²)	搭设高度/m
3.0～5.0	≤45
≤3.0	≤60

注：施工荷载系指一个架距内各施工层荷载的总和。

(2) 基础处理：

为保证地基具有足够的承载能力，立杆基础施工应满足构造要求和施工组织设计的要求；在脚手架基础上应弹出门架立杆位置线，垫板、底座安放位置要准确。

(3) 对脚手架的搭设场地进行清理、平整，并做好排水。

(4) 对门架配件、加固件进行检查验收，禁止使用不合格的构配件。

(5) 门式脚手架搭设程序。

1) 脚手架搭设的顺序。铺设垫木（板）→安入底座→自一端起立门架并随即装交叉支撑→安装水平架（或脚手板）→安装钢梯→安装水平加固杆→安装连墙杆→照上述步骤，逐层向上安装→按规定位置安装剪刀撑→装配顶步栏杆。

2) 脚手架的搭设，应自一端延伸向另一端，自下而上按步架设，并逐层改变搭设方向，减少误差积累。不可自两端相向搭设或相间进行，以避免结合处错位，难于连接。

3) 脚手架的搭设必须配合施工进度，一次搭设高度不应超过最上层连墙件三步或自由高度小于 6m，以保证脚手架稳定。

(6) 架设门架及配件安装注意事项。

1) 不同产品的门架与配件不得混合使用于同一脚手架。

2) 水平架或脚手板应在同一步内连续设置，脚手板应满铺。

3) 各部件的锁、搭钩必须处于锁住状态。

4) 交叉支撑、水平架、脚手板、连接棒、锁臂的设置应符合构造规定。

5) 交叉支撑、水平架及脚手板应紧随门架的安装及时设置。

6) 钢梯的位置应符合组装布置图的要求，底层钢梯底部应加设 φ42 钢管并用扣件扣紧在门架立杆上，钢梯跨的两侧均应设置扶手。每段钢梯可跨越两步或三步门架再行转折。

7) 挡脚板（笆）应在脚手架施工层两侧设置，栏板（杆）应在脚手架施工层外侧高置，栏杆、挡脚板应在门架立杆的内侧设置。

(7) 水平加固杆、剪刀撑的安装。

1) 水平加固杆采用扣件与门架在立杆内侧连牢，剪刀撑应采用扣件与门架立杆外侧连牢。

2) 水平加固杆、剪刀撑安装应符合构造要求，并与脚手架的搭设同步进行。

(8) 连墙件的安装。

1)当脚手架操作层高出相邻连墙件以上两步时,应采用临时加强稳定措施,直到连墙件搭设完毕后可拆除。

2)连墙件的安装必须随脚手架搭设同步进行,严禁搭设完毕补作。

3)连墙件应连于上、下两榀门架的接头附近。

4)连墙件埋入墙身的部分必须牢固可靠,连墙件必须垂直于墙面,不允许向上倾斜。

5)当采用一支一拉的柔性连墙构造时,拉、支点间距应不大于400mm。

(9)加固件、连墙件等与门架采用扣件连接时应满足下列要求。

1)扣件螺栓拧紧扭力矩值为45~65N·m,并不得小于40N·m。

2)扣件规格应与所连钢管外径相匹配。

3)各杆件端头伸出扣件盖板边缘长度应不小于100mm。

(10)检查验收要求。

1)脚手架搭设完毕或分段搭设完毕时应对脚手架工程质量进行检查,经检查合格后方可交付使用。

2)高度在20m及20m以下的脚手架,由单位工程负责人组织技术安全人员进行检查验收;高度大于20m的脚手架,由工程处技术负责人随工程进度分阶段组织单位工程负责人及有关的技术安全人员进行检查验收。

①脚手架工程的验收,除查验有关文件外,还应进行现场抽查。抽查应着重以下各项,并记入施工验收报告。

安全措施的杆件是否齐全,扣件是否紧固、合格;安全网的张挂及扶手的设置是否齐全;基础是否平整坚实;连墙杆的设置有否遗漏,是否齐全并符合要求;垂直度及水平度是否合格。

②验收时应具备下列文件。

必要的施工设计文件及组装图;脚手架部件的出厂合格证或质量分级合格标志;脚手架工程的施工记录及质量检查记录;脚手架搭设的重大问题及处理记录;脚手架工程的施工验收报告。

③脚手架搭设尺寸允许偏差。

脚手架的垂直度:脚手架沿墙面纵向的垂直偏差应不大于$H/400$(H为脚手架高度)及50mm;脚手架的横向垂直偏差不大于$H/600$及50mm;每步架的纵向与横向垂直度偏差应不大于$h_0/600$(h_0为门架高度)。

④脚手架的水平度。

底步脚手架沿墙的纵向水平偏差应不大于$L/600$(L为脚手架的长度)。

二、门式钢管脚手架拆除的安全技术要求

(1)工程施工完毕,应经单位工程负责人检查验证确认不再需要脚手架时,方可拆除。拆除脚手架应制订方案,经工程负责人核准后,方可进行。拆除脚手架应符合下列要求。

1)拆除脚手架前,应清除脚手架上的材料、工具和杂物。
2)脚手架的拆除,应按后装先拆的原则,按下列程序进行。
①自顶层跨边开始拆卸交叉支撑,同步拆下顶层连墙杆与顶层门架。
②拆除扫地杆、底层门架及封口杆。
③继续向下同步拆除第二步门架与配件。脚手架的自由悬臂高度不得超过三步,否则应加设临时拉结。
④连续同步往下拆卸。对于连墙件、长水平杆、剪刀撑等,必须在脚手架拆卸到相关跨门架后,方可拆除。
⑤从跨边起先拆顶部扶手与栏杆柱,然后拆脚手板(或水平架)与扶梯段,再卸下水平加固杆和剪刀撑。
⑥拆除基座,运走垫板和垫块。
(2)拆除注意事项。
1)脚手架拆除时,拆下的门架及配件,均须加以检验。清除杆件及螺纹上的污物,进行必要的整形,变形严重者,应送回工厂修整。应按规定分级检查、维修或报废。拆下的门架及其他配件经检查、修整后应按品种、规格分类整理存放,妥善保管,防止锈蚀。
2)拆除脚手架时,地面应设围栏和警戒标志,并派专人看守,严禁一切非操作人员入内。
(3)脚手架的拆卸必须符合下列安全要求。
1)拆卸连接部件时,应先将锁座上的锁板与搭钩上的锁片转至开启位置,然后开始拆卸,不准硬拉,严禁敲击。
2)拆除工作中,严禁使用榔头等硬物击打、撬挖。拆下的连接棒应放入袋内,锁臂应先传递至地面并放入室内堆存。
3)工人必须站在临时设置的脚手板上进行拆除作业。
4)拆下的门架、钢管与配件,应或捆和机械吊运或井架传送至地面,防止碰撞,严禁抛掷。

第5讲 碗扣式钢管脚手架搭设与拆除施工安全技术

一、碗扣式钢管脚手架制作质量要求

(1)碗扣式钢管脚手架钢管规格应为 $\phi 48mm \times 3.5mm$,钢管壁厚应为 $3.5+0.25_0 mm$。

(2)立杆连接处外套管与立杆间隙应小于或等于 2mm,外套管长度不得小于 160mm,外伸长度不得小于 110mm。

(3)钢管焊接前应进行调直除锈,钢管直线度应小于 $1.5L/1000$(L为使用

钢管的长度)。

(4) 焊接应在专用工装上进行。

(5) 构配件外观质量要求：

1) 钢管应平直光滑、无裂纹、无锈蚀、无分层、无结疤、无毛刺等，不得采用横断面接长的钢管；

2) 铸造件表面应光整，不得有砂眼、缩孔、裂纹、浇冒口残余等缺陷，表面粘砂应清除干净；

3) 冲压件不得有毛刺、裂纹、氧化皮等缺陷；

4) 各焊缝应饱满，焊药应清除干净，不得有未焊透、夹砂、咬肉、裂纹等缺陷；

5) 构配件防锈漆涂层应均匀，附着应牢固；

6) 主要构配件上的生产厂标识应清晰。

(6) 架体组装质量要求：

1) 立杆的上碗扣应能上下串动、转动灵活，不得有卡滞现象；

2) 立杆与立杆的连接孔处应能插入$\phi 10mm$连接销；

3) 碗扣节点上应在安装1～4个横杆时，上碗扣均能锁紧；

4) 当搭设不少于二步三跨 1.8m×1.8m×1.2m（步距×纵距×横距）的整体脚手架时，每一框架内横杆与立杆的垂直度偏差应小于5mm。

(7) 可调底座底板的钢板厚度不得小于6mm。可调托撑钢板厚度不得小于5mm。

(8) 可调底座及可调托撑丝杆与调节螺母啮合长度不得少于6扣，插入立杆内的长度不得小于150mm。

(9) 主要构配件性能指标要求：

1) 上碗扣抗拉强度不应小于30kN；

2) 下碗扣组焊后剪切强度不应小于60kN；

3) 横杆接头剪切强度不应小于50kN；

4) 横杆接头焊接剪切强度不应小于25kN；

5) 底座抗压强度不应小于100kN。

二、碗扣式钢管脚手架搭设的安全技术要求

(1) 立杆基础施工应满足要求，清除组架范围内的杂物，平整场地，做好排水处理。

(2) 脚手架搭设前，要先编制脚手架施工组织设计。明确使用荷载，确定脚手架平面、立面布置，列出构件用量表，制订构件供应和周转计划等。

(3) 所有构件，必须经检验合格后方能投入使用。

(4) 接头搭设。

1) 如发现上碗扣扣不紧，或限位销不能进入上碗扣螺旋面，应检查立杆与横杆是否垂直，相邻的两个碗扣是否在同一水平面上（即横杆水平度是否符合要求）；

下碗扣与立杆的同轴度是否符合要求；下碗扣的水平面同立杆轴线的垂直度是否符合要求；横杆接头与横杆是否变形；横杆接头的弧面中心线同横杆轴线是否垂直；下碗扣内有无砂浆等杂物充填等；如是装配原因，则因调整后锁紧；如是杆件本身原因，则应拆除，并送去整修。

2）接头是立杆同横杆、斜杆的连接装置，应确保接头锁紧。搭设时，先将上碗扣搁置在限位销上，将横杆、斜杆等接头插入下碗扣，使接头弧面与立杆密贴，待全部接头插入后，将上碗扣套下，并用榔头顺时针沿切线敲击上碗扣凸头，直至上碗扣被限位销卡紧不再转动为止。

(5) 杆件搭设顺序。

1）脚手架搭设以 3~4 人为一小组为宜，其中 1~2 人递料，另外两人共同配合搭设，每人负责一端。搭设时，要求至多二层向同一方向，或中间向两边推进，不得从两边向中间合拢搭设，否则中间杆件会因两侧架子刚度太大而难以安装。

2）在已处理好的地基或基垫上按设计位置安放立杆垫座或可调座，其上交错安装 3.0m 和 1.8m 长立杆，调整立杆可调座，使同一层立杆接头处于同一水平面内，以便装横杆。搭设顺序是：立杆底座→立杆→横杆→斜杆→接头锁紧→脚手板→上层立杆→立杆连接销→横杆。

(6) 搭设注意事项。

1）在搭设过程中，应注意调整整架的垂直度，一般通过调整连墙撑的长度来实现，要求整架垂直度小于 1/500L，但最大允许偏差为 100mm。

2）所有构件都应按设计及脚手架有关规定设置。

3）在搭设、拆除或改变作业程序时，禁止人员进入危险区域。

4）脚手架应随建筑物升高而随时设置，一般不应超出建筑物二步架。

5）连墙撑应随着脚手架的搭设而随时在设计位置设置，并尽量与脚手架和建筑物外表面垂直。

6）单排横杆插入墙体后，应将夹板用榔头击紧，不得浮放。

三、碗扣式钢管脚手架拆除的安全技术要求

(1) 拆除顺序自上而下逐层拆除，不容许上、下两层同时拆除。

(2) 当脚手架使用完成后，制订拆除方案。拆除前应对脚手架作一次全面检查，清除所有多余物件，并设立拆除区，禁止无关人员进入。

(3) 拆除的构件应用吊具吊下，或人工递下，严禁抛掷。

(4) 连墙撑只能在拆到该层时才许拆除，严禁在拆架前先拆连墙撑。

(5) 拆除的构件应及时分类堆放，以便运输、保管。

四、脚手架安全使用与管理

(1) 作业层上的施工荷载应符合设计要求，不得超载，不得在脚手架上集中

堆放模板、钢筋等物料。

（2）混凝土输送管、布料杆、缆风绳等不得固定在脚手架上。

（3）遇6级以上大风、雨雪、大雾天气时，应停止脚手架的搭设与拆除作业。

（4）脚手架使用期间，严禁擅自拆除架体结构杆件；如需拆除必须经修改施工方案并报请原方案审批人批准，确定补救措施后方可实施。

（5）严禁在脚手架基础及邻近处进行挖掘作业。

（6）脚手架应与输电线路保持安全距离，施工现场临时用电线路架设及脚手架接地防雷措施等应按国家现行标准《施工现场临时用电安全技术规范》（JGJ 46-2005）的有关规定执行。

（7）搭设脚手架人员必须持证上岗。上岗人员应定期体检，合格者方可持证上岗。

（8）搭设脚手架人员必须戴安全帽、系安全带、穿防滑鞋。

第4单元 模板工程施工专项安全施工技术

第1讲 模板安装与拆除施工安全基本要求

一、模板安装施工安全要求

（1）楼层高度超过4m或二层及二层以上的建筑物，安装和拆除钢模板时，周围应设安全网或搭设脚手架和加设防护栏杆。在临街及交通要道地区，尚应设警示牌，并设专人维持安全，防止伤及行人。

（2）模板安装必须按模板的施工设计进行，严禁任意变动。

（3）现浇整体式的多层房屋和构筑物安装上层楼板及其支架时，应符合下列要求。

1）下层楼板结构的强度要达到能承受上层模板、支撑系统和新浇筑混凝土的重量时，方可进行。否则下层楼板结构的支撑系统不能拆除，同是上下层支柱应在同一垂直线上。

2）下层楼板混凝土强度达到1.2MPa以后，才能上料具。料具要分散堆放，不得过分集中。

3）如采用悬吊模板、桁架支模方法，其支撑结构必须要有足够的强度和刚度。

（4）模板及其支撑系统在安装过程中，必须设置临时固定设施，严防倾覆。

（5）采用分节脱模时，底模的支点应按设计要求设置。

（6）模板的支柱纵横向水平、剪刀撑等均应按设计的规定布置，当设计无规定时，一般支柱的网距不宜大于2m，纵横向水平的上下步距不宜大于1.5m，纵横向的垂直剪刀撑间距不宜大于 6m。当支柱高度小于 4m 时，应设上下两道水平撑和垂直剪刀撑。以后支柱每增高 2m 再增加一道水平撑，水平撑之间还需增加剪刀撑一道。当楼层高度超过 10m 时，模板的支柱应选用长料，同一支柱的连接头不宜超过 2 个。

（7）当层间高度大于 5m 时，若采用多层支架支模，则在两层支架立柱间应铺设垫板，且应平整，上下层支柱要垂直，并应在同一垂直线上。

（8）承重焊接钢筋骨架和模板一起安装时，应符合下列要求。

1）安装钢筋模板组合体时，吊索应按模板设计的吊点位置绑扎。

2）模板必须固定在承重焊接钢筋骨架的节点上。

（9）预拼装组合钢模板采用整体吊装方法时，应注意以下要点。

1）使用吊装机械安装大块整体模板时，必须在模板就位并连接牢靠后，方可脱钩。并严格按照吊装机械使用操作安全技术的相关要求进行操作。

2）拼装完毕的大块模板或整体模板，吊装前应按设计规定的吊点位置，先进行试吊，确认无误后，方可正式吊运安装。

3）安装整块柱模板时，不得将柱子钢筋代替临时支撑。

（10）在架空输电线路下面安装和拆除组合钢模板时，吊机起重臂、吊物、钢丝绳、外脚手架和操作人员等与架空线路的最小安全距离应符合要求。

（11）支撑应按工序进行，模板没有固定前，不得进行下道工序。

（12）用钢管和扣件搭设双排立柱支架支承梁模时，扣件应拧紧，且应检查扣件螺栓的扭力矩是否符合规定，当扭力矩不能达到规定值时，可放两个扣件与原扣件挨紧。横杆步距按设计规定，严禁随意增大。

（13）支设 4m 以上的立柱模板和梁模板时，应搭设工作台，不足 4m 的，可使用马凳操作，不准站在柱模板上和在梁底板上行走，更不允许利用拉杆、支撑攀登上下。

（14）平板模板安装就位时，要在支架搭设稳固，板下楞与支架连接牢固后进行。U 形卡要按设计规定安装，以增强整体性，确保模板结构安全。

（15）墙模板在未装对拉螺栓前，板面要向内倾斜一定角度并撑牢，以防倒塌。安装过程要随时拆换支撑或增加支撑，以保持墙板处于稳定状态。模板未支撑稳固前不得松动吊钩。

（16）单片柱模板吊装时，应采用卸扣（卡环）和柱模连接，严禁用钢筋钩代替，以避免柱模翻转时脱钩造成事故，待模板立稳后并拉好支撑，方可摘除吊钩。

（17）安装墙模板时，应从内、外角开始，向互相垂直的两个方向拼装，连接模板的 U 形当模板采用分层支模时，第一层模板拼装后，应立即将内、外钢楞、穿墙螺栓、斜撑等全部安设紧固稳定。当下层模板不能独立安设支承件时，必须采取可靠的临时固定措施，否则禁止进行上一层模板的安装。

二、模板拆除施工安全要求

（1）已拆除的模板、拉杆、支撑等应及时运走或妥善堆放，严防操作人员因扶空、踏空坠落。

（2）工作前，应检查所使用的工具是否牢固，扳手等工具必须用绳链系挂在身上，工作时思想要集中，防止钉子扎脚和从空中滑落。

（3）拆除模板一般采用长撬杠，严禁操作人员站在正拆除的模板下。在拆除楼板模板时，要注意防止整块模板掉下，尤其是用定型模板做平台模板时，更要注意，防止模板突然全部掉下伤人。

（4）拆模板，应经施工技术人员按试块强度检查，确认混凝土已达到拆模强度时，方可拆除。

（5）拆模间歇时，应将已活动的模板、拉杆、支撑等固定牢固，严防突然掉落、倒塌伤人。

（6）高处、复杂结构模板的拆除，应有专人指挥和切实可靠的安全措施，并在下面标出作业区，严禁非操作人员进入作业区。操作人员应配挂好安全带，禁止站在模板的横拉杆上操作，拆下的模板应集中吊运，并多点捆牢，不准向下乱扔。

（7）拆除时应严格遵守各类模板拆除作业的安全要求。

（8）在混凝土墙体、平板上有预留洞时，应在模板拆除后，随即在墙洞上做好安全护栏，或将板的洞盖严。

第 2 讲　木模板（含木夹板）安装、拆除施工安全技术

一、木模板（含木夹板）安装安全要求

（1）安装二层或以上的外围柱、梁模板，应先搭设脚手架或挂好安全网。

（2）安装模板应按工序进行，当模板没有固定前，不得进行下一道工序作业。禁止利用拉杆、支撑攀登上路。

（3）基础及地下工程模板安装时，应先检查基坑土壁边坡的稳定情况，发现有塌方危险时，必须采取安全加固措施后，方能作业。

（4）在现场安装模板时，所用工具应装入工具袋内，防止高处作业时，工具掉下伤人。

（5）向坑内运送模板应用吊机、溜槽或绳索，运送时要有专人指挥，上下呼应。

（6）二人抬运模板时，要互相配合，协同工作。传送模板、工具应用运输工具或绳子绑扎牢固后升降，不得乱扔。

（7）采用桁架支撑应严格检查，发现桁架严重变形、螺栓松动等应及时修复。

（8）操作人员上下基坑要设扶梯。基槽（坑）上口边缘 1m 以内不允许堆放模板构件和材料。

（9）安装楼面模板遇有预留洞口的地方，应作临时封闭，以防误踏和坠物伤人。

（10）模板支撑支在土壁上时，应在支点上加垫板，以防支撑不牢或造成土壁坍塌。

（11）支模时，支撑、拉杆不准连接在门窗、脚手架或其他不稳固的物件上。在混凝土浇灌过程中，要有专人检查，发现变形、松动等现象，要及时加固和修理，防止塌模伤人。

（12）安装柱、梁模板应设临时工作台，不得站在柱模上操作和在梁底模板上行走。

（13）装楼面模板，在下班时对已铺好而来不及钉牢的定型模板或散板、钢模板等，应拿起堆放稳妥，以防事故发生。

（14）模板支撑不得使用腐朽、扭裂、劈裂的材料。顶撑要垂直、底部平整坚实，并加垫木。木楔要钉牢，并用横顺拉杆和剪撑拉结牢固。

（15）在通道地段，安装模板的斜撑及横撑木必须伸出通道时，应先考虑通道通过行人或车辆时所需要的高度。

二、木模板（含木夹板）拆除安全要求

（1）拆除薄腹梁、吊车梁、桁架等预制构件模板时，应随拆随加支撑支牢，顶撑要有压脚桩，防止构件倒塌事故。

（2）拆除模板前，应将下方一切预留洞口及建筑物周围用木板或安全网作防护围蔽，防止模板枋料坠落伤人。

（3）拆除模板必须经施工负责人同意，方可拆除。操作人员必须戴好安全帽。操作时应按顺序分段进行，超过 4m 以上高度，不允许让模板枋料自由落下。严禁猛撬、硬砸或大面积撬落和拉倒。

（4）完工后，不得留下松动和悬挂的模板枋料等。拆下的模板枋料应及时运送到指定地点集中堆放稳妥。

第3讲　定型组合钢模板安装与拆除施工安全技术

一、一般安全要求

（1）安装和拆除组合钢模板，当作业高度在 2m 及以上时，尚应遵守高处作业有关规定。

（2）多人共同操作或扛抬组合钢模板时，要密切配合，协调一致，互相呼应；

高处作业时要精神集中,不得逗闹和酒后作业。

(3) 组合钢模板夜间施工时,要有足够的照明,行灯电压一般不超过 36V,在满堂红钢模板支架或特别潮湿的环境时,行灯电压不得超过 12V;照明行灯及机电设备的移动线路,要采用橡套电缆。

(4) 模板的预留孔洞、电梯井口等处,应加盖或设防护栏杆。

(5) 施工用临时照明及机电设备的电源线应绝缘良好,不得直接架设在组合钢模板上,应用绝缘支持物使电线与组合钢模板隔开,并严格防止线路绝缘破损漏电。

(6) 高处作业支、拆模板时,不得乱堆乱放,脚手架或工作平台上临时堆放的钢模板不宜超过 3 层,堆放的钢模板、部件、机具连同操作人员的总荷载,不得超过脚手架或工作平台设计控制荷载,当设计无规定时,一般不超过 $2700N/m^2$。

(7) 高处作业人员应通过斜道或施工电梯上下通行,严禁攀登组合钢模板或绳索等上下。

(8) 支模过程中如遇中途停歇,应将已就位的钢模板或支承件连接牢固,不得架空浮搁;拆模间歇时,应将已松扣的钢模板、支承件拆下运走,防止坠落伤人或人员扶空坠落。

(9) 组合钢模板安装和拆除必须编制安全技术方案,并严格执行。

(10) 安装和拆除钢模板,高度在 3m 及以下时,可使用马凳操作,高度在 3m 及以上时,应搭设脚手架或工作平台,并设置防护栏杆或安全网。

(11) 操作人员的操作工具要随手放入工具袋,不便放入工具袋的要拴绳系在身上或放在稳妥的地方。

二、组合钢模板拆除安全要求

(1) 拆除现场散拼的梁、柱、墙等模板,一般应逐块拆卸,不得成片松扣撬落或拉倒;拆除平台、楼层结构的底模,应设临时支撑,防止大片模板坠落;拆下的钢模板,严禁向下抛掷,应用溜槽或绳索系下,上下传递时,要互相接应,防止伤人。

(2) 拆除基础及地下工程模板时,应先检查基槽(坑)土壁的安全状况,发现有松软、龟裂等不安全因素时,必须在采取防范措施后,方可下基槽(坑)作业。

(3) 预拼大块钢模板、台模等整体拆除时,应先挂好吊绳或倒链,然后拆卸连接件;拆模时,要用手锤敲击板体,使之与混凝土脱离,再吊运到指定地点堆放整齐。

(4) 模板拆除的顺序和方法,应遵照施工组织设计(方案)规定。一般应先拆除侧模,后拆底模;先拆非承重部分,后拆承重部分。

(5) 拆除高处模板,作业区范围内应设有警示信号标志和警示牌,作业区及进出口,应设专人负责安全巡视,严禁非操作人员进入作业区。

三、组合钢模板安装安全要求

（1）安装预拼装整体柱模板时，应边就位，边校正，边安设支撑固定。整体柱模就位安装时，要有套入柱子钢筋骨架的安全措施，以防止人身安全事故的发生。

（2）墙模板现场散拼支模时，钢模板排列、内外楞位置、间距及各种配件的设置均应按钢模板设计进行；当采取分层分段支模时，应自下而上进行，并在下一层钢模板的内外钢楞、各种支承件等全部安装紧固稳定后，方可进行上一层钢模板的安装，当下层钢模板不能独立地安设支承件时，必须采取临时固定措施，否则不得进行上一层钢模板的安装。

（3）需要拼装的模板，在拼装前应作好操作平台，操作平台必须稳固、平整。

（4）墙模板的内外支撑必须坚固可靠，确保组合钢模板的整体稳定；高大的墙模板宜搭设排架式支承。

（5）安装基础及地下工程组合钢模板时，基槽（坑）上口的1m边缘内不得堆放钢模板及支承件；向基槽（坑）内运料应用吊机、溜槽或绳索系下；高大长胫基础分层、分段支模板时，应边组装钢模板边安设支承杆件，下层钢模板就位校正并支撑牢固后，方可进行上一层钢模板的安装。

（6）柱模板现场散拼支模应逐块逐段安装足够的U形卡、紧固螺栓、柱箍或紧固钢楞并同时安设支撑固定。

（7）安装预拼装大片钢模板应同时安设支承或用临时支撑支稳，不得将大片模板系在柱钢筋上代替支撑，四侧模板全部就位后要随即进行校正，并坚固角模，上齐柱箍或紧固钢楞，安设支撑固定。

（8）安装组合钢模板，一般应按自下而上的顺序进行。模板就位后，要及时安装好U形卡和L形插销，连杆安装好后，应将螺栓紧固。同时，架设支撑以保证模板整体稳定。

（9）柱模的支承必须牢固可靠，确保整体稳定，高度在4m及以上的柱模，应四面支承。当柱模超过6m时，不宜单根柱子支模及灌注混凝土施工，宜采用群体或成列同时支模并将其支承毗连成一体，形成整体构架体系。

（10）预拼装大块墙模板安装，应边就位，边校正和插置连接件，边安设支承件或临时支撑固定，防止大块钢模板倾覆。当采用吊机安装大块钢模板时，大块钢模板必须固定可靠后方可脱钩。

（11）安装独立梁模板，一般应设操作平台，高度超过6m时，应搭设排架并设防护栏杆，操作人员不得在独立梁底板或支架上操作及上下通行。

（12）安装圈梁、阳台、雨篷及挑檐等模板，这些模板的支撑应自成系统，不得交搭在施工脚手架上；多层悬挑结构模板的支柱，必须上下保持一条垂直中心线上。

第4讲 大模板安装与拆除施工安全技术

一、大模板安装安全要求

（1）模板安装就位后，要采取防止触电的保护措施，应设专人将大模板串联起来，并与避雷网接通，防止漏电伤人。

（2）吊装大模板时，如有防止脱钩装置，可吊运同一房间的两块板，但禁止隔着墙同时吊运另一面的一块模板。

（3）大模板起吊前，应将吊机的位置调整适当，并检查吊装用绳索、卡具及每块模板上的吊环是否牢固可靠，然后将吊钩挂好，拆除一切临时支撑，稳起稳吊不得斜牵起吊，禁止用人力搬动模板。吊运安装过程中，严防模板大幅度摆或碰倒其他模板。

（4）组装平模时，应及时用卡或花篮螺丝将相邻模板连接好，防止倾倒；安装外墙外模板时，必须将悬挑扁担固定，位置调好后，方可摘钩。外墙外模板安装好后要立即穿好销杆，紧固螺栓。

（5）大模板安装时，应先内后外，单面模板就位后，应用支架固定并支撑牢固。双面模板就位后用拉杆和螺栓固定，未就位和固定前不得摘钩。

（6）大模板必须设有操作平台、上下梯道、防护栏杆等附属设施。如有损坏，应及时修好。大模板安装就位后为便于浇捣混凝土，两道墙模板平台间应搭设临时走道或其他安全措施，严禁操作人员在外墙板上行走。

（7）有平台的大模板起吊时，平台上禁止存放任何物料。里外角模和临时摘挂的板面与大模板必须连接牢固，防止脱开和断裂坠落。

（8）大模板组装或拆除时，指挥、拆除和挂钩人员，必须站在安全可靠的地方方可操作，严禁任何人员随大模板起吊，安装外模板的操作人员应配挂安全带。

（9）清扫模板和刷隔离剂时，必须将模板支撑牢固，两板中间保持不应少于60cm的走道。

二、大模板堆放的安全要求

（1）大模板放置时，下面不得压有电线和气焊管线。

（2）平模叠放运输时，垫木必须上下对齐，绑扎牢固，车上严禁坐人。

（3）平模存放时，必须满足地区条件所要求的自稳角。大模板存放在施工楼层上，应有可靠的防倾倒措施。在地面存放模板时，两块大模板应采用板面对板面的存放方法，长期存放应将模板联成整体。对没有支撑或自稳角不足的大模板，应存放在专用的堆放架上，或者平卧堆放，严禁靠放到其他模板或构件上，以防下脚滑移倾翻伤人。

三、大模板拆除安全要求

（1）起吊时应先稍微移动一下，证明确属无误后，方可正式起吊。

（2）拆除模板应先拆穿墙螺栓和铁件等，并使模板面与墙面脱离，方可慢速起吊。起吊前认真检查固定件是否全部拆除。

（3）大模板的外模板拆除前，要用吊机事先吊好，然后才准拆除悬挂扁担及固定件。

第5讲 台模（飞模）安装与拆除施工安全技术

一、台模（飞模）的安装要求

（1）台模校正。标高用千斤顶配合调整，并在每根立柱下用木楔垫起或用可调钢套管。

（2）支模前，先在楼、地面按布置图弹出各台模边线以控制台模位置，然后将组装好的柱筒子模套上，这时再将台模吊装就位。

（3）当有柱帽时，应制作整体斗模，斗模下口支承于柱子筒模上，上口用 U 形卡与台模相连接。

二、台模（飞模）安装安全要求

（1）装车运输时，应将台模与车系牢，严防台模运输时互相碰撞和倾覆。

（2）堆放场地应平坦坚实，严防地基下沉引起台模架扭曲变形。

（3）组装后及再次安装前，应设专人检查和整修，不符合标准要求者，不得投入使用。

（4）起飞台模用的临时平台，结构必须可靠，支搭坚固，平台上应设车轮的制动装置，平台外沿应设护栏，必要时还应设安全网。

（5）高空窄的台模架宜设连杆互相牵牢，防止失稳倾倒。

（6）拆下及移至下一施工段使用时，模架上不得浮搁板块、零配件及其他用具，以防坠落伤人。待就位后，其后端与建筑物做好可靠拉结后，方可上人。

（7）台模必须经过设计计算，确保其承受全部施工荷载，并在反复周转使用时能满足强度、刚度和稳定性的要求。

（8）在运行起飞时，严禁有人搭乘。

三、台模（飞模）拆除安全要求

（1）台模吊装挂钩，必须采用卡环将台模的吊环与吊绳绳扣卡牢的方法，以保证不脱钩。

（2）台模尾部要绑安全绳，安全绳另一端绕套在施工结构坚固的物体上，徐徐放松。

（3）当不采用专用的悬挑起飞平台时，结构边沿的地滚轮一定要比里边高出1～2cm，以免台模自动滑出。并将台模的重心位置用红油漆标在台模侧面明显位置，台模挂钩前，严格控制其重心不能到达外边沿第一个滚轮，以免台模外倾。

（4）拆除台模（飞模）必须有专人统一指挥，升降台要同步进行。

（5）台模飞出后，楼层外边缘立即绑好护身栏。台模每使用一次，必须逐个检查螺栓，发现有松动现象，立即拧紧。

（6）信号工与挂钩人员必须经过专门培训，上下两个信号工责任要分清，一人在下层负责指挥台模的推出、打掩、挂安全绳、挂钩起吊工作；另一人在上层负责电动倒链的吊绳调整，以保证台模在推出过程中一直处于平衡状态，而且吊绳逐步调整到使台模保持与水平面基本平行，并负责指挥台模的就位与摘钩。信号工及挂钩人员要系好安全带，不得穿塑料及其他硬底鞋，以防滑跌。挂钩人员挂好钩立即离开台模，信号工必须待操作人员全部离开台模后，方可指挥起吊。

第6讲 滑动模板安装与拆除施工安全技术

一、滑动模板安装安全要求

（1）液压控制台在安装前，必须预先做加压试车工作，经严格检查后，方准运到工程上去安装。

（2）操作平台上，不得多人聚集一处，下班时应清扫和整理好料具；夜间施工应准备手电筒，以预防晚间停电。

（3）滑模的平台必须保持水平，千斤顶的升差应随时检查调整。

（4）滑升过程中，要随时调整平台水平、中心的垂直度，以防平台扭转和水平位移。

（5）人货两用施工电梯，应安装柔性安全卡、限位开关等安全装置，上、下应有通信联络设备，且应设有安全刹车装置。

（6）平台内、外脚手架使用前，应全部设置好安全网，安全网要紧靠筒壁。

（7）为防高处坠物伤人，烟囱底部的2.5m高度处搭设防护棚，防护棚应坚固可靠，上面应铺6～8mm厚的钢板一层。

（8）滑升机具和操作平台应严格按照施工设计安装。平台四周要有防护栏杆和安全网，平台板铺设不得留空隙。施工区域下面应设安全围栏，经常出入的通道要搭设防护棚。

（9）组装前，应对各部件的材质、规定和数量进行详细检查，以便剔除不合格部件。

（10）应定期对一切起重设备的限位器、刹车装置进行测定，以防失灵发生意外。

（11）滑模提升前，若为柔性索道运输时，必须先放下吊笼，再放松导索，检查支承杆有无脱空现象，结构钢筋与操作平台有无挂连，确认无误后，方可提升。

（12）模板安装完后，应进行全面检查，确实证明安全可靠后，方可进行下一工序的工作。

（13）滑模操作平台上的施工人员应定期体检，经医生诊断凡患有高血压、心脏病、贫血、癫痫病及其他不适应高处作业疾病的，不得上操作平台工作。

二、滑动模板拆除安全要求

（1）滑模装置拆除必须组织拆除专业队，指定熟悉该项专业技术的专人负责统一指挥。参加拆除的作业人员，必须经过技术培训，考核合格后方能上岗。不能中途随意更换作业人员。拆除前应向全体操作人员进行详细的操作安全交底工作。

（2）拆除作业必须在白天进行，宜采用分段整体拆除，在地面解体。模板拆除应均衡对称，拆除的部件及操作平台上的一切物品，均不得从高处抛下。

（3）滑模装置拆除前应检查各支承点埋设件牢固情况，以及作业人员上下走道是否安全可靠。当拆除工作利用施工的结构作为支承点时，对结构混凝土强度的要求应不低于 $15N/mm^2$，且应经结构验算确定。

（4）拆除滑模装置使用的垂直运输设备和机具，必须检查合格后方准使用。

（5）滑动模板拆除必须编制详细的施工方案，明确拆除的内容、方法、程序、使用的机械设备、安全措施及指挥人员的职责等，并报上级主管部门审批后方可实施。

（6）对烟囱类构筑物宜在顶端设置安全行走平台。

第7讲　爬模安装与拆除施工安全技术

一、爬模安装安全要求

（1）经常检查撑头是否有变形，如有变形应立即处理，以防爬模架护墙螺栓超荷发生事故。

（2）爬杆螺栓是否全部达到要求。

（3）模板提升好后，应立即校正与内模板固定，待有可靠的保证方可使油泵回油松掉千斤顶或倒链。

（4）爬模操作人员必须遵守工地的一般安全规定，并佩戴所规定劳动保护用品。

（5）在液压千斤顶或倒链提升过程中，应保持模板平稳上升，模板顶面的高低差不得超过 100mm。并在提升过程中，应经常检查模板与脚手架之间是否有钩挂现象，油泵是否工作正常。

（6）提升爬架时，应先把模板中的油泵爬杆换到爬架油泵中（拆除撑头防止落下伤人），拧紧爬杆螺栓，这时方允许拆除护墙螺栓。然后开始提升，提升过程中应注意爬架的高低差不超过 50mm 和有无障碍物。

（7）提升前应检查模板是否全部脱离墙面，内外模板的拉杆螺栓是否全部抽掉。

（8）爬架的提升必须在混凝土达到所规定的强度后方可提升，提升时应有专人指挥，且必须满足下列要求。

1）保险钢丝绳必须拴牢，并设专人检查无误。

2）每个爬架必须挂两个捯链（或一个千斤顶）提升。

3）大模板的穿墙螺栓全部均未松动。

4）拆除爬架附墙螺栓前，倒链全部调整到工作状态，然后才能拆除附墙螺栓。

上述条件均已全部具备方可提升。

（9）提升大模板时，其对应模板只能单块提升，严禁两块大模板同时提升，且应注意下列事项。

1）保险钢丝绳必须拴牢，并有专人检查。

2）大模板必须在悬空的情况下，穿墙螺栓全部拆除。

3）用多个倒链提升时，应先将各倒链调整到工作状态，方可拆除穿墙螺栓。

（10）提升到位后，安装附墙螺栓，并按规定垫好垫圈拧紧螺帽，用测力扳手测定达到要求后，方可松掉倒链（或千斤顶）。严禁用塔吊提升爬架。

（11）大模板提升必须设专人指挥，各个倒链或千斤顶必须同步进行。

二、爬模拆除安全要求

（1）进行拆模架的工作时，附近和下面应设安全警戒线，并派专人把守，以防物件坠落伤人。

（2）检查索具，用卸甲（严禁用钩）扣住模板吊环，用塔吊轻轻吊紧，并在两端用绳拉紧，防止转动，然后抽去千斤顶爬杆，做到吊运时稳运、稳落，防止大模板大幅度晃动、碰撞造成倒塌事故。

（3）有窗口的爬架拆除时，操作人员不得进入爬架内，只许在室内拆除螺栓。无窗口的爬架进入爬架内拆除螺栓，爬架上口和附墙处均需拉缆风绳，严禁人员随爬架吊运。

（4）松开爬架顶上挑扁担的垫铁螺栓，以便观察塔吊是否真正将模板吊空。

（5）起吊时，应采用吊环和安全吊钩，卸甲不得斜牵起吊，严禁操作人员随模板起落。

（6）拆除爬架、爬模要由专人进行，设专人指挥，严格按照所规定的拆除程序进行。

（7）堆放模架的场地，应在事前平整夯实，并比周围垫高 150mm，防止积水，堆放前应铺通长垫木。

第 5 单元 起重吊装工程专项安全施工技术

第 1 讲 起重吊装操作安全技术

（1）起重（挂钩、信号）施工安全技术一般要求。

1）起重工应健康，两眼视力均不得低于 1.0，无色盲、听力障碍、高血压、心脏病、癫痫、眩晕、突发性昏厥及其他影响起重吊装作业的疾病与生理缺陷。

2）作业前必须检查作业环境、吊索具、防护用品。吊装区域无闲散人员，障碍已排除。吊索具无缺陷，捆绑正确牢固，被吊物与其他物件无连接。确认安全后方可作业。

3）大雨、大雪、大雾及风力 6 级以上（含 6 级）等恶劣天气，必须停止露天起重吊装作业。严禁在带电的高压线下作业。

4）轮式或履带式起重机作业时必须确定吊装区域，并设警戒标志，必要时派人监护。

5）必须经过安全技术培训，持证上岗。严禁酒后作业。

6）在高压线一侧作业时，必须保持最小安全距离要求。

7）在下列情况下严禁进行吊装作业：

①信号不清；

②吊装物下方有人；

③吊装物上站人；

④斜拉斜牵物；

⑤散物捆扎不牢；

⑥零碎物无容器；

⑦吊装物质量不明；

⑧吊索具不符合规定；

⑨作业现场光线阴暗；

⑩立式构件、大模板不用卡环；

⑪被吊物质量超过机械性能允许范围。

8）使用两台吊车抬吊大型构件时，吊车性能应一致，单机荷载应合理分配，且不得超过额定荷载的 80%。作业时必须统一指挥，动作一致。

9）使用起重机作业时，必须正确选择吊点位置，合理穿挂索具，经试吊无误后方可起吊。除指挥及挂钩人员外，严禁其他人员进入吊装作业区。

10）作业时必须按照安全技术要求进行操作，听从统一指挥。

11）需自制吊运物料容器（土斗、混凝土斗、砂浆斗等）时，必须按下列要求进行。

①荷载（包括自重）不得超过5000kg。

②验收时必须将设计图纸和计算书交项目经理部主管部门存档，并由主管部门纳入管理范畴，定期检查、维护，遇有损坏及时修理，保持完好。

③制作完成后，须经项目经理部总工程师组织验收，并试吊，确认合格。

④必须由专业技术人员设计，报项目经理部总工程师批准。

⑤焊制时，须选派技术水平高的焊工施焊，由质量管理人员跟踪检查，确保制作质量。

⑥使用前必须由作业人员进行检查，确认焊缝不开裂，吊环不歪斜、开裂，容器完好。

（2）三脚架吊装。

1）作业前必须按技术交底要求选用机具、吊具、绳索及配套材料。

2）吊装作业时必须设专人指挥。试吊时应检查各部件，确认安全后方可正式操作。

3）三脚架顶端绑扎绳以上伸出长度不得小于60cm，捆绑点以下三杆长度应相等并用钢丝绳连接牢固，底部三脚距离相等，且为架高的1/3~2/3。相邻两杆用排木连接，排木间距不得大于1.5m。

4）作业前应将作业场地整平、压实。三脚架底部应支垫牢固。

5）移动三脚架时必须设专人指挥，由三人以上操作。

（3）构件及设备的吊装。

1）作业前应检查被吊物、场地、作业空间等，确认安全后方可作业。

2）吊装大型构件使用千斤顶调整就位时，严禁两端千斤顶同时起落；一端使用两个千斤顶时，起落速度应一致。

3）作业时应缓起、缓转、缓移，并用控制绳保持吊物平稳。

4）码放构件的场地应坚实平整。码放后应支撑牢固、稳定。

5）超长型构件运输中，悬出部分不得大于总长的1/4，并应采取防倾覆措施。

6）移动构件、设备时，构件、设备必须连接牢固，保持稳定。道路应坚实平整，作业人员必须听从统一指挥，协调一致。使用卷扬机移动构件或设备时，必须用慢速卷扬机。

7）暂停作业时，必须把构件、设备支撑稳定，连接牢固后方可离开现场。

（4）基本作业安全技术。

1）穿绳：确定吊物重心，选好挂绳位置；穿绳应用铁钩，不得将手臂伸到吊物下面；吊运棱角坚硬或易滑的吊物，必须加衬垫、有套索。

2）挂绳：应按顺序挂绳，吊绳不得相互挤压、交叉、扭压、绞拧；一般吊物可用兜挂法，必须保持吊物平衡；对于易滚、易滑或超长货物，宜采用索绳方法，使用卡环锁紧吊绳。

3）试吊：吊绳套挂牢固，起重机缓慢起升，将吊绳绷紧稍停，起升不得过高；试吊中，信号工、挂钩工、司机必须协调配合；如发现吊物重心偏移或与其他物件粘连等情况时，必须立即停止起吊，采取措施并确认安全后方可起吊。

4）摘绳：落绳、停稳、支稳后方可放松吊绳；对易滚、易滑、易散的吊物，摘绳要用安全钩；挂钩工不得站在吊物上面；如遇不易人工摘绳时，应选用其他机具辅助，严禁攀登吊物及绳索。

5）抽绳：吊钩应与吊物重心保持垂直，缓慢起绳，不得斜拉、强拉，不得旋转吊臂抽绳；如遇吊绳被压，应立即停止抽绳，可采取提头试吊方法抽绳。吊运易损、易滚、易倒的吊物不得使用起重机抽绳。

6）长期不用的起重、吊挂机具，必须进行检测、试吊，确认安全后方可使用。

7）吊挂作业应符合下列要求。

①锁绳吊挂应便于摘绳操作。

②卡具吊挂时应避免卡具在吊装中被碰撞。

③扁担吊挂时，吊点应对称于吊物重心。

④兜绳吊挂应保持吊点位置准确、兜绳不偏移、吊物平衡。

8）捆绑必须牢固；吊运集装箱等箱式吊物装车时，应使用捆绑工具将箱体与车连接牢固，并加垫防滑；管材、构件等必须用紧线器紧固。

9）新起重工具、吊具应按说明书检验，经试吊无误后方可正式使用。

10）钢丝绳、套索等的安全系数不得小于8~10。

第2讲 吊索吊具安全要求

（1）作业时必须根据吊物的重量、体积、形状等选用合适的吊索具。

（2）编插钢丝绳索具宜用6×37的钢丝绳。编插段的长度不得小于钢丝绳直径的20倍，且不得小于300mm。编插钢丝绳的强度应按原钢丝绳强度的70%计算。

（3）使用卡环时，严禁卡环侧向受力，起吊前必须检查封闭销是否拧紧。不得使用有裂纹、变形的卡环。严禁用焊补方法修复卡环。

（4）吊索的水平夹角应大于45°。

（5）严禁在吊钩上补焊、打孔。吊钩表面必须保持光滑，不得有裂纹。严禁使用危险断面磨损程度达到原尺寸的10%、钩口开口度尺寸比原尺寸增大15%、扭转变形超过10%、危险断面或颈部产生塑性变形的吊钩。板钩衬套磨损达原尺寸的50%时，应报废衬套。板钩心轴磨损达原尺寸的5%时，应报废心轴。

（6）凡有下列情况之一的钢丝绳不得继续使用。

1）断股或使用时断丝速度增大。

2) 钢丝绳直径减少 7%～10%。

3) 在一个节距内的断丝数量超过总丝数的 10%。

4) 钢丝绳表面钢丝磨损或腐蚀程度，达到表面钢丝直径的 40%以上，或钢丝绳被腐蚀后，表面麻痕清晰可见，整根钢丝绳明显变硬。

5) 出现拧扭死结、死弯、压扁、股松明显、波浪形、钢丝外飞、绳芯挤出以及断股等现象。

6) 使用新购置的吊索具前应检查其合格证，并试吊，确认安全。

第3讲 常用小型起重设备操作安全技术

一、千斤顶的安全使用

（1）使用前底部必须放在结实可靠的基础上，下面用铁板或厚木板垫平稳，顶部也需设置木板垫实，否则千斤顶顶升底部倾斜即会造成重物滑动引起事故。

（2）顶升时载荷要同千斤顶轴垂直，顶升时防止重心不对、产生位移而发生危险。

（3）千斤顶的顶升高度，不得超过其规定顶程，以免损坏设备。不得超负荷使用。

（4）几台千斤顶联合使用时，每台千斤顶的起重能力不得小于计算载荷的 1.2 倍，并且要做到顶升同步。

（5）千斤顶应放在干燥无尘的地方，使用时应先擦洗干净，并检查各部件是否灵活、完好。

（6）在顶升过程中，为防止重物突然下降，应随物体的升高，在其下面用枕木垫好，以防千斤顶倾斜或回油而引起活塞突然下降的危险。

二、手拉葫芦的安全使用

（1）起吊前要核对吊物重量，不得超载；并仔细检查吊钩、链条等主要受力零件。

（2）要先进行试吊。盲目起吊、估算吊物重量失误时，就有可能发生危险。

（3）操作中，手拉链条时要用力均匀、平稳，切忌猛拉致使链条跳动或卡环；拉不动时不要硬拉，应立即进行检查是否超载还是机件损坏。必须处置后再使用。否则，超载起吊或硬拉即使不出事故，也会损坏葫芦。

（4）应定期做好保养、润滑工作，使用 3 个月以上要进行拆洗、检查和加油。如遇齿轮损坏或磨损达原齿厚的 10%；链条发生塑性变形伸长达原长 5%或卡链；链环直径磨损达原直径 10%则应报废。吊钩如达到报废要求也应立即更换（可参照塔机吊钩报废标准）。

三、滑车及滑车组的安全使用

滑车的种类较多，常见的有：单滑车、双滑车、多轮滑车，滑轮的个数也称"门数"。

一般中小型的滑车又可分为吊钩式、链环式和吊环式，而大型滑车采用吊环式和吊梁式。

滑车组由一定数量定滑车和动滑车及绳索组成，既能省力，又能改变力的方向，是起重工作中使用较广的起重工具。

安全使用要求：

（1）使用前应检查滑轮的轮槽、轮轴、颊板、吊钩（环）等部分有无裂缝或损伤，滑轮转动是否灵活。

（2）必须按其标定的荷载值使用，严禁超载使用。

（3）滑轮的吊钩或吊环应与起吊物件的重心在一直线上不能使滑轮侧向受力，否则导致吊物不平稳，造成危险。

（4）吊运起重量较重的构件或提升高度较高时，应采用吊环、链环或吊梁式滑轮，以防止脱钩。

（5）滑轮组上、下和定、动滑轮之间严防距离过近，一般应保持在 1.5～2m 的极限距离。

四、手扳葫芦

手扳葫芦又叫钢丝绳手扳滑车。它是由挂钩、手柄、钢丝绳、自锁夹钳装置和吊钩组成。当上下扳动手柄时，它的两对自锁夹钳便像钢爪一样交替夹紧钢丝绳，并沿着钢丝绳爬行，从而达到牵引的功能。

手扳葫芦体积小、重量轻、使用方便，可在水平、垂直、倾斜状态下工作，在结构吊装和吊篮升降中使用。

手扳葫芦的安全使用要求如下。

（1）使用前应对自锁夹钳装置进行检查，夹紧钢丝后不能移动。否则严禁使用。

（2）使用初，应在其受力后再检查一次，确认自锁功能良好时，方可正常开始作业。

（3）用作吊篮升降时，应加装保险绳，每根提升钢丝绳都应加保险绳。保险绳固定在永久性的结构上。

（4）必须按其额定容许值范围使用。严禁超载使用。

（5）使用完毕后应拆卸进行清洗、检查保养，特别是对自锁钳的磨损情况进行检查。

（6）不得随意加长手柄，否则会造成手扳葫芦超载，致使部件损坏。

五、桅杆

桅杆又称拔杆，在土法吊装中普遍采用，具有起重量大、自身结构简单、自重轻、易制造、很少受现场条件限制等特点。

常用的桅杆有木桅杆、钢管桅杆、格构式桅杆、人字形桅杆、回转式桅杆和龙门桅杆等。

桅杆的安全使用要求如下。

（1）桅杆使用前要合理选择结构的形式和对承载能力的计算。

（2）桅杆的稳定主要依靠缆风绳，绳的一端固定在桅杆的顶端，另一端固定在地锚上。缆风绳视桅杆高度和载荷大小确定，一般不少于4～6根。缆风绳与地面的水平夹角不宜大于45°。

（3）悬挂滑车的钢丝绳必须系在桅杆上部，并至少绕3圈后落在横木支撑杆上（图5—6）。

（4）木桅杆不能采用有伤疤和腐朽的木杆。

（5）缆风绳与桅杆连接，以及滑车绳与桅杆的连接最好交汇在一个点上（图5—6）。这样木杆件形成节点受力。

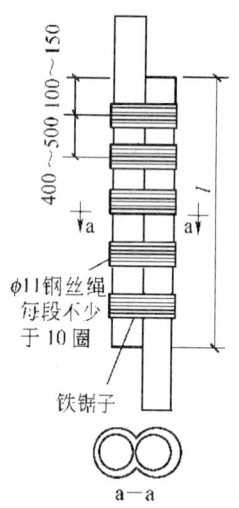

图5—6 木桅杆搭接方法

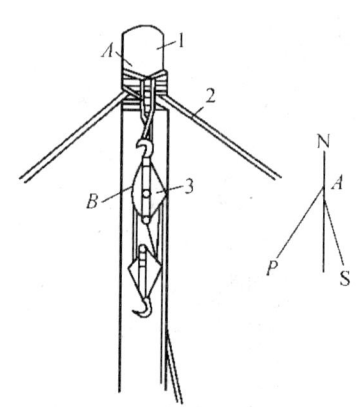

图5—7 木桅杆的正确绑结
1—木桅杆；2—缆风绳；3—滑车组

（6）桅杆竖好后，使用前应试吊。将重物吊离地面20cm，检查各部位和吊物的情况，经检查确认无问题后再起吊。

第 6 单元　拆除、爆破工程专项安全施工技术

第 1 讲　拆除工程施工安全技术

(1) 拆除工程施工前，应检查周围危房，必要时进行临时加固。

(2) 拆除过程中，现场照明不得使用被拆除建筑物中的配电线，应另外设置配电线路。

(3) 拆除工程的施工，必须在工程负责人的统一指挥和监督下进行。工程负责人要根据施工组织设计和安全技术规程向参加拆除的工作人员进行详细的交底和组织学习、领会安全操作规程。

(4) 拆除建筑物一般不得采用推倒方法，遇有特殊情况必须采用推倒方法的时候，必须遵守下列要求。

1) 为防止墙壁向掏掘方向倾倒，在掏掘前，要用支撑撑牢。

2) 砍切墙根的深度不能超过墙厚的 1/3，墙的厚度小于两块半砖的时候，不准进行掏掘。

3) 在建筑物推到倒塌范围内有其他建筑物时，严禁采用推倒方法。

4) 建筑物推倒前，应发出信号，待所有人员远离建筑物高度 2 倍以上的安全距离后，方可进行。

(5) 工人从事拆除工作的时候，应该站在专门搭设的脚手架上或者其他稳固的结构部分上操作。

(6) 拆除建筑物时，楼板上不准有多人聚集和堆放材料，以免楼盖结构超载发生倒塌。

(7) 拆除区周围应设立围栏，挂警告牌，并派专人监护，严禁无关人员进入或逗留。

(8) 在高处进行拆除工程，要设置流放槽，以便散碎废料顺槽流下，拆下较大的或者沉重的材料，要用吊绳或者起重机械及时吊下和运走，禁止向下抛掷。拆卸下来的各种材料要及时清理，分别堆放在一定位置。

(9) 拆除建筑物，应该按自上而下顺序进行，禁止数层同时拆除。当拆除某一部分的时候应该防止其他部分的倒塌。

(10) 拆除工程在开工前，要领会针对该拆除工程特点而编制的施工组织设计和施工方案及相关的技术交底。

(11) 拆除石棉瓦及轻型结构屋面工程时，严禁施工人员直接踩踏在石棉瓦及其他轻型板上进行工作，必须使用移动板梯，板梯上端必须挂牢，防止高处坠落。

(12) 拆除工程在施工前，应该将电线、瓦斯煤气管道、上下水管道、供热设备管道等干线及通往该建筑的支线切断或迁移。

（13）采用控制爆破方法进行拆除工程应符合下列要求。

1）在人口稠密、交通要道等地区爆破拆除建筑物，应采用电力或导爆索引爆，不得采用火花起爆。当采用分段起爆时，应采用毫秒雷管起爆。

2）爆破各道工序要认真细致操作、检查和处理。杜绝各种不安全事故发生。

3）采用微量炸药的控制爆破，可大大减少飞石，但不能绝对控制飞石，仍应采用适当保护措施，如对低矮建筑物采用适当护盖，对高大建筑物爆破设一定安全区，避免对周围建筑和人身的危害。

4）爆破时，对原有蒸汽锅炉和空压机房等高压设备，应将其压力降到 1~2 个大气压。

5）控制爆破时，应有临时指挥机构，以便分别负责爆破施工和起爆等有关安全工作。

6）用爆破方法拆除建筑物部分结构时，应保证其他结构部分的良好状态。爆破后，如发现保留的结构部分有危险征兆，应采取安全措施，再进行工作。

7）爆破时对依靠自身重量倾倒的建筑物，要经过严格的计算，以保证安全。

计算时除应考虑自重外，还应考虑最不利方向上最大风力（按 0.5kPa 计）作用时，不爆部分的失稳程度。

（14）拆除建筑物的栏杆、楼梯和楼板等，应该和整体拆除程度相配合，不得先行拆除。建筑物的承重支柱和横梁，要等它所承担的全部结构和荷重拆除后才可以拆除。

第 2 讲 爆破工程施工安全技术

（1）联结导火索和火雷管，必须在专用房内加工。房内不准有电气、金属设备，无关人员不得入内。

（2）装药要用木竹棒轻塞，严禁用力抵入和使用金属棒捣实。禁止使用冻结、半冻结或半熔化的硝化甘油炸药。

（3）爆破工程，必须严格按照经爆破工作领导人或主管部门批准后的单项安全技术方案施工。

（4）放炮必须有专人指挥，事先设立警戒范围，规定警戒时间、信号标志，并派出警戒人员；起爆前要进行检查，必须待施工人员、过路行人、船只、车辆全部避入安全地点后方准起爆，警报解除后方可放行；炮工的掩蔽所必须坚固，道路必须畅通。

（5）电力爆破应遵守下列要求。

1）在电爆网路敷设后，待人员撤至安全地区，然后用欧姆表或电桥检查网路导电是否良好，测量出来的电阻与计算电阻相差不得超过 10%。

2）接线前先将电雷管的脚线连成短路，待接母线时解开，连接母线应从药包开始向电源方向敷设,主线末端未接电源前应先用胶布包好,防止误触电源。

3)电源应有专人严格控制,放炮器应有专人保管,闸刀箱要上锁。不到放炮时间,不准将把手或钥匙插入放炮器或接线盒内。

4)装药时,严禁将电爆机地线接在金属管道和铁轨上。雷雨天气不准露天电力爆破,如中途遇雷电时,应迅速将雷管的脚线、电线主线两端联成短路。

5)同一路电炮应使用同厂、同批、同牌号的雷管,各雷管的电阻误差,应控制在±0.2Ω以内。

6)连线时,必须将手提灯撤出工作面3m以外。用手电照明时,应离连线地点1.5m以外。

(6)加工起爆药包,只许在爆破现场于爆破前进行,并按所需数量一次制作,不得留成品备用,制作好的起爆药包应由专人妥善保管。

(7)火炮群和电炮群在同一施工地段,先点火炮,后合电闸;点火炮不得两人在同一方向先后点炮,每人点炮数目不得超过15个点。起爆后,均不得在最后一炮爆炸之后20min前进入工作面。

(8)水下爆破应遵守下列要求。

1)水下裸露爆破,一定要将药包固定在爆破点上,严防潜水员返回时把药包挂起来。爆破时,装药的船应移向上游。

2)水下钻眼时,应使用带有套管的钻眼机。装药及爆破时,要划定危险区域,并设立警戒标志和值勤人员,必要时应封航。

3)水下爆破应采用电力起爆。除遵守上述电力爆破有关要求外,其电雷管脚线和电力主线都要做到防水、绝缘。

4)装药及爆破时,潜水员及炮工不得携带对讲机和手电筒上船,施工现场也应切断一切电源。

5)水下爆破一般采用裸露药包法和炮眼法。炸药应选用没有变质和防水性能好的,如果选用其他炸药,必须采取严密的防水措施。

6)装药时,要按顺序进行,一般先上游后下游依次对号入孔,以免潜水员挂断起爆电线。

(9)爆破作业人员(包括爆破员、爆破器材保管员、安全员和爆破器材押运员)须经专门安全技术培训考核合格,并取得公安部门发给的有效安全作业证后,持证上岗操作。

(10)使用火雷管时,导火索点火只准用专用香棒,不准使用香烟、火柴或其他明火。

(11)露天爆破安全警戒距离半径:裸露药包、深眼法、峒室法不得小于400m;炮眼法(浅眼法)、药壶法不得小于200m。

(12)坑道内两个邻近工作面之间的厚度小于20m时,一方起爆另一方工作人员应全部撤离工作面。

(13)峒室法爆破药室内的照明未安起爆体前,其电压应用低压电。安起爆体时，必须用手电筒或在峒外用透光灯照明。

（14）放炮后最少要两人巡视放炮地点，检查处理危岩、支架、瞎炮、残炮。

（15）切割导火索或导爆索，必须用锋利小刀，禁止用剪刀剪断或用石器、铁器敲断。导火索长度不得小于 1m，导爆索禁止撞击、抛掷、践踏。切割导火索或导爆索的台桌上，不得放置雷管。

（16）瞎炮处理应遵守下列要求。

1）由于接线不良造成的瞎炮，可以重新接线起爆。

2）电力爆破通电后没有起爆，应将主线从电源上解开，接成短路。此时若要进入现场，如使用即发雷管不得早于短路后 5min；如使用延期雷管，不得早于短路后 15min。

3）严禁用掏挖或者在原炮眼内重新装炸药，应在距离原炮眼 60cm 外的地方，另打眼放炮。

4）在瞎炮未处理完毕前，严禁在该地点进行其他作业。

第3讲　瞎炮处理安全技术

（1）当炮孔深在 500mm 以内时，可用裸露爆破引爆；炮孔较深时，可用竹木工具小心将炮眼上部堵塞物掏出，用水浸泡并冲洗出整个药包，并将拒爆的雷管销毁，也可将上部炸药掏出部分后，再重新装入起爆药包起爆。

（2）处理瞎炮过程中，严禁将带有雷管的药包从炮孔内拉出来，也不准拉住电雷管上的导线，把电雷管从炸药内拔出来。

（3）深孔瞎炮可采用再次爆破，但应考虑相邻已爆破药包后最小抵抗线的改变，以防飞石伤人。峒室瞎炮处理与深孔瞎炮相同，同未爆炸药包与埋下的岩石混合时，必须将未爆炸药包浸湿后再进行清除。

（4）距炮孔近旁 600mm 处，重新钻一与之平衡的炮眼然后装药起爆以销毁原有瞎炮。但新钻与原瞎炮眼一定要平行。

（5）发现炮孔外的电线和电阻、导火索或电爆网（线）路不符合要求，经纠正检查无误后，可重新接通电源起爆。

（6）瞎炮应由原装炮人员当班处理，如不能当班处理，应设置标志，并将包装情况、位置、方向、药量等详细介绍给处理人员，以达到妥善安全处理的目的。

第6部分 建筑分项工程安全施工技术

第1单元 钢筋工程安全施工技术

第1讲 钢筋运输与堆放

（1）钢筋在运输和储存时，必须保留标牌，并按批分别堆放整齐，避免锈蚀和污染。

（2）起吊钢筋或钢筋骨架时，下方禁止站人，待钢筋骨架降落至离楼地面或安装标高1m以内人员方准靠近操作，待就位放稳或支撑好后，方可摘钩。

（3）机械垂直吊运钢筋时，应捆扎牢固，吊点应设置在钢筋束的两端。有困难时，才在该束钢筋的重心处设吊点，钢筋要平稳上升，不得超重起吊。

（4）人工垂直传递钢筋时，送料人应站立在牢固平整的地面或临时构筑物上，接料人应有护身栏杆或防止前倾的牢固物体，必要时挂好安全带。

（5）临时堆放钢筋，不得过分集中，应考虑模板或桥道的承载能力。在新浇筑楼板混凝土凝固尚未达到1.2MPa强度前，严禁堆放钢筋。

（6）人工搬运钢筋时，步伐要一致。当上下坡（桥）或转弯时，要前后呼应，步伐稳慢。注意钢筋头尾摆动，防止碰撞物体或打击人身，特别防止碰挂周围和上下的电线。上肩或卸料时要互相打招呼，注意安全。

（7）注意钢筋切勿碰触电源，严禁钢筋靠近高压线路，钢筋与电源线路的安全距离应符合表6—1的要求。

表6—1 在建筑工程（含脚手架具）的外侧边缘与外电架空线路的边线之间的最小操作安全距离

外电线路电压/kV	<1	1~10	35~110	154~220	330~500
最小操作安全距离/m	4	6	8	10	15

注：上、下脚手架的斜道严禁搭设在有外电线路的一侧。

第2讲 钢筋制作加工

一、钢筋冷处理安全要求

(1) 冷拉和张拉钢筋要严格按照规定应力和伸长度进行,不得随意变更。不论拉伸或放松钢筋都应缓慢均匀,发现油泵、千斤顶、锚卡具有异常,应立即停止张拉。

(2) 张拉钢筋,两端应设置防护挡板。钢筋张拉后要加以防护,禁止压重物或在上面行走。浇灌混凝土时,要防止振动器冲击预应力钢筋。

(3) 冷拉钢筋要上好夹具,离开后再发开机信号。发现滑动或其他问题时,要先行停机,放松钢筋后,才能重新进行操作。

(4) 同一构件有预应力和非预应力钢筋时,预应力钢筋应分二次张拉,第一次拉至控制应力的 70%~80%,待非预应力钢筋绑好后再拉到规定应力值。

(5) 采用电热张拉时,电气线路必须由持证电工安装,导线连接点应包裹,不得外露。张拉时,电压不得超过规定值。

(6) 千斤顶支脚必须与构件对准,放置平正,测量拉伸长度、加楔和拧紧螺栓应先停止拉伸,并站在两侧操作,防止钢筋断裂,回弹伤人。

(7) 冷拉卷扬机前应设置防护挡板,没有挡板时,应将卷扬机与冷拉方向成 90°,并且应用封闭式导向滑轮。操作时要站在防护挡板后,冷拉场地不准站人和通行。

(8) 电热张拉达到张拉应力值时,应先断电,然后锚固,如带电操作应穿绝缘鞋和戴绝缘手套。钢筋在冷却过程中,两端禁止站人。

二、钢筋焊接安全要求

(1) 焊机应放在室内和干燥的地方,机身要平稳牢固,周围不准放置易燃物品。

(2) 对焊机断路器的接触点、电极(钢头),要定期检查修理。断路器的接触点一般每隔 2~3d 应用砂纸擦净,电极(钢头)应定期用锉锉光。二次电路的全部螺栓应定期拧紧,以避免发生过热现象。随时注意冷却水的温度不得超过 40℃。

(3) 操作人员操作时,应戴防护眼镜和手套等防护用品,并应站在橡胶板或木板上,严禁坐在金属椅子上。

(4) 刚焊成的钢材,应平直放置,以免冷却过程中变形。堆放地点不得在易燃物品附近,并要选择无人来往的地方或加设护栏。

(5) 焊接前,应根据钢筋截面调整电压,使与所焊钢筋截面相适应,禁止焊接超过机械规定的直径的钢筋。发现焊头漏电,应即更换,禁止使用。

(6) 焊接较长钢筋时，应设支架。
(7) 焊机在工作前必须对电气设备、操作机构和冷却系统等进行检查，并用试电笔检查机体外壳有无漏电。
(8) 工作棚应用防火材料搭设。棚内严禁堆放易燃、易爆物品，并备有灭火器材。

三、钢筋加工安全要求

(1) 钢筋除锈时，应符合下列要求。
1) 操作人员应戴防尘口罩、护目镜和手套。
2) 严禁触摸正在旋转的钢丝刷和将喷砂嘴对人。
3) 现场应通风良好。
4) 操作人员应站在钢丝刷或喷砂器的侧面。
5) 除锈应在钢筋调直后进行；带钩的钢筋不得由除锈机除锈。
6) 使用电动除锈时，应先检查钢丝刷固定有无松动，检查封闭式防护罩装置、吸尘设备和电气设备的绝缘及接地是否良好等情况，防止发生机械和触电事故。
(2) 展开盘圆钢筋时，要两端卡牢，切断时要先用脚踩紧，防止回弹伤人。
(3) 切短于 30cm 的钢筋，应用钳子夹牢，铁钳手柄不得短于 50cm，禁止用手把扶，并在外侧设置防护箱笼罩。
(4) 送料时，操作人员要侧身操作，严禁在除锈机的正前方站人；长料除锈要两人操作，互相呼应，紧密配合。
(5) 钢材、半成品等应按规格、品种分别堆放整齐，制作场地要平整。工作平台要稳固，照明灯具必须加网罩。
(6) 人工调直钢筋前，应检查所有的工具；工作台要牢固，铁砧要平稳，铁锤的木柄要坚实牢固，铁锤不许有破头、缺口，因打击而起花的锤头要及时换掉。
(7) 弯曲钢筋时，要紧握扳手，要站稳脚步，身体保持平衡，防止钢筋折断或松脱。
(8) 人工断料，工具必须牢固。打锤和掌断料切具的操作人员要站成斜角，注意抡锤区域内的人和物体。
(9) 拉直钢筋，卡头要卡牢，地锚要结实牢固，拉筋沿线 2m 区域内禁止行人。人工绞磨拉直，不准用胸、肚接触推杠，并要步调一致，稳步进行，缓慢松解，不得一次松开以免回弹伤人。

第3讲 钢筋绑扎与安装

(1) 绑扎立柱、墙体钢筋，不得站在钢筋骨架上操作和攀登骨架上下。柱筋在 4m 以内，重量不大，可在地面或楼面上绑扎，整体竖起；柱筋在 4m 以上时，应搭设工作台。柱、墙、梁骨架，应用临时支撑拉牢，以防倾倒。

（2）绑扎高层建筑的圈梁、挑檐、外墙、边柱钢筋，应搭设外脚手架或安全网，绑扎时要佩挂好安全带。

（3）应尽量避免在高处修整、扳弯粗钢筋，在必须操作时，要配挂好安全带，选好位置，人要站稳。

（4）高处绑扎和安装钢筋，注意不要将钢筋集中堆放在模板或脚手架上，特别是悬臂构件，应检查支撑是否牢固。

（5）在高处、深坑绑扎钢筋和安装骨架，必须搭设脚手架和马道，无操作平台应配挂好安全带。

（6）绑扎基础钢筋时，应按施工设计规定摆放钢筋支架或马凳架起上部钢筋，不得任意减少支架或马凳。操作前应检查基坑土壁和支撑是否牢固。

（7）安装绑扎钢筋时，钢筋不得碰撞电线，在深基础或夜间施工需使用移动式行灯照明时，行灯电压不应超过36V。

第4讲 预应力钢筋工程

一、一般要求

（1）预应力操作工必须经过安全技术培训，经考核合格方可上岗。

（2）预应力张拉施工应由主管施工技术人员主持。张拉作业应由作业组长指挥。

（3）预应力钢筋的张拉方法、顺序和控制应力应符合施工设计的要求。

（4）在施工组织设计中，应根据设计要求和现场条件规定预应力张拉程序、控制应力和伸长值，选择适宜的张拉机具，并制定相应的安全技术措施。

（5）张拉现场必须划定作业区，并设护栏，非施工人员严禁入内。

（6）使用高压油泵应符合下列要求。

1）油泵应置于构件侧面。

2）操作工必须服从作业组长指挥，严禁擅离岗位。

3）油泵与千斤顶或拉伸机之间的所有连接部件必须完好。且连接牢固，压力表接头应用纱布包裹。

4）操作工应经安全技术培训，考核合格后方可上岗。

5）高压油泵不得超载作业。停止作业时应先切断电源，再缓慢松开回油阀，待压力表退至零位时方可卸开通往千斤顶的油管接头，使千斤顶全部卸荷。

6）操作工必须戴防护镜和手套。

（7）张拉锚固完毕，对锚具外端的钢束或钢筋应妥善保护，不得施压重物。严禁撞击锚具、钢束或钢筋。

（8）张拉预应力筋时，两端均必须设防护挡板。张拉时，应严格控制加荷、卸荷速度。

（9）张拉施工中出现断丝、滑丝、油表剧烈震动、漏油和电机声音异常等情况，必须立即停机检查并处理，经处理确认安全后，方可恢复施工。

（10）高处张拉作业必须搭设作业平台，并应符合下列要求。

1）使用之前应经检查、验收，确认合格并形成文件。使用中应随时检查，确认安全。

2）作业平台的脚手板必须铺满、铺稳。

3）上下作业平台必须设安全梯、斜道等攀登设施。

4）作业平台临边必须设防护栏杆。

5）搭设与拆除脚手架应符合脚手架施工安全技术的具体要求。

（11）使用起重机吊装预应力筋等应符合起重吊装安全技术要求。

二、先张法

（1）张拉阶段和放张前，非施工人员严禁进入防护挡板之间。

（2）预应力钢筋就位后，严禁使用电弧焊在钢筋上和模板等部位进行切割或焊接，防止短路火花灼伤预应力筋。

（3）高压油泵必须放在张拉台座的侧面。

（4）施工前，应根据全部张拉力对张拉台座进行施工设计，其强度、稳定性应满足张拉施工过程中的张拉要求。张拉横梁承力后的挠度不得大于 2mm；墩式承力结构的抗倾覆安全系数应大于 1.5，抗滑移安全系数应大于 1.3。

（5）张拉作业应符合下列要求。

1）钢筋张拉后应持荷 3~5min，确认安全后方可打紧夹具。

2）张拉过程中活动横梁与固定横梁应始终保持平行。

3）张拉前应检查台座、横梁和张拉设备，确认正常。

4）打紧锚具夹片人员必须位于横梁上或侧面，对准夹片中心击打。

（6）作业中不得碰撞预应力钢筋。

（7）混凝土浇筑完成后，应立即按技术规定养护。

（8）钢筋张拉完毕，确认合格并形成文件后，应连续作业，及时浇筑混凝土。

（9）安装模板、绑扎钢筋等作业，应在预应力筋的应力为控制应力的 80%~90%时进行。

（10）预应力筋放张应符合下列要求。

1）预应力筋应慢速放张，且均匀一致。

2）混凝土强度应符合设计规定；当设计无规定时，不得低于混凝土设计强度的 75%。

3）预应力筋放张后，应从放张端开始向另端方向进行切割。

4）预应力筋的放张顺序应符合设计规定；设计无规定时，应分阶段、对称、交错进行。放张前应拆除限制位移的模板。

5）拆除锚具夹片时，应对准夹片轻轻敲击，对称进行。

三、后张法

（1）往预应力孔道穿钢束应均匀、慢速牵引，遇异常应停止，经检查处理确认合格后，方可继续牵引。严禁使用机动翻斗车，推土机等牵引钢束。

（2）预应力筋的张拉顺序应符合设计规定；设计无规定时，应根据分批、分阶段、对称的原则在施工组织设计中予以规定。

（3）张拉阶段，严禁非作业人员进入防护挡板与构件之间。

（4）张拉前应根据设计要求实测孔道摩阻力，确定张拉控制应力和伸长值。

（5）张拉时构件混凝土强度应符合设计规定；设计无规定时，应不低于设计强度的75%。张拉前应将限制位移的模板拆除。

（6）张拉作业应符合下列要求。

1）人工打紧锚具夹片时，应对准夹片均匀敲击，对称进行。

2）张拉完毕锚固后应静观3min，待确认正常后，方可卸张拉设备。

3）张拉时，不得用手摸或脚踩被张拉钢筋，张拉和锚固端严禁有人。

4）张拉前应检查张拉设备、锚具，确认合格。

5）在张拉端测量钢筋伸长和进行锚固作业时，必须先停止张拉，且站位于被张拉钢筋的侧面。

（7）孔道灌浆应符合下列要求。

1）灌浆嘴插入灌浆孔后，灌浆嘴胶垫应压紧在孔口上。

2）严禁超压灌浆。

3）灌浆前应依控制压力调整安全阀。

4）输浆管道与灰浆泵应连接牢固，启动前应检查，确认合格。

5）负责灌浆嘴的操作工必须佩戴防护镜和手套、穿胶靴。

6）堵浆孔的操作工严禁站在浆孔迎面。

（8）预应力张拉后，孔道应及时灌浆；长期外露的金属锚具应采取防腐蚀措施。

四、电热张拉法

（1）电热设备应采用安全电压，一次电压应小于380V，二次电压应小于65V。

（2）作业现场应设护栏，非作业人员严禁入内。

（3）电气缆线的装拆必须由电工进行。

（4）作业时必须设专人控制二次电源，并服从作业组长指挥，严禁擅离岗位。

（5）用电热张拉法时，预应力钢材的电热温度不得超过350℃，反复电热次数不宜超过三次。

（6）电热张拉预应力筋的顺序应符合设计规定；设计无规定时，应分组、对称张拉。

（7）锚固后，构件端必须设防护设施，且严禁有人。

（8）使用锚具应符合设计规定；设计无规定，至少一端应为螺丝端杆锚。采用硫黄砂浆后张时，两端均应采用螺丝端杆锚。

（9）作业人员必须穿绝缘胶鞋，戴绝缘手套。

（10）抗裂度要求较严的构件，不宜采用电热张拉法。用金属管和波纹管作预留孔道的构件，不得采用电热张拉法。

（11）张拉结束后应及时拆除电气设备。

五、无黏结预应力

（1）张拉过程中，发生滑脱或断裂的钢丝数量不得超过同一截面内无黏结预应力筋总量的 2%。

（2）吊运、存放、安装等作业中严禁损坏预应力筋的外包层。

（3）无黏结预应力筋的锚固区，必须有可靠的密封防护措施。

（4）预应力筋外包层应完好无损，使用前应逐根检查，确认合格。

第 2 单元　混凝土工程安全施工技术

第 1 讲　现浇混凝土工程

一、混凝土搅拌的安全要求

（1）现场搅拌必须遵守如下安全要求。

1）清理搅拌机料斗坑底的砂、石时，必须与司机联系，将料斗升起并用链条扣牢后，方能进行工作。

2）向搅拌机料斗落料时，脚不得踩在料斗上；料斗升起时，料斗的下方不得有人。

3）搅拌机使用应按"混凝土搅拌机安全要求"有关要求执行。

4）搅拌机的操作人员，应经过专门技术和安全规定的培训，并经考试合格后，方能正式操作。

5）进料时，严禁将头、手伸入料斗与机架之间察看或探摸进料情况，运转中不得用手、工具或物体伸进搅拌机滚筒（拌和鼓）内抓料出料。

（2）混凝土拌和楼必须遵守如下安全要求。

1）未经主管部门同意，不得任意改变电气线路及元件。检查故障时允许装接辅助连线，但故障排除后必须立即拆除。

2）电气作业人员属特种作业人员，须经安全技术培训、考核合格并取得操作证后，方可独立作业；应熟悉电气原理和设备、线路及混凝土生产基本知识，懂得高处作业的安全常识。作业时每班不得少于2人。

3）禁止用明火取暖。必要时可用蒸汽集中供热、保温。

4）操作人员必须穿戴工作服和防护用品，女工应将发辫塞入帽内。

5）消防设施必须齐全、良好，符合消防规定要求。操作人员均应掌握一般消防知识和会使用这些设施。

6）操作人员应熟悉本拌和楼的机械原理和混凝土生产基本知识，懂得电气、高处、起重等作业的一般安全常识。

7）严禁酒后及精神不正常的人员登楼操作。非操作人员未经许可不准上楼。

8）电气设备的金属外壳，必须有可靠接地，其接地电阻应不大于4Ω。雷雨季节前应加强检查。

9）电气设备的带电部分，当断开电源及电子秤后，对地绝缘电阻应不小于0.5MΩ。

10）各电动机必须兼有过热和短路两种保护装置。

11）拌和楼内禁止存放汽油、酒精等易燃物品和易爆物品，必须使用时应采取可靠的安全措施，用后立即收回。其他润滑油脂也应存放在指定地点。废油、棉纱应集中存放，定期处理，不准乱泼、乱扔。

12）当发生触电事故时，应立即断开有关电源，并进行急救。

13）拌和楼的操作人员，必须经过专门技术培训，熟悉本拌和楼要求，具有相当熟练的操作技能，并经考试合格后，方可正式上岗操作。

14）拌和楼上的通风、除尘设备应配备齐全，效果良好。大气中水泥粉尘、集料粉尘质量浓度应符合工业三废排放标准规定，不超过150mg/m³。

二、原材料运输和堆放的安全要求

（1）运输通道要平整，走桥要钉牢，不得有未钉稳的空头板，并保持清洁，及时清除落料和杂物。

（2）临时堆放备用水泥，不应堆叠过高，如堆放在平台上时，应不超过平台的容许承载能力。叠垛要整齐平稳。

（3）用手推车运输水泥、砂、石子，不应高出车斗，行驶不应抢先爬头。

（4）上落斜坡时，坡度不应太陡，坡面应采取防滑措施，在必要时坡面设专人负责帮助拉车。

（5）取袋装水泥时必须逐层顺序拿取。

（6）车子向搅拌机料斗卸料时，不得用力过猛和撒把，防车翻转，料斗边沿应高出落料平台10cm左右为宜，过低的要加设车挡。

三、混凝土输送的安全要求

（1）禁止手推车推到挑檐、阳台上直接卸料。

（2）用输送泵输送混凝土，管道接头、安全阀必须完好，管道的架子必须牢固且能承受输送过程中所产生的水平推力；输送前必须试送，检修时必须卸压。

（3）使用吊罐（斗）浇筑混凝土时，应设专人指挥。要经常检查吊罐（斗）、钢丝绳和卡具，发现隐患应及时处理。

（4）用铁桶向上传递混凝土时，人员应站在安全牢固且传递方便的位置上；铁桶交接时，精神要集中，双方配合好，传要准，接要稳。

（5）两部手推车碰头时，空车应预先放慢停靠一侧让重车通过。车子向料斗卸料，应有挡

车措施，不得用力过猛和撒把。

（6）使用钢井架物料提升机运输时，手推车推进吊笼时车把不得伸出吊笼外，车轮前后要挡牢，稳起稳落。

（7）临时架设混凝土运输用的桥道的宽度，应能容两部手推车来往通过并有余地为准，一般不小于1.5m。架设要牢固，桥板接头要平顺。

（8）禁止在混凝土初凝后、终凝前在其上面行走手推车（此时也不宜铺设桥道行走），以防振动影响混凝土质量。当混凝土强度达到1.2MPa以后，才允许上料具等。运输通道上应铺设桥道，料具要分散放置，不得过于集中。

混凝土强度达到1.2MPa的时间可通过试验决定，也可参照表6—2。

表6—2 混凝土达到1.2MPa强度所需龄期参考表

外界温度/℃	水泥品种及强度等级	混凝土强度等级	期限/h	外界温度/℃	水泥品种及强度等级	混凝土强度等级	期限/h
1~5	普硅42.5	C15	48	10~15	普硅42.5	C15	24
		C20	44			C20	20
	矿渣32.5	C15	60		矿渣32.5	C15	32
		C20	50			C20	24
1~5	普硅42.5	C15	32	15以上	普硅42.5	C15	20以下
		C20	28			C20	20以下
	矿渣32.5	C15	40		矿渣32.5	C15	20
		C20	32			C20	20

四、混凝土浇筑与振捣的安全要求

（1）浇筑混凝土使用的溜槽及串筒节间应连接牢固。操作部位应有护身栏杆，不准直接站在溜槽帮上操作。

（2）夜间浇筑混凝土时，应有足够的照明设备。

（3）浇筑房屋边沿的梁、柱混凝土时，外部应有脚手架或安全网。如脚手架

平桥离开建筑物超过 20cm 时，需将空隙部位牢固遮盖或装设安全网。

（4）浇筑无楼板的框架梁、柱混凝土时，应架设临时脚手架，禁止站在梁或柱的模板或临时支撑上操作。

（5）浇筑拱形结构时，应自两边拱脚对称地同时进行；浇圈梁、雨篷、阳台，应设防护措施；浇筑料仓时，下出料口应先行封闭，并搭设临时脚手架，以防人员下坠。

（6）浇筑深基础混凝土前和在施工过程中，应检查基坑边坡土质有无崩裂倾塌的危险。如发现危险现象，应及时排除。同时，工具、材料不应堆置在基坑边沿。

（7）使用振捣器时，应符合安全技术的具体要求。湿手不得接触开关，电源线不得有破损和漏电。开关箱内应装设防溅的漏电保护器，漏电保护器其额定漏电动作电流应不大于 30mA，额定漏电动作时间应小于 0.1s。

五、混凝土养护的安全要求

（1）覆盖养护混凝土时，楼板如有孔洞，应钉板封盖或设置防护栏杆或安全网。

（2）已浇完的混凝土，应加以覆盖和浇水，使混凝土在规定的养护期内，始终能保持足够的湿润状态。

（3）禁止在混凝土养护窑（池）边沿上站立或行走，同时应将窑盖板和地沟孔洞盖牢和盖严，严防失足坠落。

（4）拉移胶水管浇水养护混凝土时，不得倒退走路，注意梯口、洞口和建筑物的边沿处，以防误踏失足坠落。

第 2 讲　预应力混凝土工程

一、先张法施工的安全要求

（1）张拉时，张拉工具与预应力筋应在一条直线上；顶紧锚塞时，用力不要过猛，以防钢丝折断；拧紧螺母时，应注意压力表读数，一定要保持所需的张拉力。

（2）预应力筋放张的顺序应按下列要求进行。

1）轴心受预压的构件（如拉杆、桩等），所有预应力筋应同时放张。

2）偏心受预压的构件（如梁等），应先同时放张预压力较小区域的预应力筋，然后放张预压力较大区域的预应力筋。

（3）切断钢丝时应严格测定钢丝向混凝土内的回缩情况，且应先从靠近生产线中间处切断，然后再按剩下段的中点处逐次切断。

（4）台座两端应设有防护设施，并在张拉预应力筋时，沿台座长度方向每隔 4~5m 设置一个防护架，两端严禁站人，更不准进入台座。

(5) 预应力筋放松时,混凝土强度必须符合设计要求,如无设计规定时,则不得低于强度等级的 70%。

(6) 预应力筋放张时,应分阶段、对称、交错地进行;对配筋多的钢筋混凝土构件,所有的钢丝应同时放松,严禁采用逐根放松的方法。

(7) 放张时,应拆除侧模,保证放松时构件能自由伸缩。

(8) 预应力筋的放张工作,应缓慢进行,防止冲击。若用乙炔或电弧切割时,应采取隔热措施,严防烧伤构件端部混凝土。

(9) 电弧切割时的地线应搭在切割点附近,严禁搭在另一头,以防过电后使预应力筋伸张造成应力损失。

(10) 钢丝的回缩值,冷拔低碳钢丝不应大于 0.6mm,碳素钢丝不应大于 1.2mm,测试数据不得超过上列数值规定的 20%。

二、后张法(无粘结预应力)施工的安全要求

(1) 孔道直径。

1) 粗钢筋,其孔道直径应比预应力筋直径、钢筋对焊接头处外径、需穿过孔道的锚具或连接器外径大 10~15mm,见表 6—3。

表 6—3 ϕ^5 碳素钢丝束孔道直径

钢丝束根数	12	14	16	18	20	24	28
钢质锥形锚具	GZ12	-	-	GZ18	-	GZ24	-
孔道直径/mm	40	-	-	45	-	53	-
镦头锚具型号	DM5-12~14		DM5-16~18		DM5-20~24		DM5-28
中间孔道直径/mm	40		45		50		55
端部扩孔直径/mm	60		68		76		83
锥形螺杆锚具	-	LZ5-14	LZ5-16	-	LZ5-20	LZ5-24	LZ5-28
中间孔道直径/mm	-	50	53	-	56	63	70
端部扩孔直径/mm	-	65	70	-	75	83	89

2) 钢丝或钢绞线:其孔道应比预应力束外径大 5~10mm,其孔道面积应大于预应筋面积的两倍,见表 6—4。

表 6—4　ϕ 钢绞线束孔道直径表

钢绞线束根数	4	5	6	7	8	9	12
JM 型锚具型号	JM15-4	—	JM15-6	—	—	—	—
孔道直径/mm	50	—	65	—	—	—	—
XM 型锚具型号	XM15-4	XM15-5	XM15-6	XM15-7	XM15-8	XM15-9	XM15-12
中间孔道直径/mm	50	55	65	65	70	75	85
端部扩孔直径/mm	75	85	95	95	110	120	135
端部扩孔长度/mm	240	320	340	340	390	500	500

3）预应力筋孔道之间的净距不应小于 25mm；孔道至构件边缘的净距不应小于 25mm，且不应小于孔道直径的一半；凡需起拱的构件，预留孔道宜随构件同时起拱。

（2）采用分批张拉时，先批张拉的预应力筋，其张拉应力 σ_{con} 应增加 $\alpha_E \sigma_{hp}$（α_E 为预应力筋和混凝土的弹性模量比值。σ_{hp} 为张拉后批预应力筋时，在其重心处预应力对混凝土所产生的法向应力）。或者每批采用同一张拉值，然后逐根复拉补足。

（3）曲线预应力筋和长度大于 24m 的直线预应力筋，应在两端张拉，长度等于或小于 24m 的直线预应力筋，可在一端张拉，但张拉端宜分别设置在构件的两端。

（4）在构件两端及跨中应设置灌浆孔，其孔距不应大于 12m。

（5）平卧重叠构件的张拉，应根据不同预应力筋与不同隔离剂的平卧重叠构件逐层增加其张拉力的百分率，见表 6—5。对于大型或重要工程应在正式张拉前至少必须实测二堆屋架的各层压缩值，然后计算出各层应增加的张拉力百分率。

表 6—5　平卧叠层浇筑构件逐层增加的张拉力百分率

预应力筋类别	隔离剂类别	逐层增加的张拉力百分率/(%)			
		顶层	第二层	第三层	底层
高强钢丝束	Ⅰ	0	1.0	2.0	3.0
	Ⅱ	0	1.5	3.0	4.0
	Ⅲ	0	2.0	3.5	5.0
冷拉钢筋	Ⅰ	0	2.0	4.0	6.0
	Ⅱ	1.0	3.0	6.0	9.0
	Ⅲ	2.0	4.0	7.0	10.0

注：第Ⅰ类隔离剂：塑料薄膜、油纸。
　　第Ⅱ类隔离剂：废机油、滑石粉、纸筋灰、石灰水废机油、柴油石膏。
　　第Ⅲ类隔离剂：废机油、石灰水、石灰水滑石灰。

（6）操作千斤顶和测量伸长值的人员，要严格遵守操作规程，应站在千斤顶侧面操作。油泵开运过程中，不得擅自离开岗位，如需离开，必须把油阀门全部松开或切断电路。

（7）在进行预应力张拉时，任何人员不得站在预应力筋的两端，同时在千斤顶的后面应设立防护装置。

(8) 张拉时应认真做到孔道、锚环与千斤顶三对中,以便保证张拉工作顺利进行。

(9) 预应力筋张拉时,构件的混凝土强度应符合设计要求,如无设计要求时,不应低于设计强度等级的 70%。主缝处混凝土或砂浆强度如无设计要求时,不应低于 15MPa。

(10) 钢丝、钢绞线、热处理钢筋及冷拉钢筋,严禁采用电弧切割。

(11) 预应力筋张拉完后,为减少应力松弛损失应立即进行灌浆。

(12) 采用锥锚式千斤顶张拉钢丝束时,应先使千斤顶张拉缸进油,至压力表略有启动时暂停,检查每根钢丝的松紧进行调整,然后再打紧楔块。

第3讲 钢筋混凝土预制构件装运、堆放、吊装

一、一般安全要求

(1) 建筑物外围必须设置安全网或防护栏杆,操作人应避开物件吊运路线和物件悬空时的垂直下方,并不得用手抓住运行中的起重绳索和滑车。

(2) 操作人员必须戴安全帽,高处作业应配挂安全带或设安全护栏。工作前严禁饮酒,作业时严禁穿拖鞋、硬底鞋或易滑鞋操作。

(3) 起重所用的材料、工具(如主拔杆、风缆、地锚、滑车、吊钩、钢丝绳、卷扬机和卡具等)应经常检查、保养和加油,发现不正常时,应及时修理或更换。土法起重应使用慢速卷扬机。

二、构件的装卸、运输和堆放的安全要求

(1) 构件装车时,不论平放、侧放、竖放,相邻构件间应接触紧密或揳稳,防止由于行车颠荡导致倾侧倒塌。多层堆叠,每层垫枋应在同一直线上,最大偏差不应超过垫枋横截面宽度的一半。构件支承点按结构要求以不起反作用为准。构件悬臂(即由垫枋起至构件端部的一段),一般不应大于 50cm。

(2) 凡运载构件不应高出车厢围栏,而且应用绳索绑牢,更不许将构件一端搁置在驾驶室的顶面。

(3) 起运物件,首先分清底面,按规定吊点起吊,两个或两个以上物件的面如互相不能平贴接触者,不许捆成一束起吊。

(4) 各种构件应按施工组织设计的规定分区堆放,各区之间应保持一定距离。堆放地点的土质要坚实,不得堆放在松土和坑洼不平的地方,防止下沉或局部下沉,引起倾侧甚至构件破裂。

(5) 卸下构件应轻轻放落,垫平垫稳,方可除钩。

（6）堆放单个屋架时，两边要用木枋支撑，堆放数个屋架时，除第一个用两边支撑外，其余各个应用木枋将各个作水平联系。

（7）堆放单件薄腹或吊车梁时，每侧用不少于2根斜杆支牢。

（8）构件长度超出车厢长度50cm以上者必须使用超长架，小型零星构件不应乱堆，应叠垛整齐，周围垫稳。

（9）外墙壁板、内隔墙板应放置在金属插放架内，下端垫长木枋，两侧用木楔揳紧。手放架的高度应为构件高度的2/3以上，上面要搭设30cm宽的走道和上下梯道，便于挂钩。现场搭设的插放架，立杆埋入地下不少于50cm，立杆中间要绑扎剪刀撑，上下水平拉杆、支撑和方垫木必须绑扎成整体，稳定牢固。

（10）叠堆高度以不压坏最下一层为准，尤其注意较薄构件。巨大或异形构件应采用特制工具载运。

（11）靠放架一般宜采用金属材料制作，使用前要认真检查和验收。内外墙板靠放时，下端必须压在与靠放架相连的垫木上，只允许靠放同一规格型号的墙板，两面靠放应平衡，吊装时严禁从中间抽吊，防止倾倒。

（12）汽车载运构件行走在崎岖不平、拐弯转角或过桥下坡的路段，应放慢行车速度，不得急开急刹。

（13）撬拔重物时，支垫要选用坚固物体，工作时注意棍子打滑伤人。

（14）几个工人共同搬运重物时，应在一个人指挥下进行，所有动作必须互相一致，并呼号子，稳步前进，同起同落，不得任意撒手。

（15）重物搬移（起重）不允许利用建筑物或结构作为承力点，如受环境或机具限制时，应先行准确地计算重力对结构的影响，是否有足够的安全度，才可实施。

（16）在车船上装卸重物，靠近车厢或船旁时，不得背空站立，需以弓字马步站稳在物体两侧挪动，防止脱手坠落。

三、构件安装的安全要求

（1）构件就位而还没有固定前，不准用手搬或脚蹬构件。

（2）安装人员必须配挂安全带，清理鞋底泥土，扎好（衬）衫裤脚，佩上工具袋，小工具和零件应放进袋内，不准抛掷或随意放置。

（3）安装混凝土柱时，柱子插入杯口以后，每边打入两个木楔，方可除钩。如柱长度在12m，重量在10t以上，校正柱子时，只许微松木楔，不许整个拿出。大柱子校正完毕后，随用风缆拉紧或撑木固定。当灌缝混凝土强度达到70%时，才可除去拉缆或支撑。严禁没有配挂安全带而在牛腿上工作；应搭设工作台或采用轻便的悬挂脚手。

（4）各种预制构件安装，必须按施工顺序对号就位，应保持垂直稳起。就位后，立即将构件的拉杆和支撑焊牢或锚固，方可除钩。禁止站在外墙板边沿探身推拉构件。

（5）不准在浮摆的构件上和沿钢丝绳上行走，必须在构件上行走操作时，应在构件已经放置在支座并稳定之后,而且构件应预先装设简便易装拆的临时护身栏。

(6) 从插放架起吊墙板应用卡环卡牢,垂直稳起,墙板必须超过障碍物允许高度方可回转臂杆。

(7) 起吊中的构件,禁止在上面放置不稳固的浮动物。

(8) 墙板就位固定后不得撬动,需要撬动调整时,应重新挂钩。墙板安装过程中禁止拆移支撑和拉杆。

(9) 安装壁板时,第一层(或第一块)应在装好拉顶斜撑后方可除钩,而且应在完成一个闭合间焊接牢固后才可拆除斜撑。上下层壁板就位后,应将预留钢筋立即焊牢,禁止下层壁板未焊牢前安装上层构件。

(10) 外墙为砖砌体,内墙浇灌混凝土前,必须将外砖墙加固,防止墙体外胀。在拆除时,禁止把加固材料悬挂在墙体上和直接下扔。

(11) 纵向壁板与横向壁板的交接或转角部位,应用特制的转角固定器,进行固定和校正。在未经焊接固定前不许拆除转角固定器。在安装过程中,应严密注意吊件或其他物体不得碰触各支撑件。

(12) 阳台栏板和楼梯栏板,应随楼层安装。如不能及时安装,必须在外侧搭设防护栏杆。

(13) 安装悬挑构件(如阳台、挑檐),在未焊接牢固前应逐层支顶其外挑部分,而且支顶应在整个建筑物安装完成后才可拆除,并严禁在悬挑部分放置重物或借力起重。

(14) 挂钩应从里向外钩,起吊屋面板前检查四角是否钩紧。

(15) 预制构件就位焊接牢固后,应立即将吊环割掉,防止绊脚。

(16) 凡楼面或屋面板有足以坠人的孔洞,在安装好后随即钉封洞口。

(17) 安装第一个屋架时,在焊牢支座后,应在屋架两侧拉好缆风绳或采用其他固定性固定,方可除钩。以后安装每个屋架都要用不少于 2 根木条交相邻两屋架作水平联系稳定。跨度较长的屋架,应有防止变形的加固夹枋(水平撑杆和斜撑杆),其他相类似的构件均应同样办理。

(18) 重大构件应加保险绳(过底绳),带有锐利棱角的构件应用麻袋、木板等衬楔,以防切割绳索。

(19) 安装多层结构时,应在建筑物四周,随吊装进度,逐层架设安全网。

(20) 在坡度比较陡的屋面操作时,屋面两侧如无脚手架,应装设临时护身栏或架设安全网,或在屋面板上系好安全带。

(21) 采用梯子上落时,梯脚应支牢。在梯子上工作时,踏脚点必须离梯顶端不小于 1m。

(22) 进行吊装的场地,应划出危险地带,禁止非有关人员来往和停留。

第3单元　砌体工程安全施工技术

第1讲　基本要求

（1）雨季施工不得使用过湿的砌块，以避免砂浆流淌，影响砌体质量，雨后继续施工时，应复核砌体垂直度。

（2）活动钢（木）脚手架的安装，当安装在地面时，泥土必须平整坚实，否则要夯打至平整和不下沉，或另加脚手架垫板，扩大支撑面。当安装在楼板时，如高低不平则应用木板揳平稳，不得用砖块作垫底。地面上的脚手架大雨后应检查有无变动。

（3）车子运输砖、石、砂浆等材料时应注意稳定，不得猛跑，前后车距离应不少于2m；坡度行车，两车距离应不少于10m。禁止并行或超车。所载材料不许超出车厢之上。

（4）雨季施工要做好防雨措施，严防雨水冲走砂浆，造成砌体倒塌。

（5）严禁用抛掷方法传递砖、石等材料，如用人工传递，应稳递稳接，上下操作人员站立位置应错开。

（6）使用机械拌制和泵送砂浆时，应按工程机械操作操作安全技术进行操作。

（7）使用钢井架物料提升机运送物料时，应遵守钢井架物料提升机有关规定。吊运时不得超载，使用过程中经常检查，若发现有不符合规定者，应停止作业及时修理。

（8）操作地点临时堆放用料时，要放在平整坚实的地面上，不得放在湿滑积水或泥土松软崩裂的地方。放在楼面板或桥道时，不得超过其设计荷载能力，并应分散堆置，不得过分集中。基坑边1m以内不准堆料。

（9）砖、阶砖和小型砌块等，砌筑前均应在地面上用水淋湿（或浸水）至湿透，不应将砌块运到操作地点时才进行，以免造成场地湿滑。

（10）活动钢管脚手架提升后，应用　9的铁销贯穿内外管孔；严禁随便用铁钉代替。当活动脚手架提升到2m时，架与架应装交叉拉杆，以加强联结稳定。

（11）用起重机吊运砖时，应采用砖笼，并不得直接放在桥板上。吊运砂浆的料斗不能装得过满。吊钩要扣稳，而且要待吊物下降至离楼地面1m以内时，人员才可靠近。扶住就位，人员不得站在建筑物的边缘。吊运物料时，吊臂回转范围内的下面不得有人员行走或停留。

（12）脚手架间距按脚手板（桥枋）长度和刚度而定，脚手板不得少于两块，其端头须铺过梁的支撑横杆且不小于20cm，但不得伸过太长做成悬臂（探头板）。

（13）每块脚手板上的操作人员不应超过两人，堆放砖块时不应超过单行4皮。

宜一块板站人，一块板堆料。

（14）上、落脚手架，不应急剧跳上、跳落。

（15）不准用不稳定的工具或物体在脚手板面垫高操作，更不应在未经设计和加固的情况下，在一层脚手架上再叠加一层（桥上桥）。

（16）两脚手板（桥枋）相搭接时，每块板应各伸过架的支撑横杆，严禁将上一块板搭在下一块板的悬空（探头）部分。如用钢筋桥枋（花梁）代替脚手板时，应用铅丝与架扎牢。

第2讲 砖砌体工程

（1）在台风到来之前，已砌好的山墙应临时用连系杆（例如桁条）放置各跨山墙间，连系稳定。否则，应另行作好支撑措施。

（2）砖垛上取砖时，应先取高处后取低处，防止垛倒砸人。

（3）深基坑装顶的拆除，应随砌筑的高度，自下而上将支顶逐层拆除并每拆一层，随即回填一层泥土，防止该层基土发生变化。当在坑内工作时，操作人员必须戴好安全帽。操作地段上面要有明显标志，警示基坑内有人操作。

（4）脚手架站脚处的高度，应低于已砌砖的高度。

（5）砌砖在一层以上或高度超过4m时，若建筑物外边没有架设脚手架平桥，则应支架安全网或护身栏杆。

（6）不准站在墙上做划线、称角、清扫墙面等工作。上下脚手架应走斜道，严禁踏上窗台出入平桥。

（7）基坑边堆放材料距离坑边不得少于1m。尚应按土质的坚实程序确定。当发现土壤出现水平或垂直裂缝时，应立即将材料搬离并进行基坑装顶加固处理。

（8）砍砖时应面向内打，注意砖碎弹出伤人。

（9）基础砌砖时，应经常注意和检查基坑土质变化情况，有无崩裂和塌陷现象。当深基坑装设挡板支顶时，操作人员应设梯子上落，不应攀爬支顶和踩踏砌体上落；运料下基坑不得碰撞支顶。

（10）砌砖使用的工具、材料应放在稳妥的地方，工作完毕应将脚手板和砖墙上的碎砖、灰浆等清扫干净，防止掉落伤人。

第3讲 中、小型砌块砌体工程

（1）堆放在楼板上的砌块不得超过楼板的允许承载力。采用内脚手架施工时，在二层楼面以上必须沿建筑物四周设置安全网，并随施工高度逐层提升，屋面工程未完工前不得拆除。

（2）安装砌块时，不准站在墙上操作和墙上设置支撑、缆绳等。在施工过程中，对稳定性较差的窗间墙、独立柱应加稳定支撑。

（3）吊装砌块和构件时应注意其重心位置，禁止用起重拔杆拖运砌块，不得起吊有破裂脱落危险的砌块。起重拔杆回转时，严禁将砌块停留在操作人员的上空或在空中整修、加工砌块。吊装较长构件时应加稳绳。吊装时不得在其下一层楼内进行任何工作。

（4）砌块施工宜组织专业小组进行。施工人员必须认真执行有关安全技术规程和本工种的操作规程。

（5）当遇到下列情况时，应停止吊装工作。

1）起吊设备、索具、夹具有不安全因素而没有排除时。

2）因刮风，使砌块和构件在空中摆动不能停稳时。

3）噪声过大，不能听清指挥信号时。

4）大雾或照明不足时。

第4讲　石砌体工程

（1）搬运石料前，应检查搬运工具、绳索是否牢靠。石料要拿稳放牢。用车子或筐运送时，不应装得过满，防止滚落伤人。

（2）在脚手架上砌石，不得使用大锤，修整石块时要戴防护目镜，不准两人对面操作。操作时，应戴厚帆布防护手套。

（3）用绳缆抬石，应用双缆，不应用单缆，并且有缆的一面向人，前后两人要互相呼应、互相照顾、步伐一致。

（4）砌石施工有关基础、墙身砌筑的操作安全事项，参照"砌体工程施工安全技术"。

（5）石块不得往下掷。运石上落时，桥板要架设牢固，并有防滑措施，桥板宽度应大于50cm，同时桥侧要有扶手栏杆。

（6）坑槽运石料，应用溜槽或吊运，下方不准有人。

（7）用手推车运石料时，应掌握车的重心，装车先装后面，卸车先卸前面，装车不得超载。

（8）开尖操作前应检查铁尖、大锤等有无裂痕，是否牢固；如有，则应修理，才可使用。铁尖要用小麻绳拴紧，操作时用脚踩实麻绳，以防铁尖飞出伤人。开尖时翻动石块要使用铁笔，在石块底斜处用小石块垫牢，以防石块滚动。

（9）破石时先检查锤头有无破裂，锤柄是否牢靠。打锤要按照石纹走向落锤，锤口要平，落锤要准。落锤要选择方向，看清附近情况，有无危险，方可落锤，以防止伤人。

（10）工作完毕，应将脚手板上的石渣碎片清扫干净。

第4单元 钢结构工程安全施工技术

第1讲 钢结构焊接施工

（1）焊工必须经安全技术培训、考核，持证上岗。

（2）雨、雪、风力6级以上（含6级）天气不得露天作业。雨、雪后应清除积水、积雪后方可作业。

（3）作业时应穿戴工作服、绝缘鞋、电焊手套、防护面罩、护目镜等防护用品，高处作业时系安全带。

（4）焊接作业现场周围10m范围内不得堆放易燃易爆物品。

（5）使用电焊设备应按照如下要求进行操作。

1）电焊设备的安装、修理和检查必须由电工进行。焊机和线路发生故障时，应立即切断电源，并通知电工修理。

2）电焊机的配电系统开关、漏电保护装置等必须灵敏有效，导线绝缘必须良好。

3）使用交流电焊机作业应按照下列要求进行操作：多台焊机接线时三相负载应平衡，初级线上必须有开关及熔断保护器。电焊机应绝缘良好。焊接变压器的一次线圈绕组与二次线圈绕组之间、绕组与外壳之间的绝缘电阻不得小于1MΩ。电焊机必须安装一、二次线接线保护罩。电焊机的工作应依照设计规定，不应超载运行。作业中应经常检查电焊机的温升，超过A级60℃、B级80℃时必须停止运转。

4）电焊机电源线必须绝缘良好，长度不得大于5m。

5）使用电焊机前，必须检查绝缘及接线情况，接线部分不得腐蚀、受潮及松动。

6）电焊机必须安放在通风良好、干燥、无腐蚀介质、远离高温高湿和多粉尘的地方。露天使用的焊机应设防雨棚，焊机应用绝缘物垫起，垫起高度不得小于20cm，按要求配备消防器材。

7）电焊机的外壳必须有可靠的保护接零。必须定期检查电焊机的保护接零线。

8）电焊机内部应保持清洁，定期吹净尘土。清扫时必须切断电源。

9）电焊机启动后，必须空载运行一段时间。调节焊接电流及极性开关应在空载下进行。直流焊机空载电压不得超过90V，交流焊机空载电压不得超过80V。

10）电焊机焊接电缆线必须使用多股细铜线电缆，其截面应根据电焊机使用要求选用。电缆外皮必须完好、柔软，其绝缘电阻不小于1MΩ。焊接电缆线长度不得大于30m。

11）电焊机必须设单独的电源开关、自动断电装置。电源开关、自动断电装置必须放在防雨的闸箱内，装在便于操作之处，并留有安全通道。

12）严禁用拖拉电缆的方法移动焊机，移动电焊机时，必须切断电源。焊接中途突然停电，必须立即切断电源。

13）使用硅整流电焊机作业应按照下列要求进行操作：使用硅整流电焊机时，必须开启风扇，运转中应无异响，电压表指示值应正常。应经常清洁硅整流器及各部件，清洁工作必须在关机断电后进行。

（6）使用氩弧焊机作业应按照下列要求进行操作。

1）工作前必须检查管路，气管、水管不得受压、泄漏。

2）更换钨极时，必须切断电源。磨削钨极必须戴手套和口罩。磨削下来的粉尘应及时清除。钍、铈钨极必须放置在密闭的铅盒内保存，不得随身携带。

3）水冷型焊机冷却水应保持清洁，焊接中水流量应正常，严禁断水施焊。

4）氩气瓶内氩气不得用完，应保留 98～226kPa。氩气瓶应直立、固定放置，不得倒放。

5）高频引弧焊机，必须保证高频防护装置良好，不得发生短路。

6）氩气减压阀、管接头不得沾有油脂。安装后应试验，管路应无障碍、不漏气。

（7）作业后应切断电源，关闭水源和气源。焊接人员必须及时脱去工作服，清洗手脸和外露的皮肤。

（8）使用埋弧自动、半自动焊机作业应按照下列要求进行操作：作业前应进行检查，送丝滚轮的沟槽及齿纹应完好，滚轮、导电嘴（块）必须接触良好，减速箱油槽中的润滑油应充量合格。软管式送丝机构的软管槽孔应保持清洁，定期吹洗。

（9）作业前应进行检查，焊丝的进给机构、电源的连接部分、二氧化碳气体的供应系统以及冷却水循环系统均应合乎要求。

（10）使用二氧化碳气体保护焊机作业应按照下列要求进行操作。

1）二氧化碳气体预热器端的电压不得高于 36V。

2）二氧化碳气瓶应放在阴凉处，不得靠近热源。最高温度不得超过 30℃，并应放置牢靠。

3）作业前预热 15min，开气时，操作人员必须站在瓶嘴的侧面。

（11）使用对焊机作业应按照下列要求进行操作。

1）作业前应进行检查，对焊机的压力机构应灵活，夹具必须牢固，气、液压系统应无泄漏，正常后方可施焊。

2）应定期磨光断路器上的接触点、电极，定期紧固二次电路全部连接螺栓。冷却水温度不得超过 40℃。

3）对焊机应有可靠的接零保护。多台对焊机并列安装时，间距不得小于 3m，并应接在不同的相线上，有各自的控制开关。

4）焊接前应根据所焊钢筋截面，调整二次电压，不得焊接超过对焊机规定直径的钢筋。

5）焊接较长钢筋时应设置托架，焊接时必须防止火花烫伤其他人员。

(12) 焊钳和焊接电缆应符合下列要求：
1) 焊钳应保证任何斜度都能夹紧焊条，且便于更换焊条。
2) 焊接电缆应具有良好的导电能力和绝缘外层。
3) 焊钳弹簧失效，应立即更换。钳口处应经常保持清洁。
4) 焊钳必须具有良好的绝缘、隔热能力。手柄绝热性能应良好。
5) 焊钳与电缆的连接应简便可靠，导体不得外露。
6) 焊接电缆的选择应根据焊接电流的大小和电缆的长度，按要求选用较大的截面积。

(13) 焊接电缆接头应采用铜导体，且接触良好，安装牢固可靠。

第2讲 钢结构吊装

应符合本书第八章第5单元的"起重吊装工程专项施工安全技术"的要求。

第5单元 建筑防水工程安全施工技术

第1讲 基本要求

(1) 对有皮肤病、眼病、刺激过敏等患者，不得从事沥青工作。施工过程中，如发生恶心、头晕、刺激过敏等情况，应立即停止操作。

(2) 施工现场应有急救备用药品，以便急用。

(3) 操作时应注意风向，操作人员应站在上风方向；如遇大风，沥青烟雾飞扬，应停止工作，防止下风方向作业人员中毒或烫伤。

(4) 从事沥青及有毒防水材料作业工作时，必须穿戴规定的防护用品。操作人员不得赤脚、穿短裤和短袖衣服进行操作，裤脚袖口应扎紧，并应佩戴手套和脚套。装卸、搬运碎沥青，必须洒水，防止粉末飞扬。

(5) 严禁未成年或精神不正常的工人参加屋面上的沥青工作或运输熔热油类工作。沥青作业每班应适当增加间歇时间。

(6) 存放卷材和胶粘剂的仓库或现场要严禁烟火，如需用明火，必须有防火措施，且应设置一定数量的灭火器材和砂袋。

(7) 开工前，现场施工人员必须向参加操作的全体人员进行安全技术交底。要详细、认真地将所用材料的品种、规格、性能和有关设备（包括防火设备），以及操作过程中应注意事项交底清楚。

(8) 雨、霜、雪天，必须待屋面干燥后，方可继续进行工作，刮大风时应停止作业。

第2讲　熬油施工

（1）熬制沥青锅灶的地点，应设置在下风向；距离建筑物应超过10m；距离易燃品堆放场所应超过25m；距离电线垂直下方的两侧应在10m以外，在地下5m范围内不得有电缆。

（2）熬制沥青锅灶上方必须有防护棚，并要符合防火要求，须配备足够和妥善的防火器材（灭火筒、砂子、湿水麻袋、铁锅盖或备有一定数量的滑石粉等）。

（3）溶化铁桶沥青，先将桶盖和气孔全部打开，用铁条串通后，方准烘烤，并经常疏通放油孔和气孔。严禁火焰与油直接接触。

（4）熬油下料，不得超过油锅容量的2/3，并严防溢出锅外。熬油时应有人看守，必须在灭火后才准离开。下雨前及下班后应用铁盖把油锅盖好，每天完工后，应将炉火熄灭。

（5）熬油作业人员，应严守岗位，随时注意测量沥青温度的变化，沥青脱完水后，应用慢火升温。当锅内油冒白烟转变为冒浓的红黄烟时，应立即停火，这是着火的前兆。

（6）熬油过程中，在投放沥青时要特别小心，应将沥青小块沿锅边缓慢放入，严禁大块投放，锅内不得有积水。锅上周围的工具也要注意放好，防止跌入锅内，溅起油液。

（7）熬制沥青的锅边要距离火口应不小于70cm，临时堆放沥青、燃料地点必须距离锅边不小于5m，锅与锅之间距离应大于2m。锅与烟囱之间的距离应大于80cm。炉灶附近，严禁放置煤油等易燃、易爆物品。

（8）沥青加热温度及涂抹温度，可参照表6—6。

表6—6　沥青加热度及涂抹温度参照表

材料名称	加热温度/℃	涂抹温度/℃
石油沥青	220~240	180~200
焦油沥青	140~160	120~140

（9）配置冷底子油的位置，要离开沥青炉火以及一切火源火种50m以上。下料应分批、少量、缓慢，不停搅拌，不得超过油锅容量的1/2，温度不得超过80℃，并应在避风处配制。如环境不许可时，也不得位于火源火种的上风向，必须在其下风向进行。

（10）配制冷底子油时，要严格掌握沥青温度，并禁止用铁棒搅拌。如发现冒出大量蓝烟时，应立即停止加入稀释剂。

（11）锅内沥青着火，应立即用铁锅盖或铁板将油锅盖严，停止鼓风，封闭炉门，熄炉火。如沥青溢出地面着火，应用砂、湿麻袋或灭火器熄灭火苗；严禁浇水灭火。

（12）配制、储存、涂刷冷底子油的地点严禁烟火，并不得在附近进行电焊、气焊等作业。

第3讲 卷材铺贴

（1）垂直运输热沥青，应采用运输机具，运输机具应牢固可靠。如用滑轮吊运时，
上面的操作平台应设置防护栏杆，提升时要系拉牵绳，防止油桶摆动，油桶下方10m半径范围内禁止站人。

（2）油桶要平放，不得两人抬运。在运输途中，注意平稳，精神要集中，防止不慎跌倒造成伤害。

（3）在坡度较大的屋面运热沥青时，应采取专门的安全措施（如穿防滑鞋等），油桶下面应加垫，保证油桶放置平稳。

（4）禁止直接用手传递，操作人员也不准沿楼梯挑上，接料人员应用钩子将油桶钩放在平台上放稳，不得过于探身用手接触油桶。

（5）浇倒热沥青与铺贴卷材的操作人员应保持一定距离，并根据风向错位，浇至四周边沿时，要侧身操作，以避免热沥青飞溅烫伤。

（6）屋面四周没有女儿墙和未搭设外脚手架时，施工前必须搭设好防护栏杆，其高度应高出沿周边1.2m。防护栏杆应牢固可靠。

（7）浇倒热沥青时，必须注意屋面的缝隙和小洞，防止沥青漏落。浇倒屋面四周边沿时，要随时拦扫下淌的沥青，以免流落下方，并应通知下方人员注意避开。檐口下方不得有人行走或停留，以防沥青流落伤人。

（8）避免在高温烈日下施工。

（9）配制速凝剂时，操作人员必须戴口罩和手套。

（10）使用喷灯时，应清除周围的易燃物品；必须远离冷底子油，严禁在涂刷冷底子油区域内使用喷灯。喷灯煤油不得过满，打气不应过足，并必须在用火地点备有防火器材。

（11）在地下室、基础、池壁、管道、容器内等地方进行有毒、有害的涂料和涂抹沥青防水等作业时，应有通风设备和防护措施，并应定时轮换操作。

（12）地下室防水施工的照明用电，其电源电压应不大于36V；在特别潮湿的场所，其电源电压不得大于12V。

（13）运上屋面的材料，如卷材、鱼眼砂等，应平均分散堆放，随用随运，不

得集中堆料。在坡度较大的屋面上堆放卷材时,应采取措施,防止滑落。

(14) 处理漏水部位,须用手直接接触掺加了促凝剂的砂浆时,要戴胶皮手套或胶皮手指套。

(15) 盛装热沥青的铁勺、铁壶、铁桶要用咬口接头,严禁用锡进行焊接,桶宜加盖,装油量不得超过上述容器的 2/3。

(16) 铺贴垂直墙面卷材,其高度超过 1.5m 时,应搭设牢固的脚手架。

第6单元 屋面工程安全施工技术

第1讲 盖瓦(黏土瓦)屋面

(1) 屋面上如有霜雪时,要及时清扫,并应有可靠的防滑措施。

(2) 用车子运瓦应注意稳定,不得猛跑,前后车距离应不小于 2m;坡度行车两车距离应不小于 10m。禁止并行或超车。

(3) 在金字屋面运瓦和挂瓦,应在两坡均衡地同时进行,保持屋架荷重的均衡;严禁单坡堆放和集中堆放。

(4) 操作人员不准穿硬底鞋、易滑鞋和拖鞋。

(5) 垂直运瓦应用器物吊运,不准从下向上手抛。如用人工传递时,则上下方的人员要注意递准和接稳,位置应相互避开。

(6) 屋面坡度大于 25°时,必须使用移动式板梯挂瓦,板梯应设有牢固的挂钩。必要时还须系好安全带。

(7) 施工前应先检查脚手架、防护栏杆或安全网架设是否牢固。

(8) 屋面无望板时,应铺设有防滑条走道,严禁在桁条、瓦条上行走。如屋面的顺水边无搭设脚手架时,檐口应架设防护栏杆或张挂安全网。

(9) 挂瓦范围的下方,应有警示标志或围栏,禁止人员通过和停留。

(10) 凡患有严重心脏病、高血压、神经衰弱症及贫血症等,不适于高处作业者不能进行屋面工程施工作业。

(11) 碎瓦杂物应集中往下运,不准随便往下乱掷。

第2讲 石棉水泥波形瓦屋面

(1) 工具和螺栓(螺母、垫圈等)应放在工具袋内,严禁散丢在屋面上,以防掉下伤人。

(2) 屋面檐口周围应设不低于 1.4m 高的防护栏杆。

(3) 操作时精神要集中，严禁嬉笑打闹，也不准互相上下抛掷物品。

(4) 运瓦工作应在两坡对称进行，铺瓦时，亦沿两坡对称进行。

(5) 施工时应搭设有防滑条的临时走道板，并随铺瓦进度随移随搭。

(6) 安装石棉瓦，必须做好各项安全措施。在没有望板的屋面上安装石棉瓦，应在屋架下全面积张挂安全网或其他安全措施，无安全网或安全措施不准施工。

(7) 在已安装好的石棉瓦上行走时，应沿已铺好屋面的檩条方向踩踏（以露出的螺母为标志），严禁直接在石棉瓦屋面上行走。

第3讲 轻型复合板屋面

(1) 安装屋面板时必须架设操作平台。平台应有防护栏杆和安全爬梯。

(2) 操作时，应随手清理撒落在屋面板上的抽芯、铆钉芯及其他杂物等。

(3) 操作人员必须穿防滑的软底鞋，鞋底要清洁，不要粘有泥沙和杂物，以防划破表面涂层。

(4) 卸放屋面板时，应缓慢轻放，不得碰坏板边及擦伤板面，待放平垫稳后，方可解除吊索。

(5) 升运屋面板及泛水等构件，必须采用专用的吊索及提升架，按规定的吊点起吊。各种起吊用具在使用前，必须进行检查，确认安全可靠，方可使用。

(6) 每班工作后，必须将放在屋面或脚手架上的尚未安装的复合板和泛水板等构件，用绳索牢固地绑扎稳妥，或吊下地面放好。

第4讲 轻质隔热夹心板屋面

(1) 起吊夹心板时，应使用尼龙吊索或其他专用器具。吊点位置如无规定，一般以吊点到板端距离为0.2L为宜（L为板长）。

(2) 风速达到10m/s时，应停止起重及屋面作业。雨后及露水大的天气，要做好屋面的防滑工作。

(3) 屋面堆放夹心板时，应放在主桁架的位置上。堆放高度不得超过10块，且应有措施保证夹心板不滑落。下班前或天气不好时应用绳索将夹心板与桁条系牢，以防跌落。

(4) 使用手持电动工具，必须严格遵守相关规程的安全规定，确保使用安全。

(5) 屋面施工时，必须全面积支挂安全网，无安全网不许施工。

(6) 施工场地及夹心板堆放位置要严格做好防火工作。堆放夹心板等材料的地方要防止电焊溅落火花而损坏夹心板表面的涂漆。密封胶是易燃物品，注意烟火勿近。

第7单元 建筑装饰工程安全施工技术

第1讲 抹灰工程

(1) 进行砂浆搅拌时必须设专人操作，并严格按照搅拌机操作规程执行。

(2) 班组（队）长每日上班前，有针对性地作好安全技术交底，并对作业环境、设施、设备等进行认真检查，及时发现问题及时解决。作业中对违章操作坚决制止。下班后做到断电、灭火、活完料净场地清。对全天情况做好记录。

(3) 作业中发生事故，必须及时抢救人员，迅速报告上级，保护事故现场，并采取措施控制事故。如抢救工作可能造成事故扩大或人员伤害时，必须在施工技术管理人员的指导下进行抢救。

(4) 脚手架使用前应检查脚手板是否有空隙、探头板、护身栏、挡脚板、确认合格，方可使用。吊篮架子升降由架子工负责，非架子工不得擅自拆改或升降。

(5) 作业人员必须熟知本工种的操作安全规程和施工现场的安全生产制度，不违章作业，对违章作业的指令有权拒绝，并有责任制止他人违章作业。

(6) 作业过程中遇有脚手架与建筑物之间拉接，未经领导同意，严禁拆除。必要时由架子工负责采取加固措施后，方可拆除。

(7) 在高大门、窗旁作业时，必须将门窗扇关好，并插上插销。

(8) 脚手架上的工具、材料要分散放稳，不得超过允许荷载（结构架不得超过 300kg，装修架不得超过 200kg，集中荷载不得超过 150kg）。

(9) 瓷砖墙面作业时，瓷砖碎片不得向窗外抛扔。剔凿瓷砖应戴防护镜。

(10) 采用井字架、龙门架、外用电梯垂直运送材料时，预先检查卸料平台通道的两侧边安全防护是否齐全、牢固，吊盘（笼）内小推车必须加挡车板，不得向井内探头张望。

(11) 作业中出现危险征兆时，作业人员应暂停作业，撤至安全区域，并立即向上级报告。未经施工技术管理人员批准，严禁恢复作业。紧急处理时，必须在施工技术管理人员指挥下进行作业。

(12) 利用室外电梯运送水泥砂浆等抹灰材料时，严禁超载，并将遗洒的杂物及时清理干净。

(13) 外装饰为多工种立体交叉作业，必须设置可靠的安全防护隔离层。贴面使用的预制件、大理石、瓷砖等，应堆放整齐、平稳，边用边运。安装时要稳拿稳放，待灌浆凝固稳定后，方可拆除临时支撑。废料、边角料严禁随意抛掷。

(14) 使用电钻、砂轮等手持电动工具，必须装有漏电保护器，作业前应试机检查，作业时应戴绝缘手套。

(15) 脚手板不得搭设在门窗、暖气片、洗脸池等非承重的物器上。阳台通廊部位抹灰，外侧必须挂设安全网。严禁踩踏脚手架的护身栏杆和阳台栏板进行操作。

（16）使用吊篮进行外墙抹灰时，吊篮设备必须具备三证（检验报告、生产许可证、产品合格证），并对抹灰人员进行吊篮操作培训，专篮专人使用，更换人员必须经主管人员批准并重新登记。

（17）室内推小车要稳，拐弯时不得猛拐。

（18）夜间或阴暗处作业，应用 36V 以下安全电压照明。

（19）室内抹灰采用高凳上铺脚手板时，宽度不得少于两块脚手板（50cm），间距不得大于 2m，移动高凳时上面不得站人，作业人员最多不得超过 2 人。高度超过 2m 时，应由架子工搭设脚手架。

（20）遇有 6 级以上强风、大雨、大雾，应停止室外高处作业。

第 2 讲　油漆工程

（1）各种油漆材料（汽油、漆料、稀料）应单独存放在专用库房内，不得与其他材料混放。库房应通风良好。易挥发的汽油、稀料应装入密闭容器中，严禁在库内吸烟和使用任何明火。

（2）油漆涂料的配制应遵守以下规定。

1）工作完毕，各种油漆涂料的溶剂桶（箱）要加盖封严。

2）高处作业时必须支搭平台，平台下方不得有人。

3）操作人员应进行体检，患有眼病、皮肤病、气管炎、结核病者不宜从事此项作业。

4）调制油漆应在通风良好的房间内进行。调制有害油漆涂料时，应戴好防毒口罩、护目镜，穿好与之相适应的个人防护用品，工作完毕应冲洗干净。

（3）刷耐酸、耐腐蚀的过氧乙烯涂料时，应戴防毒口罩。打磨砂纸时必须戴口罩。

（4）使用人字梯应遵守以下规定。

1）人字梯上搭铺脚手板，脚手板两端搭接长度不得少于 20cm。脚手板中间不得同时两人操作，梯子挪动时，作业人员必须下来，严禁站在梯子上踩高跷式挪动。人字梯顶部铰轴不准站人、不准铺设脚手板。

2）高度 2m 以下作业（超过 2m 按规定搭设脚手架）使用的人字梯应四脚落地，摆放平稳，梯脚应设防滑橡皮垫和保险拉链。

3）人字梯应经常检查，发现开裂、腐朽、榫头松动、缺挡等不得使用。

（5）临边作业必须采取防坠落的措施。外墙、外窗、外楼梯等高处作业时，应系好安全带。安全带应高挂低用，挂在牢靠处。油漆窗户时，严禁站在或骑在窗栏上操作。刷封沿板或水落管时，应在脚手架或专用操作平台架上进行。

（6）喷涂人员作业时，如头痛、恶心、心闷和心悸等，应停止作业，到户外通风处换气。

（7）刷坡度大于25°的铁皮层面时，应设置活动跳板、防护栏杆和安全网。

（8）空气压缩机压力表和安全阀必须灵敏有效。高压气管各种接头应牢固，修理料斗气管时应关闭气门，试喷时不准对人。

（9）刷模板等小构件的油漆时，必须将构件支放稳固。

（10）在高处作业的人员注意不伤害下面的人员。

1）手持工具和零星物料应随手放在工具袋内。

2）清理楼内物料时，应设溜槽或使用垃圾桶。

3）严禁从高处向下方投掷或者从低处向高处投掷物料、工具。

4）安装或更换玻璃要有防止玻璃坠落措施，严禁往下扔碎玻璃。

（11）在室内或容器内喷涂，必须保持良好的通风。喷涂时严禁对着喷嘴察看。

（12）作业后应及时清理现场遗料，运到指定位置存放。

第3讲　门窗工程

（1）木工使用各种木作机械，如圆锯、带锯、刨木机等均应按照相应的操作规程操作。

（2）所有锯出的副材、边角料和板皮等，应分类按指定地点堆放。一切材料、成品要堆放整齐稳固，在一定的高度时，应用板皮隔开垫稳，防止塌落和损坏。

（3）安装门窗框、扇作业时，操作人员不得站在窗台和阳台栏板上作业。当门窗临时固定，封填材料尚未达到其应有强度时，不准手拉门、窗进行攀登。

（4）上班前不得饮酒，下班后要清理机械和周围环境的刨花、木屑。

（5）安装二层楼以上外墙窗扇，应设置脚手架和安全网，如外墙无脚手架和安全网时，必须挂好安全带。安装窗扇的固定扇，必须钉牢固。

（6）使用手提电钻操作，必须佩戴绝缘胶手套，机械生产和圆锯锯木，一律不得戴手套操作，并必须遵守用电和有关机械操作安全规程。

（7）操作过程中如遇停电、抢修或因事离开岗位时，除对本机关掣外，并应将闸掣拉开，切断电源。

（8）使用电动螺丝刀、手电钻、冲击钻、曲线锯等必须选用Ⅱ类手持式电动工具，每季度至少全面检查一次，确保使用安全。

（9）凡使用机械操作，在开机时，必须挥手扬声示意，方可接通电源，并不准使用金属物体合闸。

（10）在机械锯木操作中，对有木眼、裂缝、畸形层、大节疤、翘曲和"鸡胸"木时，应减低推进速度。对于"鸡胸"木，除注意推送外，并应边锯边用木楔（即木尖）打入使之分离，防止事故发生。

（11）经常清理车间一切易燃物品（刨花、木屑等）。如有特殊工艺须要用火处理时，应严格管理；当工作完毕后，应立即用水淋熄。各种灭火器具要布置在适当的地方。安置灭火器具和装设电气开关的地方，不能堆塞材料和杂物，保持通畅无阻。车间范围内除特定吸烟室外，一律不准吸烟。

（12）使用射钉枪必须符合下列要求。

1）射钉弹要按有关爆炸和危险物品的规定进行搬运、贮存和使用，存放环境要整洁、干燥、通风良好、温度不高于 40℃，不得碰撞、用火烘烤或高温加热射钉弹，哑弹不得随地乱丢。

2）操作人员要经过培训，严格按规定程序操作，作业时要戴防护眼镜，严禁枪口对人。

3）墙体必须稳固、坚实并具承受射击冲击的刚度。在薄墙、轻质墙上射钉时，墙的另一面不得有人，以防射穿伤人。

（13）使用特种钢钉应选用重量大的锤头，操作人员应戴防护眼镜。为防止钢钉飞跳伤人，可用钳子夹住再行敲击。

第 4 讲　幕墙工程

一、玻璃安装

（1）安装屋顶采光玻璃，应铺设脚手板或采取其他安全防护措施。

（2）裁割玻璃，应在指定场所进行。边角余料要集中堆放在容器或木箱内，并及时处理。集中装配大批玻璃场所，应设置围栏或标志。

（3）安装门窗玻璃时，禁止在无隔离防护措施的情况下，上下楼层同时操作，取出而未安装上的玻璃应放置平稳。所用的小钉子、卡子和工具等放入工具袋内，随安随装。严禁将铁钉放在口里、安装玻璃的楼层下方，禁止人员来往和停留。

（4）安装高处外开窗玻璃时，应在牢固的脚手架上操作或挂好安全带，严禁无安全防护措施而蹲在窗框上操作。

（5）大屏幕玻璃安装应搭设吊架或挑架从上而下逐层安装。

（6）独立悬空作业时必须挂好安全带，不准一手腋下挟住玻璃，一手扶梯攀登上下。使用梯子时，不论玻璃厚薄均不准将梯子靠在玻璃面上操作。

（7）门窗等安装好的玻璃应平整、牢固，不得有松动现象；并在安装完后，应随即将风钩挂好插上插销，以防风吹窗扇碰碎玻璃掉落伤人。

（8）天窗及高层房屋安装玻璃时，施工点的下面及附近严禁行人通过，以防玻璃及工具掉落伤人。

（9）搬运玻璃必须戴手套或用布、纸垫住玻璃边口部分与手及身体裸露部分分隔，如数量较大应装箱搬运，玻璃片直立于箱内，箱底和四周要用稻草或其他软性物品垫稳。两人以上共同搬抬较大较重的玻璃时，要互相配合，呼应一致。

（10）搬运玻璃前应先检查玻璃是否有裂纹，特别要注意暗裂，确认完好后方可搬运。

（11）安装完后所剩下的残余破碎玻璃应及时清扫和集中堆放，并要尽快处理，以避免伤人。

二、铝合金玻璃幕墙安装

（1）安装时使用的焊接机械及电动螺丝刀、手电钻、冲击电钻、曲线锯等手持式电动工具，应按照相应的安全技术操作规程。

（2）铝合金幕墙安装人员应经专门安全技术培训，考核合格后方能上岗操作。施工前要详细进行安全技术交底。

（3）幕墙安装时操作人员应在脚手架上进行，作业前必须检查脚手架必须牢靠，脚手板有否空洞或探头等，确认安全可靠后方可作业。高处作业时，应按照相关的"高处作业"安全技术要求进行操作。

（4）使用专用清洁剂清洁幕墙时，室内要通风良好，戴好口罩，严禁吸烟，周围不准有火种。沾有专用清洁剂的棉纱、布应收集在金属容器内，并及时处理。

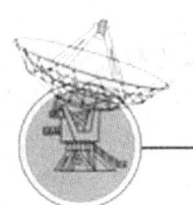

第7部分

施工机械机具安全操作要求

第1单元 土石方施工机械安全操作

第1讲 基本要求

（1）土石方机械的内燃机、电动机和液压装置的使用，要严格按照内燃机和电动机操作安全要求。

（2）机械运行中，严禁接触转动部位和进行检修。在修理（焊、铆等）工作装置时，应使其降到最低位置，并应在悬空部位垫上垫木。

（3）桥梁的承载能力有一定限度，履带式机械行走时振动大，通过桥梁要减速慢行，在桥上不要转向或制动，是为了防止由于冲击荷载超过桥梁的承载能力而造成事故。机械通过桥梁时，应采用低速挡慢行，在桥面上不得转向或制动。承载力不够的桥梁，事先应采取加固措施。

（4）机械进入现场前，应查明行驶路线上的桥梁、涵洞的上部净空和下部承载能力，保证机械安全通过。

（5）以下情况是土方施工中常见的危害安全生产的情况。在施工中遇下列情况之一时应立即停工，必要时可将机械撤离至安全地带，待符合作业安全条件时，方可继续施工。

1）填挖区土体不稳定，有发生坍塌危险时。

2）工作面净空不足以保证安全作业时。

3）地面涌水冒泥，出现陷车或因雨发生坡道打滑时。

4）在爆破警戒区内发出爆破信号时。

5）气候突变，发生暴雨、水位暴涨或山洪暴发时。

6）施工标志、防护设施损毁失效时。

（6）对于施工场地中不能取消的电杆等设施，要采取防护措施。在电杆附近取土时，对不能取消的拉线、地垄和杆身，应留出土台。上台半径：电杆应为1.0～

1.5m，拉线应为 1.5～2.0m。并应根据土质情况确定坡度。

（7）土方机械作业时，都要求有一定的配合人员，随机作业，所以一定要保持人机间的安全距离，以防止机械作业中发生伤人事故。配合机械作业的清底、平地、修坡等人员，应在机械回转半径以外工作。当必须在回转半径以内工作时，应制动、停止机械回转后，方可作业。

（8）雨季施工，机械作业完毕后，应停放在较高的坚实地面上。

（9）作业中，应随时监视机械各部位的运转及仪表指示值，如发现异常，应立即停机检修。

（10）当挖土深度超过 5m 或发现有地下水以及土质发生特殊变化等情况时，应根据土的实际性能计算其稳定性，再确定边坡坡度。

（11）土方机械作业对象是土壤，因此需要充分了解施工现场的地面及地下情况，以便采取安全和有效的作业方法，避免操作人员和机械以及地下重要设施遭受损害。作业前，应查明施工场地明、暗设置物（电线、地下电缆、管道、坑道等）的地点及走向，并采用明显记号表示。严禁在离电缆 1m 距离以内作业。

（12）当对石方或冻土进行爆破作业时，所有人员、机具应撤至安全地带或采取安全保护措施。

第 2 讲　挖掘装载机安全操作

（1）挖掘装载机的挖掘及装载作业应严格按照挖掘装载机操作安全规程要求进行操作。

（2）回转应平稳，不得撞击并用于砸实沟槽的侧面。

（3）一般挖掘装载机的最大挖掘力低于单斗挖掘机，因此，只能挖掘二类及以下的土壤，不宜挖掘三类及以上土壤。

（4）挖掘装载机挖掘前要将装载斗的斗口和支腿与地面固定，使前后轮稍离地面，并保持机身的水平，以提高机械的稳定性。挖掘作业前应先将装载斗翻转，使斗口朝地，并使前轮稍离开地面，踏下并锁住制动踏板，然后伸出支腿，使后轮离地并保持水平位置。

（5）铲斗提升臂在举升时，不应使用阀的浮动位置。

（6）移位时，应将挖掘装置处于中间运输状态，收起支腿，提起提升臂后方可进行。

（7）动臂下降中途如突然制动，其惯性造成的冲击力将损坏挖掘装置，并能破坏机械的稳定性而造成倾翻事故。作业时，操纵手柄应平稳，不得急剧移动；动臂下降时不得中途制动。挖掘时不得使用高速挡。

（8）当铲斗和斗柄的液压活塞杆保持完全伸张位置时，能使铲斗靠拢动臂，挖掘装置处于最短状态，有利于行驶。行驶时，支腿应完全收回，挖掘装置应固定牢靠，装载装置宜放低，铲斗和斗柄液压活塞杆应保持完全伸张位置。

（9）液压操纵系统的分配阀有前四阀和后四阀之分，前四阀操纵支腿、提升臂和装载斗等，用于支腿伸缩和装载作业；后四阀操作铲斗、回转、动臂及斗柄等，用于回转和挖掘作业。机械的动力性能和液压系统的能力都不允许也不可能同时进行装载和挖掘作业。在前四阀工作时，后四阀不得同时进行工作。

（10）动臂后端的缓冲块应保持完好；如有损坏时，应修复后方可使用。

（11）装载作业前，应将挖掘装置的回转机构置于中间位置，并用拉板固定。

（12）在行驶或作业中，除驾驶室外，挖掘装载机任何地方均严禁乘坐或站立人员。

（13）一般挖掘装载机系利用轮式拖拉机为主机，前后分别加装装载和挖掘装置，使

机械长度和重量增加 60% 以上，因此，行驶中要避免高速或急转弯，以防止发生事故。下坡时不得空挡滑行。

（14）在装载过程中，应使用低速挡。

（15）轮式拖拉机改装成挖掘装载机后，机重增大不少，为减少轮胎在重载情况下的损伤，停放时采取后轮离地的措施。当停放时间超过 1h 时，应支起支腿，使后轮离地；停放时间超过 1d 时，应使后轮离地，并应在后悬架下面用垫块支撑。

第3讲 推土机安全操作

（1）推土机在坚硬土壤或多石土壤地带作业时，应先进行爆破或用松土器翻松。在沼泽地带作业时，应更换湿地专用履带板。

（2）为了保证推土机能安全使用，作业前重点检查项目应符合下列要求。

1）各系统管路无裂纹或泄漏。

2）各部件无松动，连接良好。

3）燃油、润滑油、液压油等符合规定。

4）各操纵杆和制动踏板的行程、履带的松紧度或轮胎气压均符合要求。

（3）推土机行驶通过或在其上作业的桥、涵、堤、坝等，应具备相应的承载能力。

（4）采用主离合器传动的推土机接合应平稳，起步不得过猛，不得使离合器处于半接合状态下运转；液力传动的推土机，应先解除变速杆的锁紧状态，踏下减速器踏板，变速杆应在一定挡位，然后缓慢释放减速踏板。

（5）在浅水地带行驶时，如冷却风扇叶接触到水面，风扇叶的高速旋转能使水飞溅到高温的内燃机各个表面，容易损坏机件，并有可能进入气管和润滑油中，使内燃机不能正常运转而熄火。所以，在浅水地带行驶或作业时，应查明水深，冷却风扇叶不得接触水面。下水前和出水后，均应对行走装置加注润滑脂。

（6）履带式推土机如推粉尘材料或碾碎石块时，这些物料很容易挤满行走机构，堵塞在驱动轮、引导轮和履带板之间，造成转动困难而损坏机件。不得用推土机推石灰、烟灰等粉尘物料和用作碾碎石块的作业。

（7）启动后应检查各仪表指示值，液压系统应工作有效；当运转正常、水温达到55℃、机油温度达到45℃时，方可全荷载作业。

（8）推土机上坡时要根据坡度情况预先挂上相应的低速挡，以防止在上坡中出现力量不足再行换挡而挂不进挡造成空挡下滑。下坡时如空挡滑行，将使推土机失控而加速下滑，造成事故。推土机在坡上横向行驶或作业时，都要保持机身的横向平衡，以防倾翻。推土机上、下坡或超过障碍物时应采用低速挡。上坡不得换挡，下坡不得空挡滑行。横向行驶的坡度不得超过 10°。当需要在陡坡上推土时，应先进行填挖，使机身保持平衡，方可作业。

（9）启动前，应将主离合器分离，各操纵杆放在空挡位置，并严格按内燃机使用操作安全规程要求进行启动，严禁拖、顶启动。

（10）在上坡途中，当内燃机突然熄灭，应立即放下铲刀，并锁住制动踏板。在分离主离合器后，方可重新启动内燃机。推土机在斜坡上熄火时，因失去动力而下滑，依靠浮式制动带已难以保证推土机原地停住，此时放下铲刀，利用铲刀与地面的阻力可以弥补制动力的不足，达到停机目的。

（11）牵引其他机械设备时，应有专人负责指挥。钢丝绳的连接应牢固可靠。在坡道或长距离牵引时，应采用牵引杆连接。用推土机牵引其他机械时，前后两机的速度难以同步，易使钢丝绳拉断，尤其在坡道上更难控制。采用牵引杆后，使两机刚性连接达到同步运行，从而避免事故的发生。

（12）下坡时，当推土机下行速度大于内燃机传动速度时，动力的传递已由内燃机驱动行走机构改变为行走机构带动内燃机。转向动作的操纵应与平地行走时操纵的方向相反，此时在动力传递路线相反的情况下，不得使用制动器。

（13）填沟作业驶近边坡时，铲刀不得越出边缘。在填沟作业中，沟的边缘属于疏松的回填土，如果铲刀再越出边缘，会造成推土机滑落沟内的事故。后退时先换挡再提升铲刀，是为了推土机在提升铲刀时出现险情能迅速后退。后退时，应先换挡，方可提升铲刀进行倒车。

（14）推土机行驶前，严禁有人站在履带或刀片的支架上，机械四周应无障碍物，确认安全后，方可开动。

（15）深沟、基坑和陡坡地区都存在土质不稳定的边坡，推土机作业时由于对土壤的压力和振动，容易使边坡塌方。采用专人指挥是为了预防事故。其垂直边坡高度不应大于 2m，为了防止坑边塌陷，对于超过 2m 的深坑，要求放出安全边缘。在深沟、基坑或陡坡地区作业时，应有专人指挥。

（16）在块石路面行驶时，应将履带张紧。当需要原地旋转或急转弯时，应采用低速挡进行。当行走机构内夹入石块时，应采用正、反向往复行驶使块石排除。

（17）推土机的履带行走装置不适合做长距离行走，推土机长途转移工地时，应采用平板拖车装运。短途行走转移时,距离不宜超过 10km,并在行走过程中应经常检查和润滑行走装置,以减少磨损。

(18) 两台以上推土机在同一地区作业时,前后距离应大于 8.0m;左右距离应大于 1.5m。在狭窄道路上行驶时,未得前机同意,后机不得超越。

(19) 推土机转移行驶时,铲刀距地面宜为 400mm,不得用高速挡行驶和进行急转弯。不得长距离倒退行驶。

(20) 作业完毕后,应将推土机开到平坦安全的地方,落下铲刀,有松土器的,应将松土器爪落下。在坡道上停机时,应将变速杆挂低速挡,接合主离合器,锁住制动踏板,并将履带或轮胎揳住。

(21) 为了避免造成工作装置和机械零部件的损坏,在推土或松土作业中不得超载,不得作有损于铲刀、推土架、松土器等装置的动作,各项操作应缓慢平稳,无液力变矩器装置的推土机,在作业中有超载趋势时,为了防止超载,应稍微提升刀片或变换低速挡。

(22) 停机时,应先降低内燃机转速,变速杆放在空档,锁紧液力传动的变速杆,分开主离合器,踏下制动踏板并锁紧,待水温降到 75℃以下,油温度降到 90℃以下时,方可熄火。

(23) 推土机使用助铲时,属于双机联合作业,需要密切配合。为了防止助铲操作失误而损坏机械,推土机顶推铲运机作助铲时,应符合下列要求。

1) 进入助铲位置进行顶推中,应与铲运机保持同一直线行驶。

2) 铲斗满载提升时,应减少推力,待铲斗提离地面后即减速脱离接触。

3) 助铲时应均匀用力,不得猛推猛撞,应防止将铲斗后轮胎顶离地面或使铲斗吃土过深。

4) 铲刀的提升高度应适当,不得触及铲斗的轮胎。

5) 后退时,应先看清后方情况,当需绕过正后方驶来的铲运机倒向助铲位置时,宜从来车的左侧绕行。

(24) 在内燃机运转情况下,进入推土机下面检修时,有可能因机械振动或有人上机误操作,造成机械移动而发生重大人身伤害事故。所以,在推土机下面检修时,内燃机必须熄火,铲刀应放下或垫稳。

第4讲 拖式铲运机安全操作

(1) 拖式铲运机牵引用拖拉机的使用应严格按推土机使用操作安全规程的要求进行操作。

(2) 开动前,应使铲斗离开地面,机械周围应无障碍物,确认安全后,方可开动。

(3) 在狭窄地段运行时,未经前机同意,后机不得超越。两机交会或超越平行时应减速，两机间距不得小于 0.5m。

（4）拖式铲运机本身无制动装置，依靠牵引拖拉机的制动是有限的，因而要求在坡道上不得进行检修作业。

在陡坡上严禁转弯、倒车或停车。在坡上熄火时，应将铲斗落地、制动牢靠后再行启动。下陡坡时，应将铲斗触地行驶，帮助制动。

（5）铲运机采用助铲时，后端将承受推土机的推力，因此，两机需要密切配合，铲土与机身应保持直线行驶，平稳接触，等速助铲，防止因受力不均而使机械受损。助铲时应有助铲装置，应正确掌握斗门开启的大小，不得切土过深。

（6）新填筑的土堤比较疏松，铲运机在堤坡上作业时要与堤坡保持一定距离，以保安全。在新填筑的土堤上作业时，离堤坡边缘不得小于 1m。需要在斜坡横向作业时，应先将斜坡挖填，使机身保持平衡。

（7）在下陡坡铲土时，铲斗装满后，在铲斗后轮未到达缓坡地段前，不得将铲斗提离地面，应防铲斗快速下滑冲击主机。

（8）为防止铲运机由于铲斗过高摇摆使重心偏移而失去稳定性造成事故，在凹凸不平地段行驶转弯时，应放低铲斗，不得将铲斗提升到最高位置。

（9）多台铲运机联合作业时，各机之间前后距离不得小于 10m（铲土时不得小于 5m），左右距离不得小于 2m。行驶中，应遵守下坡让上坡、空载让重载、支线让干线的原则。

（10）拖拉陷车时，应有专人指挥，前后操作人员应协调，确认安全后，方可起步。

（11）作业中，严禁任何人上下机械，传递物件，以及在铲斗内、拖把或机架上坐立。

（12）作业后，应将铲运机停放在平坦地面，并应将铲斗落在地面上。液压操纵的铲运机应将液压缸缩回，将操纵杆放在中间位置，进行清洁、润滑后，锁好门窗。

（13）铲运机行驶道路应平整结实，路面比机身应宽出 2m。

（14）作业前，应检查钢丝绳、轮胎气压、铲土斗及卸土板回缩弹簧、拖把万向接头、撑架以及各部滑轮等；液压式铲运机铲斗与拖拉机连接的叉座与牵引连接块应锁定，各液压管路连接应可靠，确认正常后，方可启动。

（15）非作业行驶时，铲斗必须用锁紧链条挂牢在运输行驶位置上，机上任何部位均不得载人或装载易燃、易爆物品。

（16）拖式铲运机本身无制动装置，依靠牵引拖拉机的制动是有限的，因而要求铲运机上、下坡道时，应低速行驶，不得中途换挡，下坡时不得空挡滑行，行驶的横向坡度不得超过 6°，坡宽应大于机身 2m 以上。

（17）铲运机在"四类土壤"作业时，应先采用松土器翻松。铲运机作业区内应无树根、树桩、大的石块和过多的杂草等。

（18）防止由于偶发因素可能使铲斗失控下降，造成严重事故，修理斗门或在铲斗下检修作业时，必须将铲斗提起后用销子或锁紧链条固定，再用垫木将斗身顶住，并用木楔揳住轮胎。

第5讲 平地机安全操作

（1）在平整不平度较大的地面时，应先用推土机推平，再用平地机平整。

（2）作业前重点检查项目应符合下列要求：

1）照明、音响装置齐全有效；

2）液压系统无泄漏现象；

3）各连接件无松动；

4）燃油、润滑油、液压油等符合规定；

5）轮胎气压符合规定。

（3）平地机作业区应无树根、石块等障碍物。对土质坚实的地面，应先用齿耙翻松。

（4）作业时，应先将刮刀下降到接面，起步后再下降刮刀铲土。铲土时，应根据铲土阻力大小，随时少量调整刮刀的切土深度，控制刮刀的升降量差不宜过大，不宜造成波浪形工作面。

（5）使用平地机清除积雪时，应在轮胎上安装防滑链，并应逐段探明路面的深坑、沟槽情况。

（6）不得用牵引法强制启动内燃机，也不得用平地机拖拉其他机械。

（7）刮刀的回转与铲土角的调整以及向机外侧斜，都必须在停机时进行；但刮刀左右端的升降动作，可在机械行驶中随时调整。

（8）平地机在转弯或掉头时，应使用低速挡；平地机前后轮转向的结构是为了缩小回转半径，适用于狭小的场地。在正常行驶时，只需使用前轮转向，没有必要全轮转向而增加损耗。在正常行驶时，应采用前轮转向，当场地特别狭小时，方可使用前、后轮同时转向。

（9）启动后，各仪表指示值应符合要求，待内燃机运转正常后，方可开动。

（10）各类铲刮作业都应低速行驶，角铲土和使用齿耙时必须用一挡；刮土和平整作业可用二、三挡。换挡必须在停机时进行。

（11）作业区的水准点及导线控制桩的位置、数据应清楚，放线、验线工作应提前完成。

（12）齿耙下齿，容易因阻力人人而受损。对土石渣和混凝土路面的翻松，已超出齿耙的结构强度，不能使用。遇到坚硬土质需用齿耙翻松时，应缓慢下齿，不得使用齿耙翻松石渣或混凝土路面。

（13）作业中，应随时注意变矩器油温，超过120℃时应立即停止作业，待降温后再继续工作。

(14) 起步前，检视机械周围应无障碍物及行人，先鸣声示意后，用低速挡起步，并应测试并确认制动器灵敏有效。

(15) 平地机结构不同于汽车，机身长的特点决定了不便于快速行驶。下坡时如空挡滑行，失去控制的滑行速度，使制动器难以将机械停住，而酿成事故。行驶时，应将刮刀和齿耙升到最高位置，并将刮刀斜放，刮刀两端不得超出后轮外侧。行驶速度不得超过 20km/h。下坡时，不得空挡滑行。

(16) 作业后，应停放在平坦、安全的地方，将刮刀落在地面上，拉上手制动器。

第6讲 蛙式夯实机安全操作

(1) 蛙式夯实机能量较小，只能夯实一般土质地面，如在坚硬或软硬不一的地面、冻土及混有砖石碎块的杂土等地面上夯击，其反作用力随坚硬程度而增加，能使夯实机遭受损伤。

(2) 夯实机作业时，应一人扶夯，一人传递电缆线，且必须戴绝缘手套和穿绝缘鞋。递线人员应跟随夯机后或两侧调顺电缆线，电缆线不得扭结或缠绕，且不得张拉过紧，应保持有 3~4m 的余量。

(3) 填高的土方比较疏松，夯实填高土方时，应在边缘以内 100~150mm 夯实 2~3 遍后，再夯实边缘，以防止夯机从边缘下滑。

(4) 蛙式夯实机需要工人手扶操作，并随机移动，因此，对电路的绝缘要求很高。为了安全使用蛙式夯实机，作业前重点检查项目应符合下列要求。

1) 传动皮带松紧度合适，皮带轮与偏心块安装牢固。

2) 除接零或接地外，应设置漏电保护器，电缆线接头绝缘良好。

3) 转动部分有防护装置，并进行试运转，确认正常后，方可作业。

(5) 在建筑物内部作业时，夯板或偏心块不得打在墙壁上。

(6) 作业时夯实机扶手上的按钮开关和电动机的接线均应绝缘良好。当发现有漏电现象时，应立即切断电源，进行检修。

(7) 多机作业时，其平列间距不得小于 5m，前后间距不得小于 10m。

(8) 作业时，应防止电缆线被夯击。移动时，应将电缆线移至夯机后方，不得隔机抢扔电缆线，当转向倒线困难时，应停机调整。

(9) 夯机前进方向和夯机四周 1m 范围内，不得站立非操作人员。

(10) 作业时，手握扶手应保持机身平衡，不得用力向后压，以免影响夯机的跳动，并应随时调整行进方向。转弯时不得用力过猛，不得急转弯，以免造成夯机倾翻。

(11) 夯机发生故障时，应先切断电源，然后排除故障。

(12) 夯实房心土时，夯板应避开房心内地下构筑物、钢筋混凝土基桩、机座及地下管道等。

（13）夯机连续作业时间不应过长，当电动机超过额定温升时，应停机降温。

（14）在较大基坑作业时，不得在斜坡上夯行，应避免造成夯头后折。

（15）作业后，应切断电源，卷好电缆线，清除夯机上的泥土，并妥善保管。

第7讲 振动冲击夯安全操作

（1）振动冲击夯应适用于黏性土、砂及砾石等散状物料的压实，不得在水泥路面和其他坚硬地面作业。

（2）电动冲击夯应装有漏电保护装置，操作人员必须戴绝缘手套，穿绝缘鞋。作业时，
电缆线不应拉得过紧，应经常检查线头安装，不得松动及引起漏电。严禁冒雨作业。

（3）为了使机件得到润滑，并提高机温，以利正常作业，内燃冲击夯启动后，内燃机应怠速运转3~5min，然后逐渐加大油门，待夯机跳动稳定后，方可作业。

（4）作业时应正确掌握夯机，不得倾斜，为了减少对人体的振动，手把不宜握得过紧，能控制夯机前进速度即可。

（5）作业前重点检查项目应符合下列要求。

1）内燃冲击夯有足够的润滑油，油门控制器转动灵活。

2）各部件连接良好，无松动。

3）电动冲击夯有可靠的接零或接地，电缆线表面绝缘完好。

（6）作业中，当冲击夯有异常的响声，应立即停机检查。

（7）正常作业时，不得使劲往下压手把，影响夯机跳起高度。在较松的填料上作业或上坡时，可将手把稍向下压，并应能增加夯机前进速度。

（8）内燃冲击夯不宜在高速下连续作业，冲击夯的内燃机系风冷二冲程高速（4000r/min）汽油机，如在高速下作业时间过长，将因温度过高而损坏。在内燃机高速运转时不得突然停车。

（9）当短距离转移时，应先将冲击夯手把稍向上抬起，将运输轮装入冲击夯的挂钩内，再压下手把，使重心后倾，方可推动手把转移冲击夯。

（10）电动冲击夯在接通电源启动后，应检查电动机旋转方向，有错误时应倒换相线。

（11）在需要增加密实度的地方，可通过手把控制夯机在原地反复夯实。

（12）根据作业要求，内燃冲击夯应通过调整油门的大小，在一定范围内改变夯机振动频率。

（13）作业后，应清除夯板上的泥沙和附着物，保持夯机清洁，并妥善保管。

第 2 单元　桩基工程施工机械安全操作

第 1 讲　基本要求

（1）安装钻孔机前，应掌握勘探资料，并确认地质条件符合该钻机的要求，地下无埋设
物，作业范围内无障碍物，施工现场与架空输电线路的安全距离符合要求。

（2）打桩机类型应根据桩的类型、桩长、桩径、地质条件、施工工艺等综合考虑选择。打桩作业前，应由施工技术人员向机组人员进行安全技术交底。

（3）打桩机所配置的电动机、内燃机、卷扬机、液压装置等的使用应按照相应装置的安全技术要求操作。

（4）水上打桩时，应选择排水量比桩机重量大 4 倍以上的作业船或牢固排架，打桩机
与船体或排架应可靠固定，并采取有效的锚固措施。当打桩船或排架的偏斜度超过 3°时，应停止作业。

（5）插桩后，应及时校正桩的垂直度。桩入土 3m 以上时，严禁用打桩机行走或回转动作来纠正桩的倾斜度。

（6）施工现场应按地基承载力不小于 83kPa 的要求进行整平压实。在基坑和围堰内打桩，应配置足够的排水设备。

（7）安装时，应将桩锤运到立柱正前方 2m 以内，并不得斜吊。吊桩时，应在桩上拴好拉绳，不得与桩锤或机架碰撞。

（8）机组人员作登高检查或维修时，必须系安全带；工具和其他物件应放在工具包内，高空人员不得向下随意抛物。

（9）严禁吊桩、吊锤、回转或行走等动作同时进行。打桩机在吊有桩和锤的情况下，操作人员不得离开岗位。

（10）卷扬钢丝绳应经常润滑，不得干摩擦。钢丝绳的使用及报废参见起重吊装机械安全技术要求的相关规定；作业中，当停机时间较长时，应将桩锤落下垫好。检修时不得悬吊桩锤。

（11）打桩机作业区内应无高压线路。作业区应有明显标志或围栏，非工作人员不得进入。桩锤在施打过程中，操作人员必须在距离桩锤中心 5m 以外监视。

（12）拔送桩时，不得超过桩机起重能力；起拔荷载应符合以下规定。

1）打桩机为电动卷扬机时，起拔荷载不得超过电动机满载电流。

2）打桩机卷扬机以内燃机为动力，拔桩时发现内燃机明显降速，应立即停止起拔。

3）每米送桩深度的起拔荷载可按 40kN 计算。

(13) 遇有雷雨、大雾和 6 级及以上大风等恶劣气候时，应停止一切作业。当风力超过 7 级或有风暴警报时，应将打桩机顺风向停置，并应增加缆风绳，或将桩立柱放倒地面上。立柱长度在 27m 及以上时，应提前放倒。

(14) 作业后，应将打桩机停放在坚实平整的地面上，将桩锤落下垫实，并切断动力电源。

第 2 讲　柴油打桩锤安全操作

(1) 柴油打桩锤应使用规定配合比的燃油，作业前，应将燃油箱注满，并将出油阀门打开。

(2) 应检查缓冲胶垫，当砧座和橡胶垫的接触面小于原面积 2/3 时，或下汽缸法兰与砧座间隙小于 7mm 时，均应更换橡胶垫。

(3) 作业前，应打开放气螺塞，排出油路中的空气，并应检查和试验燃油泵，从清扫孔中观察喷油情况；发现不正常时，应予调整。

(4) 桩锤启动前，应使桩锤、桩帽和桩在同一轴线上，不得偏心打桩。

(5) 应检查所有紧固螺栓，并应重点检查导向板的固定螺栓，不得在松动及缺件情况下作业。

(6) 在桩贯入度较大的软土层启动桩锤时，应先关闭油门冷打，待每击贯入度小于 100mm 时，再开启油门启动桩锤。

(7) 作业前，应使用起落架将上活塞提起稍高于上汽缸，打开贮油室油塞，按规定加满润滑油。对自动润滑的桩锤，应采用专用油泵向润滑油管路加入润滑油，并应排除管路中的空气。

(8) 锤击中，上活塞最大起跳高度不得超过出厂说明书规定。目视测定高度宜符合出厂说明书上的目测表或计算公式。当超过规定高度时，应减小油门，控制落距。

(9) 对新启用的桩锤，应预先沿上活塞一周浇入 0.5L 润滑油，并应用油枪对下活塞加注一定量的润滑油。

(10) 当上活塞下落而柴油锤未燃爆时，上活塞可发生短时间的起伏，此时起落架不得落下，应防撞击碰块。

(11) 应检查并确认起落架各工作机构安全可靠，启动钩与上活塞接触线在 5~10mm 之间。

(12) 打桩过程中，应有专人负责拉好曲臂上的控制绳；在意外情况下，可使用控制绳紧急停锤。

(13) 当上活塞与启动钩脱离后，应将起落架继续提起，宜使它与上汽缸达到或超过 2m 的距离。

(14) 桩帽中的填料不得偏斜，作业中应保证锤击桩帽中心。

（15）提起桩锤脱出砧座后，其下滑长度不宜超过 200mm。超过时应调整桩帽绳扣。

（16）作业中，应重点观察上活塞的润滑油是否从油孔中泄出。当下汽缸为自动加油泵润滑时，应经常打开油管头，检查有无油喷出；当无自动加油泵时，应每隔 15min 向下活塞润滑点注入润滑油。当一根桩打进时间超过 15min 时，则应在打完后立即加注润滑油。

（17）停机后，应将桩锤放到最低位置，盖上汽缸盖和吸排气孔塞子，关闭燃料阀，将操作杆置于停机位置，起落架升至高于桩锤 1m 处，锁住安全限位装置。

（18）应检查导向板磨损间隙，当间隙超过 7mm 时，应予更换。

（19）作业中，当桩锤冲击能量达到最大能量时，其最后 10 锤的贯入值不得小于 5mm。

（20）对水冷式桩锤，应将水箱内的水加满。冷却水必须使用软水。冬季应加温水。

（21）作业中，当水套的水由于蒸发而低于下汽缸吸排气口时，应及时补充，严禁无水作业。

（22）长期停用的桩锤，应从桩机上卸下，放掉冷却水、燃油及润滑油，将燃烧室及上、下活塞打击面清洗干净，并应做好防腐措施，盖上保护套，入库保存。

第3讲 振动桩锤安全操作

（1）作业场地至电源变压器或供电主干线的距离应在 200m 以内。

（2）应检查并确认电气箱内各部件完好，接触无松动，接触器触点无烧毛现象。

（3）电源容量与导线截面应符合出厂使用说明书的规定，启动时，当电动机额定电压变动在 -5%～+10% 的范围时，应以额定功率连续运行；当超过时，应控制负荷。

（4）应检查并确认振动箱内润滑油位在规定范围内。用手盘转胶带轮时，振动箱内不得有任何异响。

（5）液压箱、电气箱应置于安全平坦的地方。电气箱和电动机必须安装保护接地设施。

（6）夹桩时，不得在夹持器和桩的头部之间留有空隙，并应待压力表显示压力达到额定值后，方可指挥起重机起拔。

（7）夹持器与振动器连接处的紧固螺栓不得松动。液压缸根部的接头防护罩应齐全。

（8）长期停放重新使用前，应测定电动机的绝缘值，且不得小于 $0.5M\Omega$，并应对电缆芯线进行导通试验。电缆外包橡胶层应完好无损。

(9) 应检查夹持片的齿形。当齿形磨损超过 4mm 时，应更换或用堆焊修复。使用前，应在夹持片中间放一块 10~15m 厚的钢板进行试夹。试夹中液压缸应无渗漏，系统压力应正常，不得在夹持片之间无钢板时试夹。

(10) 作业前，应检查振动桩锤减震器与连接螺栓的紧固性，不得在螺栓松动或缺件的状态下启动。

(11) 悬挂振动桩锤的起重机，其吊钩上必须有防松脱的保护装置。振动桩锤悬挂钢架的耳环上应加装保险钢丝绳。

(12) 沉桩前，应以桩的前端定位，调整导轨与桩的垂直度，不应使倾斜度超过 2°。

(13) 应检查各传动胶带的松紧度，过松或过紧时应进行调整。胶带防护罩不应有破损。

(14) 启动振动桩锤应监视启动电流和电压，一次启动时间不应超过 10s。当启动困难时，应查明原因，排除故障后，方可继续启动。启动后，应待电流降到正常值时，方可转到运转位置。

(15) 沉桩时，吊桩的钢丝绳应紧跟桩下沉速度而放松。在桩入土 3m 之前，可利用桩机回转或导杆前后移动，校正桩的垂直度；在桩入土超过 3m 时，不得再进行校正。

(16) 振动桩锤启动运转后，应待振幅达到规定值时，方可作业。当振幅正常后仍不能拔桩时，应改用功率较大的振动桩锤。

(17) 作业后，应将振动桩锤沿导杆放至低处，并采用木块垫实，带桩管的振动桩锤可将桩管插入地下一半。

(18) 拔钢板桩时，应按沉入顺序的相反方向起拔，夹持器在夹持板桩时，应靠近相邻一根，对工字桩应夹紧腹板的中央。如钢板桩和工字桩的头部有钻孔时，应将钻孔焊平或将钻孔以上割掉，亦可在钻孔处焊加强板，应严防拔断钢板桩。

(19) 作业中，当遇液压软管破损、液压操纵箱失灵或停电（包括熔丝烧断）时，应立即停机，将换向开关放在"中间"位置，并应采取安全措施，不得让桩从夹持器中脱落。

(20) 作业中，应保持振动桩锤减振装置各摩擦部位具有良好的润滑。

(21) 拔桩时，当桩身埋入部分被拔起 1.0~1.5m 时，应停止振动，拴好吊桩用钢丝绳，再起振拔桩。当桩尖在地下只有 1~2m 时，应停止振动，由起重机直接拔桩。待桩完全拔出后，在吊桩钢丝绳未吊紧前，不得松开夹持器。

(22) 沉桩过程中，当电流表指数急剧上升时，应降低沉桩速度，使电动机不超载；但当桩沉入太慢时，可在振动桩锤上加一定量的配重。

(23) 作业后，除应切断操纵箱上的总开关外，尚应切断配电盘上的开关，并应采用防雨布将操纵箱遮盖好。

第4讲　履带式打桩机（三支点式）安全操作

（1）组成打桩机的履带式起重机以及配装的柴油打桩锤或振动桩锤，应分别按照履带式起重机、柴油打桩锤或振动桩锤操作安全技术要求进行操作。

（2）在斜坡上行走时，应将打桩机重心置于斜坡的上方，斜坡的坡度不得大于5°，在斜坡上不得回转。

（3）立柱的前端应垫高，不得在水平以下位置扳起立柱。当立柱扳起时，应同步放松缆风绳。当立柱接近垂直位置时，应减慢竖立速度。扳到75°～83°时，应停止卷扬，并收紧缆风绳，再装上后支撑，用后支撑液压缸使立柱竖直。

（4）立柱安装时，履带驱动轮应置于后部，履带前倾覆点应采用铁楔块填实，并应制动住行走机构和回转机构，用销轴将水平伸缩臂定位。在安装垂直液压缸时，应在下面铺木垫板将液压缸顶实，并使主机保持平衡。

（5）安装立柱时，应按规定扭矩将连接螺栓拧紧，立柱支座下方应垫千斤顶并顶实。安装后的立柱，其下方搁置点不应少于3个。立柱的前端和两侧应系缆风绳。

（6）立柱竖立前，应向顶梁各润滑点加注润滑油，再进行卷扬筒制动试验。试验时，应先将立柱拉起300～400mm后制动住，然后放下，同时应检查并确认前后液压缸千斤顶牢固可靠。

（7）立柱底座安装完毕后，应对水平微调液压缸进行试验，确认无问题时，应再将活塞杆缩尽，并准备安装立柱。

（8）施打斜桩时，应先将桩锤提升到预定位置，并将桩吊起，套入桩帽，桩尖插入桩位后再后仰立柱，并用后支撑杆顶紧，立柱后仰时打桩机不得回转及行走。

（9）安装后支撑时，应有专人将液压缸向主机外侧拉住，不得撞击机身。

（10）安装桩锤时，桩锤底部冲击块与桩帽之间应有下述厚度的缓冲垫木。对金属桩，垫木厚度应为100～150mm；对混凝土桩，垫木厚度应为200～250mm。作业中应观察垫木的损坏情况，损坏严重时应予更换。

（11）使用双向立柱时，应待立柱转向到位，并用锁销将立柱与基杆锁住后，方可起吊。

（12）连接桩锤与桩帽的钢丝绳张紧度应适宜，过紧或过松时，应予调整，拉紧后应留有200～250mm的滑出余量，并应防止绳头插入汽缸法兰与冲击块内损坏缓冲垫。

（13）拆卸应按与安装时相反程序进行。放倒立柱时，应使用制动器使立柱缓缓放下，并用缆风绳控制，不得不加控制地快速下降。

（14）止前方吊桩时，对混凝土预制桩，立柱中心与桩的水平距离不得大于4m；对钢管桩，水平距离不得大于7m。严禁偏心吊桩或强行拉桩等。

（15）打桩机的安装、拆卸应按照出厂说明书规定程序进行。用伸缩式履带的打桩机,应将履带扩张后方可安装。履带扩张应在无配重情况下进行,上部回转平台应转到与履带成 90°的位置。

(16)打桩机带锤行走时,应将桩锤放至最低位。行走时,驱动轮应在尾部位置,并应有专人指挥。

(17)打桩机的安装场地应平坦坚实,当地基承载力达不到规定的要求时,应在履带下铺设路基箱或 30mm 厚的钢板,其间距不得大于 300mm。

(18)作业后,应将桩锤放在已打入地下的桩头或地面垫板上,将操纵杆置于停机位置,起落架升至比桩锤高 1m 的位置,锁住安全限位装置,并应使全部制动生效。

第 5 讲　静力压桩机安全操作

(1)压桩机安装地点应按施工要求进行先期处理,应平整场地,地面应达到 35kPa 的平均地基承载力。

(2)作业后,应将控制器放在"零位",并依次切断各部电源,锁闭门窗,冬季应放尽各部积水。

(3)应检查并确认电缆表面无损伤,保护接地电阻符合规定,电源电压正常,旋转方向正确。

(4)起重机吊桩进入接桩或插桩作业中,应确认在压桩开始前吊钩已安全脱离桩体。

(5)当压桩机的电动机尚未正常运行前,不得进行压桩。

(6)压桩时,应按桩机技术性能表作业,不得超载运行。操作时动作不应过猛,避免冲击。

(7)应检查并确认润滑油、液压油的油位符合规定,液压系统无泄漏,液压缸动作灵活。

(8)压桩时,非工作人员应离机 10m 以外。起重机的起重臂下,严禁站人。

(9)冬季应清除机上积雪,工作平台应有防滑措施。

(10)压桩过程中,应保持桩的垂直度,如遇地下障碍物使桩产生倾斜时,不得采用压桩机行走的方法强行纠正,应先将桩拔起,待地下障碍物清除后,重新插桩。

(11)压桩作业时,应统一指挥,压桩人员和吊桩人员应密切联系,相互配合。

(12)电源在导通时,应检查电源电压并使其保持在额定电压范围内。

(13)各液压管路连接时,不得将管路强行弯曲。

(14)当桩在压入过程中,夹持机构与桩侧出现打滑时,不得任意提高液压缸压力强行操作,而应找出打滑原因,排除故障后,方可继续进行。

(15)安装配重前,应对各紧固件进行检查,在紧固件未拧紧前不得进行配重安装。

（16）当桩的贯入阻力太大，使桩不能压至标高时，不得任意增加配重。应保护液压元件和构件不受损坏。

（17）接桩时，上一节应提升350～400mm，此时，不得松开夹持板。

（18）安装时，应控制好两个纵向行走机构的安装间距，使底盘平台能正确对位。

（19）当桩顶不能最后压到设计标高时，应将桩顶部分凿去，不得用桩机行走的方式，将桩强行推断。

（20）安装完毕后，应对整机进行试运转，对吊桩用的起重机，应进行满载试吊。

（21）当压桩引起周围土体隆起，影响桩机行走时，应将桩机前进方向隆起的土铲平，不得强行通过。

（22）压桩机纵向行走时，不得单向操作一个手柄，应两个手柄一起动作。

（23）作业前应检查并确认各传动机构、齿轮箱、防护罩等良好，各部件连接牢固。

（24）压桩机在顶升过程中，船形轨道不应压在已入土的单一桩顶上。

（25）顶升压桩升机时，4个顶升缸应两个一组交替动作，每次行程不得超过100mm。当单个顶升缸动作时，行程不得超过50mm。

（26）压桩机上装设的起重机及卷扬机的使用，应参照起重机及卷扬机操作安全技术要求进行操作。

（27）作业前应检查并确认起重机起升、变幅机构正常，吊具、钢丝绳、制动器等良好。

（28）作业完毕，应将短船运行至中间位置，停放在平整地面上，其余液压缸应全部回程缩进，起重机吊钩应升至最上部，并应使各部制动生效，最后应将外露活塞杆擦干净。

（29）转移工地时，应按规定程序拆卸后，用汽车装运。所有油管接头处应加闷头螺栓，不得让尘土进入。液压软管不得强行弯曲。

第6讲 转盘钻孔机安全操作

（1）钻头和钻杆连接螺纹应良好，滑扣时不得使用。钻头焊接应牢固，不得有裂纹。钻杆连接处应加便于拆卸的厚垫圈。

（2）变速箱换挡时，应先停机，挂上挡后再开机。

（3）开机时，应先送浆后开钻；停机时，应先停钻后停浆。泥浆泵应有专人看管，对泥浆质量和浆面高度应随时测量和调整，保证浓度合适。停钻时，出现漏浆应及时补充。并应随时清除沉淀池中杂物，保持泥浆纯净和循环不中断，防止塌孔和埋钻。

（4）钻机的移位和拆卸，应按照说明书规定进行，在转移和拆运过程中，应防止碰撞机架。

（5）加接钻杆时，应使用特制的连接螺栓均匀紧固，保证连接处的密封性，并做好连接处的清洁工作。

（6）作业前，应将各部操纵手柄先置于空挡位置，用人力盘动无卡阻，再启动电动机空载运转，确认一切正常后，方可作业。

（7）钻进中，应随时观察钻机的运转情况，当发生异响、吊索具破损、漏气、漏渣以及其他不正常情况时，应立即停机检查，排除故障后，方可继续开钻。

（8）开钻时，钻压应轻，转速应慢。在钻进过程中，应根据地质情况和钻进深度，选择合适的钻压和钻速，均匀给进。

（9）提钻、下钻时，应轻提轻放。钻机下和井孔周围 2m 以内及高压胶管下不得站人。严禁钻杆在旋转时提升。

（10）钻架的吊重中心、钻机的卡孔和护进管中心应在同一垂直线上，钻杆中心允许偏差为 20mm。

（11）钻架、钻台平车、封口平车等的承载部位不得超载。

（12）钻机的安装和钻头的组装应按照说明书规定进行，竖立或放倒钻架时，应有熟练的专业人员进行。

（13）使用空气反循环时，其喷浆口应遮拦，并应固定管端。

（14）发生提钻受阻时，应先设法使钻具活动后再慢慢提升，不得强行提升。如钻进受阻时，应采用缓冲击法解除，并查明原因，采取措施后，方可钻进。

（15）安装钻孔机时，钻机钻架基础应夯实、整平。轮胎式钻机的钻架下应铺设枕木，垫起轮胎，钻机垫起后应保持整机处于水平位置。

（16）钻进进尺达到要求时，应根据钻杆长度换算孔底标高，确认无误后，再把钻头略为提起，降低转速，空转 5~20min 后再停钻。停钻时，应先停钻后停风。

（17）作业前重点检查项目应符合下列要求。

1）电气设备齐全、电路配置完好。

2）润滑油符合规定，各管路接头密封良好，无漏油、漏气、漏水现象。

3）各部件安装紧固，转动部位和传动带有防护罩，钢丝绳完好，离合器、制动带功能良好。

4）钻机作业范围内无障碍物。

（18）作业后，应对钻机进行清洗和润滑，并应将主要部位遮盖妥当。

第7讲 螺旋钻孔机安全操作

（1）使用钻机的现场，应按钻机说明书的要求清除孔位及周围的石块等障碍物。

（2）动力头安装前，应先拆下滑轮组，将钢丝绳穿绕好。钢丝绳的选用，应按说明书规定的要求配备。

（3）钻孔中卡钻时，应立即切断电源，停止下钻。未查明原因前，不得强行启动。

（4）钻孔时，当机架出现摇晃、移动、偏斜或钻头内发出有节奏的响声时，应立即停钻，经处理后，方可继续施钻。

（5）安装钻杆时，应从动力头开始，逐节往下安装。不得将所需钻杆长度在地面上全部接好后一次起吊安装。

（6）作业中停电时，应将各控制器放置零位，切断电源，并及时将钻杆全部从孔内拔出，使钻头接触地面。

（7）作业中，当需改变钻杆回转方向时，应待钻杆完全停转后再进行。

（8）安装前，应检查并确认钻杆及各部件无变形；安装后，钻杆与动力头的中心线允许偏斜为全长的1%。

（9）启动前，应将操纵杆放在空挡位置。启动后，应作空运转试验，检查仪表、温度、音响、制动等各项工作正常方可作业。

（10）钻机运转时，应防止电缆线被缠入钻杆中，必须有专人看护。

（11）作业场地距电源变压器或供电主干线距离应在200m以内，启动时电压降不得超过额定电压的10%。

（12）钻孔时，严禁用手清除螺旋片中的泥土。发现紧固螺栓松动时，应立即停机，在紧固后方可继续作业。

（13）启动前应检查并确认钻机各部件连接牢固，传动带的松紧度适当，减速箱内油位符合规定，钻深限位报警装置有效。

（14）成孔后，应将孔口加盖保护。

（15）安装后，电源的频率与控制箱内频率转换开关上的指针应相同，不同时，应采用频率转换开关予以转换。

（16）施钻时，应先将钻杆缓慢放下，使钻头对准孔位，当电流表指针偏向无负荷状态时即可下钻。在钻孔过程中，当电流表超过额定电流时，应放慢下钻速度。

（17）电动机和控制箱应有良好的接地装置。

（18）扩孔达到要求孔径时，应停止扩削，并拢扩孔刀管，稍松数圈，使管内存土全部输送到地面，即可停钻。

（19）作业后，应将钻杆及钻头全部提升至孔外，先清除钻杆和螺旋叶片上的泥土，再将钻头按下接触地面，各部制动住，操纵杆放到空挡位置，切断电源。

（20）钻机应放置平稳、坚实，汽车式钻孔机应架好支腿，将轮胎支起，并应用自动微调或线锤调整挺杆，使之保持垂直。

（21）钻机发出下钻限位报警信号时，应停钻，并将钻杆稍稍提升，待解除报警信号后，方可继续下钻。

(22) 当钻头磨损量达 20mm 时，应予更换。

第8讲　全套管钻机安全操作

(1) 作业前应进行外观检查并应符合下列要求。
1) 各卷扬机的离合器、制动器无异常现象，液压装置工作有效。
2) 燃油、润滑油、液压油、冷却水等符合规定，无渗漏现象。
3) 钻机各部外观良好，各连接螺栓无松动。
4) 各部钢丝绳无损坏和锈蚀，连接正确。
5) 套管和浇筑管内侧无明显的变形和损伤，未被混凝土黏结。

(2) 在作业过程中，当发现主机在地面及液压支撑处下沉时，应立即停机。在采用 30mm 厚钢板或路基箱扩大托承面、减小接地应力等措施后，方可继续作业。

(3) 用锤式抓斗挖掘管内土层时，应在套管上加装保护套管接头的喇叭口。

(4) 与钻机相匹配的起重机，应根据成桩时所需的高度和起重量进行选择。当钻机与起重机连接时，各个部位的连接均应牢固可靠。钻机与动力装置的液压油管和电缆线应按出厂说明书规定连接。

(5) 挖掘过程中，应保持套管的摆动。当发现套管不能摆动时，应采用拔出液压缸将套管上提，再用起重机助拔，直至拔起部分套管能摆动为止。

(6) 套管在对接时，接头螺栓应按出厂说明书规定的扭矩，对称拧紧。接头螺栓拆下时，应立即洗净后浸入油中。

(7) 钻机安装场地应平整、夯实，能承载该机的工作压力；当地基不良时，钻机下应加铺钢板防护。

(8) 在套管内挖掘土层中，碰到坚硬土岩和风化岩硬层时，不得用锤式抓斗冲击硬层，应采用十字凿锤将硬层有效地破碎后，方可继续挖掘。

(9) 引入机组的照明电源，应安装低压变压器，电压不应超过 36V。

(10) 机组人员应监视各仪表指示数据，倾听运转声响，发现异状或异响，应立即停机处理。

(11) 起吊套管时，应使用专用工具吊装，不得用卡环直接吊在螺纹孔内，亦不得使用其他损坏套管螺纹的起吊方法。

(12) 浇筑混凝土时，钻机操作应和灌注作业密切配合，应根据孔深、桩长适当配管，套管与浇筑管保持同心，在浇筑管埋入混凝土 2~4m 之间时，应同步拔管和拆管，并应确保浇筑成桩质量。

(13) 第 1 单元套管入土后，应随时调整套管的垂直度。当套管埋入土 5m 以下时，不得强行纠偏。

(14) 安装钻机时，应在专业技术人员指挥下进行。安装人员必须经过培训，熟悉安装工艺及指挥信号，并有保证安全的技术措施。

（15）应通过检查确认无误后，方可启动内燃机，并怠速运转逐步加速至额定转速，按照指定的桩位对位，通过试调，使钻机纵横向达到水平、位正，再进行作业。

（16）作业后，应就地清除机体、锤式抓斗及套管等外表的混凝土和泥砂，将机架放回行走的原位，将机组转移至安全场所。

第3单元　钢筋混凝土施工机械安全操作

第1讲　钢筋加工机械安全操作

一、钢筋切断机安全操作

（1）液压传动式切断机作业前，应检查并确认液压油位及电动机旋转方向符合要求。启动后，应空载运转，松开放油阀，排净液压缸体内的空气，方可进行切筋。

（2）启动后，应先空运转，检查各传动部分及轴承运转正常后，方可作业。

（3）切断短料时，手和切刀之间的距离应保持在150mm以上，如手握端小于400mm时，应采用套管或夹具将钢筋短头压住或夹牢。

（4）作业后，应切断电源，用钢刷清除切刀间的杂物，进行整机清洁润滑。

（5）机械未达到正常转速时，不得切料。切料时，应使用切刀的中、下部位，紧握钢筋对准刃口迅速投入，操作者应站在固定刀片一侧用力压住钢筋，应防止钢筋末端弹出伤人。严禁用两手分在刀片两边握住钢筋俯身送料。

（6）接送料的工作台面应和切刀下部保持水平，工作台的长度可根据加工材料长度确定。

（7）剪切低合金钢时，应更换高硬度切刀，剪切直径应符合机械铭牌规定。

（8）当发现机械运转不正常、有异常响声或切刀歪斜时，应立即停机检修。

（9）启动前，应检查并确认切刀无裂纹，刀架螺栓紧固，防护罩牢靠。然后用手转动皮带轮，检查齿轮啮合间隙，调整切刀间隙。

（10）运转中，严禁用手直接清除切刀附近的断头和杂物。钢筋摆动周围和切刀周围，不得停留非操作人员。

（11）不得剪切直径及强度超过机械铭牌规定的钢筋和烧红的钢筋。一次切断多根钢筋时，其总截面积应在规定范围内。

（12）手动液压式切断机使用前,应将放油阀按顺时针方向旋紧，切割完毕后，应立即按逆时针方向旋松。作业中，手应持稳切断机，并戴好绝缘手套。

二、钢筋弯曲机安全操作

（1）转盘换向时，应待停稳后进行。

（2）工作台和弯曲机台面应保持水平，作业前应准备好各种芯轴及工具。

（3）应检查并确认芯轴、挡铁轴、转盘等无裂纹和损伤，防护罩坚固可靠，空载运转正常后，方可作业。

（4）作业中，严禁更换轴芯、销子和变换角度以及调速，也不得进行清扫和加油。

（5）应按加工钢筋的直径和弯曲半径的要求，装好相应规格的芯轴和成型轴、挡铁轴。芯轴直径应为钢筋直径的2.5倍。挡铁轴应有轴套。

（6）弯曲高强度或低合金钢筋时，应按机械铭牌规定换算最大允许直径并应调换相应的芯轴。

（7）挡铁轴的直径和强度不得小于被弯钢筋的直径和强度。不直的钢筋，不得在弯曲机上弯曲。

（8）对超过机械铭牌规定直径的钢筋严禁进行弯曲。在弯曲未经冷拉或带有锈皮的钢筋时，应戴防护镜。

（9）作业时，应将钢筋需弯一端插入在转盘固定销的间隙内，另一端紧靠机身固定销，并用手压紧；应检查机身固定销并确认安放在挡住钢筋的一侧，方可开动。

（10）在弯曲钢筋的作业半径内和机身不设固定销的一侧严禁站人。弯曲好的半成品，应堆放整齐，弯钩不得朝上。

（11）作业后，应及时清除转盘及插入座孔内的铁锈、杂物等。

三、钢筋冷拉机操作安全要求

（1）夜间作业的照明设施，应装设在张拉危险区外。当需要装设在场地上空时，其高度应超过5m。灯泡应加防护罩，导线严禁采用裸线。

（2）用配重控制的设备应与滑轮匹配，并应有指示起落的记号，没有指示记号时应有专人指挥。配重框提起时高度应限制在离地面300mm以内，配重架四周应有栏杆及警告标志。

（3）用延伸率控制的装置，应装设明显的限位标志，并应有专人负责指挥。

（4）应根据冷拉钢筋的直径，合理选用卷扬机。卷扬钢丝绳应经封闭式导向滑轮并和被拉钢筋水平方向成直角。卷扬机的位置应使操作人员能见到全部冷拉场地，卷扬机与冷拉中线距离不得少于5m。

（5）作业前，应检查冷拉夹具，夹齿应完好，滑轮、拖拉小车应润滑灵活，拉钩、地锚及防护装置均应齐全牢固。确认良好后，方可作业。

（6）冷拉场地应在两端地锚外侧设置警戒区，并应安装防护栏及警告标志。无关人员不得在此停留。操作人员在作业时必须离开钢筋2m以外。

（7）卷扬机操作人员必须看到指挥人员发出信号，并待所有人员离开危险区后方可作业。冷拉应缓慢、均匀。当有停车信号或见到有人进入危险区时，应立即停拉，并稍稍放松卷扬钢丝绳。

（8）作业后，应放松卷扬钢丝绳，落下配重，切断电源，锁好开关箱。

四、预应力钢丝拉伸设备操作安全要求

（1）作业场地两端外侧应设有防护栏杆和警告标志。

（2）张拉时，不得用手摸或脚踩钢丝。

（3）高压油泵启动前，应将各油路调节阀松开，然后开动油泵，待空载运转正常后，再紧闭回油阀，逐渐拧开进油阀，待压力表指示值达到要求，油路无泄漏，确认正常后，方可作业。

（4）作业前，应检查被拉钢丝两端的镦头，当有裂纹或损伤时，应及时更换。

（5）高压油泵不得超载作业，安全阀应按设备额定油压调整，严禁任意调整。

（6）用电热张拉法带电操作时，应穿绝缘胶鞋和戴绝缘手套。

（7）作业中，操作应平稳、均匀。张拉时，两端不得站人。拉伸机在有压力情况下，严禁拆卸液压系统的任何零件。

（8）在测量钢丝的伸长时，应先停止拉伸，操作人员必须站在侧面操作。

（9）固定钢丝镦头的端钢板上圆孔直径应较所拉钢丝的直径大 0.2mm。

（10）高压油泵停止作业时，应先断开电源，再将回油阀缓慢松开，待压力表退回至零位时，方可卸开通往千斤顶的油管接头，使千斤顶全部卸荷。

五、冷镦机操作安全要求

（1）机械未达到正常转速时，不得镦头。当镦出的头大小不匀时，应及时调整冲头与夹具的间隙。冲头导向块应保持有足够的润滑。

（2）启动后应先空运转，调整上下模具紧度，对准冲头模进行镦头校对，确认正常后，方可作业。

（3）应检查并确认模具、中心冲头无裂纹，并应校正上下模具与中心冲头的同心度，紧固各部螺栓，做好安全防护。

（4）应根据钢筋直径，配换相应夹具。

六、钢筋冷拔机操作安全要求

（1）当钢筋的末端通过冷拔模后，应立即脱开离合器，同时用手闸挡住钢筋末端。

（2）轧头时，应先使钢筋的一端穿过模具长度达 100~150mm，再用夹具夹牢。

（3）冷拔模架中应随时加足润滑剂，润滑剂应采用石灰和肥皂水调和晒干后的粉末。钢筋通过冷拔模前，应抹少量润滑脂。

（4）在冷拔钢筋时，每道工序的冷拔直径应按机械出厂说明书规定进行，不得超量缩减模具孔径，无资料时，可按每次缩减孔径 0.5～1.0mm。

（5）应检查并确认机械各连接件牢固，模具无裂纹，轧头和模具的规格配套，然后启动主机空运转，确认正常后，方可作业。

（6）作业时，操作人员的手和轧辊应保持 300～500mm 的距离。不得用手直接接触钢筋和滚筒。

（7）拔丝过程中，当出现断丝或钢筋打结乱盘时，应立即停机；在处理完毕后，方可开机。

七、钢筋冷挤压连接机操作安全要求

（1）压模、套筒与钢筋应相互配套使用，压模上应有相对应的连接钢筋规格标记。

（2）设备使用前后的拆装过程中，超高压油管两端的接头及压接钳、换向阀的进出油接头应保持清洁，并应及时用专用防尘帽封好。超高压油管的弯曲半径不得小于 250mm，扣压接头处不得扭转，且不得有死弯。

（3）挤压操作应符合下列要求。

1）钢筋挤压连接宜先在地面上挤压一端套筒，在施工作业区插入待接钢筋后再挤压另一端套筒。

2）挤压顺序宜从套筒中部开始，并逐渐向端部挤压。

3）压接钳就位时，应对准套筒压痕位置的标记，并应与钢筋轴线保持垂直。

4）挤压作业人员不得随意改变挤压力、压接道数或挤压顺序。

（4）有下列情况之一时，应对挤压机的挤压力进行标定。

1）挤压设备使用超过一年。

2）油压表受损或强烈振动后。

3）旧挤压设备大修后。

4）套筒压痕异常且查不出其他原因时。

5）新挤压设备使用前。

6）挤压的接头数超过 5000 个。

（5）挤压机液压系统中的高压胶管不得荷重拖拉、弯折和受到尖利物体刻划。

（6）挤压前的准备工作应符合下列要求。

1）钢筋端部应划出定位标记与检查标记，定位标记与钢筋端头的距离应为套筒长度的一半，检查标记与定位标记的距离宜为 20mm。

2）钢筋与套筒应先进行试套，当钢筋有马蹄、弯折或纵肋尺寸过大时，应预先进行矫正或用砂轮打磨；不同直径钢筋的套筒不得串用。

3）钢筋端头的锈、泥沙、油污等杂物应清理干净。

4）检查挤压设备情况，应进行试压，符合要求后方可作业。

(7) 作业后,应收拾好成品、套筒和压模,清理场地,切断电源,锁好开关箱,最后将挤压机和挤压钳放到指定地点。

第2讲 混凝土搅拌机安全操作

(1) 作业场地应有良好的排水条件,机械近旁应有水源,机棚内应有良好的通风、采光及防雨、防冻设施,并不得有积水。

(2) 应检查并校正供水系统的指示水量与实际水量的一致性;当误差超过2%时,应检查管路的漏水点,或应校正节流阀。

(3) 搅拌机启动后,应使搅拌筒达到正常转速后进行上料。上料时应及时加水。每次加入的拌和料不得超过搅拌机的额定容量并应减少物料粘罐现象,加料的次序应为石子—水泥—砂子或砂子—水泥—石子。

(4) 作业前,应进行料斗提升试验,应观察并确认离合器、制动器灵活可靠。

(5) 作业后,应及时将机内、水箱内、管道内的存料、积水放尽,并应清洁保养机械,清理工作场地,切断电源,锁好开关箱。

(6) 加入强制式搅拌机的集料最大粒径不得超过允许值,并应防止卡料。每次搅拌时,加入搅拌筒的物料不应超过规定的进料容量。

(7) 固定式搅拌机应安装在牢固的台座上。当长期固定时,应埋置地脚螺栓;在短期使用时,应在机座上铺设木枕并找平放稳。

(8) 向搅拌筒内加料应在运转中进行,添加新料应先将搅拌筒内原有的混凝土全部卸出后方可进行。

(9) 固定式搅拌机的操纵台,应使操作人员能看到各部工作情况。电动搅拌机的操纵台,应垫上橡胶板或干燥木板。

(10) 作业后,应对搅拌机进行全面清理;当操作人员需进入筒内时,必须切断电源或卸下熔断器,锁好开关箱,挂上"禁止合闸"标牌,并应有专人在外监护。

(11) 作业后,应将料斗降落到坑底,当需升起时,应用链条或插销扣牢。

(12) 移动式搅拌机的停放位置应选择平整坚实的场地,周围应有良好的排水沟渠。就位后,应放下支腿将机架顶起达到水平位置,使轮胎离地。当使用期较长时,应将轮胎卸下妥善保管,轮轴端部用油布包扎好,并用枕木将机架垫起支牢。

(13) 强制式搅拌机的搅拌叶片与搅拌筒底及侧壁的间隙,应经常检查并确认符合规定,当间隙超过标准时,应及时调整。当搅拌叶片磨损超过标准时,应及时修补或更换。

(14) 对需设置上料斗地坑的搅拌机,其坑口周围应垫高夯实,应防止地面水流入坑内。上料轨道架的底端支承面应夯实或铺砖,轨道架的后面应采用木料加以支承,应防止作业时轨道变形。

(15) 冬季作业后,应将水泵、放水开关、量水器中的积水排尽。

（16）料斗放到最低位置时，在料斗与地面之间，应加一层缓冲垫木。

（17）当气温降到5℃以下时，管道、水泵、机内均应采取防冻保温措施。

（18）作业前重点检查项目应符合下列要求。

1）各传动机构、工作装置、制动器等均紧固可靠，开式齿轮、皮带轮等均有防护罩。

2）电动机和电器元件的接线牢固，保护接零或接地电阻符合规定。

3）电源电压升降幅度不超过额定值的5%。

4）齿轮箱的油质、油量符合规定。

（19）作业前，应先启动搅拌机空载运转。应确认搅拌筒或叶片旋转方向与筒体上箭头所示方向一致。对反转出料的搅拌机，应使搅拌筒正、反转运转数分钟，并应无冲击抖动现象和异常噪声。

（20）应检查集料规格并应与搅拌机性能相符，超出许可范围的不得使用。

（21）进料时，严禁将头或手伸入料斗与机架之间。运转中，严禁用手或工具伸入搅拌筒内扒料、出料。

（22）搅拌机作业中，当料斗升起时，严禁任何人在料斗下停留或通过；当需要在料斗下检修或清理料坑时，应将料斗提升后用铁链或插入销锁住。

（23）作业中，应观察机械运转情况，当有异常或轴承温升过高等现象时，应停机检查；当需检修时，应将搅拌筒内的混凝土清除干净，然后再进行检修。

（24）搅拌机在场内移动或远距离运输时，应将进料斗提升到上止点，用保险铁链或插销锁住。

第3讲 混凝土泵安全操作

（1）泵送混凝土应连续作业。当因供料中断被迫暂停时，停机时间不得超过30min。暂停时间内应每隔5~10min（冬季3~5min）做2~3个冲程反泵—正泵运动，再次投料泵送前应先将料搅拌。当停泵时间超限时，应排空管道。

（2）泵送管道的敷设应符合下列要求。

1）泵送管道应有支承固定，在管道和固定物之间应设置木垫作缓冲，不得直接与钢筋或模板相连，管道与管道间应连接牢靠；管道接头和卡箍应扣牢密封，不得漏浆；不得将已磨损管道装在后端高压区。

2）垂直泵送管道不得直接装接在泵的输出口上，应在垂直管前端加装长度不小于20m的水平管，并在水平管近泵处加装逆止阀。

3）水平泵送管道宜直线敷设。

4）敷设向下倾斜的管道时，应在输出口上加装一段水平管，其长度不应小于倾斜管高低差的5倍。当倾斜度较大时，应在坡度上端装设排气活阀。

5）泵送管道敷设后，应进行耐压试验。

（3）作业后，应将料斗内和管道内的混凝土全部输出，然后对泵机、料斗、管道等进行冲洗。当用压缩空气冲洗管道时，进气阀不应立即开大，只有当混凝土顺利排出时，方可将进气阀开至最大。在管道出口端前方 10m 内严禁站人，并应用金属网篮等收集冲出的清洗球和砂石粒。对凝固的混凝土，应采用刮刀清除。

（4）作业前应检查并确认泵机各部螺栓紧固，防护装置齐全可靠，各部位操纵开关、调整手柄、手轮、控制杆、旋塞等均在正确位置，液压系统正常无泄漏，液压油符合规定，搅拌斗内无杂物，上方的保护格网完好无损并盖严。

（5）混凝土泵应安放在平整、坚实的地面上，周围不得有障碍物，在放下支腿并调整后应使机身保持水平和稳定，轮胎应揳紧。

（6）应配备清洗管、清洗用品、接球器及有关装置。开泵前，无关人员应离开管道周围。

（7）启动后，应空载运转，观察各仪表的指示值、检查泵和搅拌装置的运转情况，确认一切正常后，方可作业。泵送前应向料斗加入 10L 清水和 $0.3m^3$ 的水泥砂浆润滑泵及管道。

（8）不得随意调整液压系统压力。当油温超过 70℃时，应停止泵送，但仍应使搅拌叶片和风机运转，待降温后再继续运行。

（9）泵送作业中，料斗中的混凝土平面应保持在搅拌轴轴线以上。料斗格网上不得堆满混凝土，应控制供料流量，及时清除超粒径的集料及异物，不得随意移动格网。

（10）水箱内应贮满清水，当水质混浊并有较多砂粒时，应及时检查处理。

（11）当进入料斗的混凝土有离析现象时应停泵，待搅拌均匀后再泵送。当集料分离严重，料斗内灰浆明显不足时，应剔除部分集料，另加砂浆重新搅拌。

（12）垂直向上泵送中断后再次泵送时，应先进行反向推送，使分配阀内混凝土吸回料斗，经搅拌后再正向泵送。

（13）泵送时，不得开启任何输送管道和液压管道；不得调整、修理正在运转的部件。

（14）泵机运转时，严禁将手或铁锹伸入料斗或用手抓握分配阀。当需在料斗或分配阀上工作时，应先关闭电动机和消除蓄能器压力。

（15）作业中，应对泵送设备和管路进行观察，发现隐患应及时处理。对磨损超过规定的管子、卡箍、密封圈等应及时更换。

（16）输送管道的管壁厚度应与泵送压力匹配，近泵处应选用优质管子。管道接头、密封圈及弯头等应完好无损。高温烈日下应采用湿麻袋或湿草袋遮盖管路，并应及时浇水降温，寒冷季节应采取保温措施。

（17）砂石粒径、水泥强度等级及配合比应按出厂规定，满足泵机可泵性的要求。

（18）当出现输送管堵塞时，应进行反泵运转，使混凝土返回料斗；当反泵几次仍不能消除堵塞，应在泵机卸载情况下，拆管排除堵塞。

（19）作业后，应将两侧活塞转到清洗室位置，并涂上润滑油。各部位操纵开关、调整手柄、手轮、控制杆、旋塞等均应复位，液压系统应卸载。

（20）应防止管道堵塞。泵送混凝土应搅拌均匀，控制好坍落度；在泵送过程中，不得中途停泵。

第4讲 混凝土喷射机安全操作

（1）喷射机应采用干喷作业，应按出厂说明书规定的配合比配料，风源应是符合要求的稳压源，电源、水源、加料设备等均应配套。

（2）停机时，应先停止加料，然后再关闭电动机和停送压缩空气。

（3）启动前，应先接通风、水、电，开启进气阀逐步达到额定压力，再启动电动机空载运转，确认一切正常后，方可投料作业。

（4）发生堵管时，应先停止喂料，对堵塞部位进行敲击，迫使物料松散，然后用压缩空气吹通。此时，操作人员应紧握喷嘴，严禁甩动管道伤人。当管道中有压力时，不得拆卸管接头。

（5）喷射机内部应保持干燥和清洁，加入的干料配合比及潮润程序，应符合喷射机性能要求，不得使用结块的水泥和未经筛选的砂石。

（6）在喷嘴前方严禁站人，操作人员应始终站在已喷射过的混凝土支护面以内。

（7）转移作业面时，供风、供水系统应随之移动，输料软管不得随地拖拉和折弯。

（8）作业前重点检查项目应符合下列要求。

1）压力表指针在上、下限之间，根据输送距离，调整上限压力的极限值。

2）各部密封件密封良好，对橡胶结合板和旋转板出现的明显沟槽及时修复。

3）电源线无破裂现象，接线牢靠。

4）安全阀灵敏可靠。

5）喷枪水环（包括双水环）的孔眼畅通。

（9）作业中，当暂停时间超过1h时，应将仓内及输料管内的干混合料全部喷出。

（10）管道安装应正确，连接处应紧固密封。当管道通过道路时，应设置在地槽内并加盖保护。

（11）机械操作和喷射操作人员应有联系信号，送风、加料、停料、停风以及发生堵塞时，应及时联系，密切配合。

（12）作业后，应将仓内和输料软管内的干混合料全部喷出，并应将喷嘴拆下清洗干净，清除机身内外黏附的混凝土料及杂物。同时应清理输料管，并应使密封件处于放松状态。

第5讲　插入式振动器安全操作

（1）插入式振动器的电动机电源上，应安装漏电保护装置，接地或接零应安全可靠。

（2）作业停止需移动振动器时，应先关闭电动机，再切断电源。不得用软管拖拉电动机。

（3）使用前，应检查各部并确认连接牢固，旋转方向正确。

（4）作业时，振动棒软管的弯曲半径不得小于 500mm，并不得多于两个弯，操作时应将振动棒垂直地沉入混凝土，不得用力硬插、斜推或让钢筋夹住棒头，也不得全部插入混凝土中，插入深度不应超过棒长的 3/4，不宜触及钢筋、芯管及预埋件。

（5）振动器不得在初凝的混凝土、地板、脚手架和干硬的地面上进行试振。在检修或作业间断时，应断开电源。

（6）电缆线应满足操作所需的长度。电缆线上不得堆压物品或让车辆挤压，严禁用电缆线拖拉或吊挂振动器。

（7）振动棒软管不得出现断裂，当软管使用过久使长度增长时，应及时修复或更换。

（8）操作人员应经过用电教育，作业时应穿绝缘胶鞋和戴绝缘手套。

（9）作业完毕，应将电动机、软管、振动棒清理干净，并应按规定要求进行保养作业。振动器存放时，不得堆压软管，应平直放好，并应对电动机采取防潮措施。

第6讲　附着式、平板式振动器安全操作

（1）附着式、平板式振动器轴承不应承受轴向力，在使用时，电动机轴应保持水平状态。

（2）附着式振动器安装在混凝土模板上时，每次振动时间不应超过 1min，当混凝土在模内泛浆流动或成水平状即可停振，不得在混凝土初凝状态时再振。

（3）作业前，应对附着式振动器进行检查和试振。试振不得在干硬土或硬质物体上进行。安装在搅拌站料仓上的振动器，应安置橡胶垫。

（4）装置振动器的构件模板应坚固牢靠，其面积应与振动器额定振动面积相适应。

（5）使用时，引出电缆线不得拉得过紧，更不得断裂。作业时，应随时观察电气设备的漏电保护器和接地或接零装置并确认合格。

（6）安装时，振动器底板安装螺孔的位置应正确，应防止底脚螺栓安装扭斜

而使机壳受损。底脚螺栓应紧固,各螺栓的紧固程度应一致。

(7) 在一个模板上同时使用多台附着式振动器时,各振动器的频率应保持一致,相对面的振动器应错开安装。

(8) 平板式振动器作业时,应使平板与混凝土保持接触,使振波有效地振实混凝土,待表面出浆,不再下沉后,即可缓慢向前移动,移动速度应能保证混凝土振实出浆。在振的振动器,不得搁置在已凝或初凝的混凝土上。

第7讲 混凝土振动台安全操作

(1) 振动台应安装在牢固的基础上,地脚螺栓应拧紧。基础中间应留有地下坑道,应能调整和检修。

(2) 齿轮箱的油面应保持在规定的平面上,作业时油温不得超过70℃。

(3) 振动台不宜长时间空载运转。振动台上应安置牢固可靠的模板并锁紧夹具,并应保证模板混凝土和台面一起振动。

(4) 电动机接地应良好,电缆线与线接头应绝缘良好,不得有破损漏电现象。

(5) 应经常检查各部轴承,并应定期拆洗更换润滑油,作业中应重点检查轴承温升,当发现过热时应停机检修。

(6) 使用前,应检查并确认电动机和传动装置完好,特别是轴承座螺栓、偏心块螺栓、电动机和齿轮箱螺栓等紧固件紧固牢靠。

(7) 振动台台面应经常保持清洁、平整,使其与模板接触良好。发现裂纹应及时修补。

第4单元 装饰工程施工机械安全操作

第1讲 木工机械安全操作

一、木工机械操作安全基本要求

(1) 操作人员应经过培训,了解机械设备的构造、性能和用途,掌握有关使用、维修、保养的安全技术知识。电路故障必须由专业电工排除。

(2) 应及时清理机器台面上的刨花、木屑。严禁直接用手清理。刨花、木屑应存放到指定地点。

(3) 必须使用单向开关,严禁使用倒顺开关。

(4) 链条、齿轮和皮带等传动部分,必须安装防护罩或防护板。

(5) 作业时必须扎紧袖口、理好衣角、扣好衣扣，不得戴手套。作业人员长发不得外露。女工应戴工作帽。

(6) 工作场所严禁烟火，必须按规定配备消防器材。

(7) 机械运转过程中出现故障时，必须立即停机、切断电源。

(8) 作业前试机，各部件运转正常后方可作业。开机前必须将机械周围及脚下作业区的杂物清理干净，必要时应在作业区铺垫板。

(9) 作业后必须切断电源，闸箱门锁好。

二、圆盘锯（包括吊截锯）操作安全要求

木工使用圆盘锯（包括吊截锯）作业应按照以下要求操作。

(1) 圆盘锯必须装设分料器，锯片上方应有防护罩、挡板和滴水设备。开料锯和截料锯不得混用。作业前应检查锯片不得有裂口，螺丝必须拧紧。锯片不得连续断齿两个，裂纹长度不得超过 2cm，有裂纹则应在其末端冲上裂孔（阻止裂纹进一步发展）。

(2) 必须随时清除锯台面上的遗料，保持锯台整洁。不得直接用手清除遗料。清除锯末及调整部件，必须先切断电源，待机械停止运转后方可进行。

(3) 必须紧贴靠山送料，不得用力过猛，必须待出料超过锯片 15cm 方可用手接料，不得用手硬拉。木料锯到接近端头时，应由下手拉接锯，上手不得用手直接送料，应用木板推送。锯料时不得将木料左右搬动或高抬，送料不宜用力过猛，遇硬节疤应慢推，防止木节弹出伤人。

(4) 木料若卡住锯片时应立即切断电源，待机械停止运转后方可进行处理。严禁使用木棒或木块制动锯片的方法停止机械运转。

(5) 短窄料应用推棍，接料使用刨钩。严禁锯小于 50cm 长的短料。

(6) 锯片运转时间过长应用水冷却，直径 60cm 以上的锯片工作时应喷水冷却。

(7) 施工用电必须有保护接零和漏电保护器。操作必须采用单向按钮开关，不得安装倒顺开关，无人操作时断开电源。

(8) 木料走偏时，应立即逐渐纠正或切断电源，停车调正后再锯，不得大力推进或拉出。锯片必须平整，锯口要适当，锯片与主动轴匹配、紧牢。

(9) 操作人员必须戴防护眼镜。作业时应站在锯片一侧，不得与锯片站在同一直线上，以防木料弹出伤人。手臂不得跨越锯片。

(10) 用电采用三级配电二级保护，三相五线保护接零系统。定期进行检查，注意熔丝的选用，严禁采用其他金属丝作为代替用品。

三、开榫机操作安全要求

木工使用开榫机作业应按照以下要求操作。

(1) 短料开榫必须使用垫板夹牢，严禁用手握料。长度大于 1.5m 的木料开榫

必须2人操作。

（2）必须侧身操作，严禁面对刀具。进料速度应均匀。

（3）刨渣或木片堵塞时，应用木棍清除，严禁手掏。

四、压刨机操作安全要求

木工使用压刨机作业应按照以下要求操作。

（1）送料和接料应站在机械一侧，操作时不得戴手套；二人操作必须配合一致。

（2）厚度小于 1cm 的木料，必须垫压板。每次刨削量不得超过 3mm，木料厚度差 2mm 的不得同时进料。

（3）刨料长度小于前后滚中心距的木料。禁止在压刨机上加工。

（4）进料必须平直，发现木料走偏或卡住，应先停机降低台面，再调正木料。遇节疤时应减慢送料速度。送料时手指必须与滚筒保持 20cm 以上距离。接料时，必须待料走出台面后方可上手。

（5）清理台面杂物时必须停机（停稳）、断电，用木棒进行清理。

五、裁口机操作安全要求

木工使用裁口机作业应按照以下要求操作。

（1）应根据材料规格调整盖板。作业时应一手按压、一手推进。刨或锯到头时，应将手移到刨刀或锯片的前面。

（2）裁刨圆木料必须用圆形靠山，用手压牢，慢速送料。

（3）裁硬木口时，每次深度不得超过 1.5cm，高度不得超过 5cm；裁松木口，每次深度不得超过 2cm，高度不得超过 6cm。严禁在中间插刀。

（4）送料速度应缓慢、均匀，不得猛拉猛推，遇硬节应慢推。必须待出料超过刨口 15cm 方可接料。

（5）机器运转时，严禁在防护罩和台面上放置任何物品。

六、打眼机操作安全要求

使用打眼机作业时必须使用夹料具，不得直接用手扶料。大于 1.5m 的长料打眼时必须使用托架。当凿芯被木渣挤塞时，应立即抬起手把。深度超过凿渣出口，应勤拔钻头。清理木渣时应用刷子或吹风器清埋木渣，严禁手掏。

七、平刨机操作安全要求

木工使用平刨机作业应按照以下要求操作。

（1）开机后不能立即送料刨削，一定要等刀轴运转平稳后方可进行刨削。刨料时应保持身体平衡,双手操作。刨大面时,手应按在木料上面;刨小面时,手指应不低于料高的一半,并不得小于3cm。

(2)平刨机上必须设置可靠的安全防护装置,应使用圆柱形刀轴,绝对禁止使用方轴。

(3)每台木工墙刨上除必须装有安全防护装置(护手装置及传动部位防护罩)之外,还应配有刨小薄料的压板和压棍,被刨木料的厚度小于3cm、长度小于40cm时,应用压板或压棍推进。厚度小于1.5cm、长度小于25cm的木料不得在平刨上加工。

(4)刨刀刃口量不得超过外径1.1mm,每次刨削量不得超过1.5mm。进料速度应均匀。严禁在刨刃上方回料。

(5)刨削过程如果感觉木料震动太大,送料推力较重时,说明刨刀刃口已经磨损,必须停机更换新磨锋利的刨刀。

(6)二人操作时,进料速度应一致,当木料前端越过刀口30cm后,下手操作人员方可接料,木料刨至尾端时,上手操作人员应注意早松手,下手操作人员不得猛拉。

(7)机械运转时,不得进行维修,更不得移动或拆除护手装置进行刨削。换刀片前必须拉闸断电,并挂"有人操作,严禁合闸"的警示标牌,施工用电必须有保护接零和漏电保护器。

(8)刨旧料时必须先将铁钉、泥砂等清除干净。遇节疤、戗茬时应减慢送料速度,严禁手按节疤送料。

(9)同一台刨机的刀片重量、厚度必须一致,刀架与刀必须匹配,严禁使用不合格的刀具。紧固刀片的螺钉应嵌入槽内,且距离刀背不得小于10mm。

(10)平刨在施工现场应置于木工作业区内,并搭设防护棚,若位于塔吊作业范围内的,应搭设双层防坠棚,在木工防护棚内落实消防措施、操作安全规程及其责任人。

八、刮边机操作安全要求

使用刮边机作业时,材料应按压在推车上,后端必须顶牢。应慢速送料,且每次进刀量不得超过4mm。不得用手送料至刨口,刀部必须设置坚固严密的防护罩,装刀时必须拧紧螺丝。

第2讲 抹灰和涂饰机械安全操作

一、灰浆搅拌机操作安全要求

(1)固定式搅拌机的上料斗应能在轨道上移动。料斗提升时,严禁斗下有人。

（2）运转中，严禁用手或木棒等伸进搅拌筒内，或在筒口清理灰浆。

（3）启动后，应先空运转，检查搅拌叶旋转方向正确，方可加料加水，进行搅拌作业。加入的砂子应过筛。

（4）作业前应检查并确认传动机构、工作装置、防护装置等牢固可靠，三角胶带松紧度适当，搅拌叶片和筒壁间隙在3～5mm之间，搅拌轴两端密封良好。

（5）作业中，当发生故障不能继续搅拌时，应立即切断电源，将筒内灰浆倒出，排除故障后方可使用。

（6）固定式搅拌机应有牢靠的基础，移动式搅拌机应采用方木或撑架固定，并保持水平。

（7）作业后，应清除机械内外砂浆和积料，用水清洗干净。

二、挤压式灰浆泵操作安全要求

（1）料斗加满灰浆后，应停止振动，待灰浆从料斗泵送完时，再加新灰浆振动筛料。

（2）作业前，应先用水、再用白灰膏润滑输送管道后，方可加入灰浆，开始泵送。

（3）使用前，应先接好输送管道，往料斗加注清水，启动灰浆泵，当输送胶管出水时，应折起胶管，待升到额定压力时停泵，观察各部位应无渗漏现象。

（4）工作间歇时，应先停止送灰，后停止送气，并应防气嘴被灰堵塞。

（5）泵送过程应注意观察压力表。当压力迅速上升，有堵管现象时，应反转泵送2～3转，使灰浆返回料斗，经搅拌后再泵送。当多次正反泵仍不能畅通时，应停机检查，排除堵塞。

（6）作业后，应对泵机和管路系统全部清洗干净。

三、喷浆机操作安全要求

（1）泵体内不得无液体干转。在检查电动机旋转方向时，应先打开料桶开关，让石灰浆流入泵体内部后，再开动电动机带泵旋转。

（2）喷嘴孔径宜为2.0～2.8mm；当孔径大于2.8mm时，应及时更换。

（3）喷涂前，应对石灰浆采用60目筛网过滤两遍。

（4）作业后，应往料斗注入清水，开泵清洗直到水清为止，再倒出泵内积水，清洗疏通喷头座及滤网，并将喷枪擦洗干净。

（5）石灰浆的密度应为$1.06～1.10g/cm^3$。

（6）长期存放前，应清除前、后轴承座内的石灰浆积料，堵塞进浆口，从出浆口注入机油约50mL，再堵塞出浆口，开机运转约30s，使泵体内润滑防锈。

四、柱塞式、隔膜式灰浆泵操作安全要求

（1）泵送过程不宜停机。当短时间内不需泵送时，可打开回浆阀使灰浆在泵体内循环运行。当停泵时间较长时，应每隔 3～5min 泵送一次，泵送时间宜为 0.5min，应防灰浆凝固。

（2）泵送前，应先用水进行泵送试验，检查并确认各部位无渗漏。当有渗漏时，应先排除。

（3）被输送的灰浆应搅拌均匀，不得有干砂和硬块，不得混入石子或其他杂物。灰浆稠度应为 80～120mm。

（4）泵送过程应随时观察压力表的泵送压力，当泵送压力超过预调的 1.5MPa 时，应反向泵送，使管道内部分灰浆返回料斗，再缓慢泵送；当无效时，应停机卸压检查，不得强行泵送。

（5）灰浆泵应安装平稳。输送管路的布置宜短直、少弯头；全部输送管道接头应紧密连接，不得渗漏；垂直管道应固定牢固；管道上不得加压或悬挂重物。

（6）故障停机时，应打开泄浆阀使压力下降，然后排除故障。灰浆泵压力未达到零时，不得拆卸空气室、安全阀和管道。

（7）作业前应检查并确认球阀完好，泵内无干硬灰浆等物，各连接件紧固牢靠，安全阀已调整到预定的安全压力。

（8）泵送时，应先开机后加料。应先用泵压送适量石灰膏润滑输送管道，然后再加入稀灰浆，最后调整到所需稠度。

（9）作业后，应采用石灰膏或浓石灰水把输送管道里的灰浆全部泵出，再用清水将泵和输送管道清洗干净。

五、水磨石机操作安全要求

（1）作业前，应检查并确认各连接件紧固，当用木槌轻击磨石发出无裂纹的清脆声音时，方可作业。

（2）更换新磨石后，应先在废水磨石地坪上或废水泥制品表面磨 1～2h，待金刚石切削刃磨出后，再投入工作面作业。

（3）电缆线应离地架设，不得放在地面上拖动。电缆线应无破损，保护接地良好。

（4）水磨石机宜在混凝土达到设计强度 70%～80%时进行磨削作业。

（5）在接通电源、水源后，应手压扶把使磨盘离开地面，再启动电动机，并应检查确认磨盘旋转方向与箭头所示方向一致，待运转正常后，再缓慢放下磨盘，进行作业。

（6）作业中，当发现磨盘跳动或异响，应立即停机检修。停机时，应先提升磨盘后关机。

（7）作业中，使用的冷却水不得间断，用水量宜调至工作面不发干。

(8) 作业后，应切断电源，清洗各部位的泥浆，放置在干燥处，用防雨布遮盖。

六、高压无气喷涂机操作安全要求

(1) 喷涂燃点在 21℃ 以下的易燃涂料时，必须接好地线，地线的一端接电动机零线位置，另一端应接涂料桶或被喷的金属物体。喷涂机不得和被喷物放在同一房间里，周围严禁有明火。

(2) 喷涂中，当喷枪堵塞时，应先将枪关闭，使喷嘴手柄旋转 180°，再打开喷枪用压力涂料排除堵塞物，当堵塞严重时，应停机卸压后，拆下喷嘴，排除堵塞。

(3) 作业中，当停歇时间较长时，应停机卸压，将喷枪的喷嘴部位放入溶剂内。

(4) 作业前，应先空载运转，然后用水或溶剂进行运转检查。确认运转正常后，方可作业。

(5) 不得用手指试高压射流，射流严禁正对其他人员。喷涂间隙时，应随手关闭喷枪安全装置。

(6) 启动前，调压阀、卸压阀应处于开启状态，吸入软管、回路软管接头和压力表、高压软管及喷枪等均应连接牢固。

(7) 高压软管的弯曲半径不得小于 250mm，亦不得在尖锐的物体上用脚踩高压软管。

(8) 作业后，应彻底清洗喷枪。清洗时不得将溶剂喷回小口径的溶剂桶内。应防产生静电火花引起着火。

第 3 讲　手持电动工具安全操作

(1) 使用角向磨光机时应符合下列要求。

1) 磨削作业时，应使砂轮与工件面保持 15°～30° 的倾斜位置；切削作业时，砂轮不得倾斜，并不得横向摆动。

2) 砂轮应选用增强纤维树脂型，其安全线速度不得小于 80m/s。配用的电缆与插头应具有加强绝缘性能，并不得任意更换。

(2) 采用工程塑料为机壳的非金属壳体的电动机、电器，在存放和使用时应防止受压、受潮，并不得接触汽油等溶剂。

(3) 为了防止射钉枪射钉误发射而造成人身伤害事故，使用射钉枪时应符合下列要求。

1) 在更换零件或断开射钉枪之前，射枪内均不得装有射钉弹。

2) 严禁用手掌推压钉管和将枪口对准人。

3）击发时，应将射钉枪垂直压紧在工作面上，当两次扣动扳机，子弹均不击发时，应保持原射击位置数秒钟后，再退出射钉弹。

（4）机具启动后，应空载运转，应检查并确认机具联动灵活无阻。作业时，加力应平稳，不得用力过猛。

（5）使用刃具的机具，应保持刃磨锋利，完好无损，安装正确，牢固可靠。

（6）手持电动工具依靠操作人员的手来控制，如果在运转过程中撒手，机具失去控制，会破坏工件、损坏机具，甚至造成人身伤害。所以机具转动时，不得撒手不管。

（7）使用冲击电钻或电锤时，应符合下列要求。

1）钻孔时，应注意避开混凝土中的钢筋。

2）电钻和电锤为40%断续工作制，不得长时间连续使用。

3）作业孔径在25mm以上时，应有稳固的作业平台，周围应设护栏。

4）作业时应掌握电钻或电锤手柄，打孔时先将钻头抵在工作表面，然后开动，用力适度，避免晃动；转速若急剧下降，应减少用力，防止电机过载，严禁用木杠加压。

（8）手持电动工具转速高，振动大，作业时与人体直接接触，所以在潮湿地区或在金属构架、压力容器、管道等导电良好的场所作业时，必须使用双重绝缘或加强绝缘的电动工具。

（9）使用瓷片切割机时应符合下列要求。

1）切割过程中用力应均匀适当，推进刀片时不得用力过猛。当发生刀片卡死时，应立即停机，慢慢退出刀片，应在重新对正后方可再切割。

2）作业时应防止杂物、泥尘混入电动机内，并应随时观察机壳温度，当机壳温度过高及产生炭刷火花时，应立即停机检查处理。

（10）作业前的检查应符合下列要求。

为保证手持电动工具的正常使用，在手持电动工具作业前必须按照以下要求进行检查。

1）外壳、手柄不出现裂缝、破损。

2）各部防护罩齐全牢固，电气保护装置可靠。

3）电缆软线及插头等完好无损，开关动作正常，保护接零连接正确牢固可靠。

（11）作业中，不得用手触摸刃具、模具和砂轮，发现其有磨钝、破损情况时，应立即停机修整或更换，然后再继续进行作业。

（12）使用电剪时应符合下列要求。

1）作业时不得用力过猛，当遇刀轴往复次数急剧下降时，应立即减少推力。

2）作业前应先根据钢板厚度调节刀头间隙量。

（13）使用砂轮的机具，其转速一般在10000r/min以上，因此，对砂轮的质量和安装有严格要求。使用前应检查砂轮与接盘间的软垫并安装稳固，螺帽不得过紧，凡受潮、变形、裂纹、破碎、磕边缺口或接触过油、碱类的砂轮均不得使用，并不得将受潮的砂轮片自行烘干使用。

（14）严禁超载使用。为防止机具故障达到延长使用寿命的目的，作业中应注意音响及温升，发现异常应立即停机检查。在作业时间过长，机具温升超过60℃时，应停机，自然冷却后再行作业。

（15）使用拉铆枪时应符合下列要求。

1）铆接时，当铆钉轴未拉断时，可重复扣动扳机，直到拉断为止，不得强行扭断或撬断，以免造成机件损伤。

2）为避免失去调节精度、影响操作，作业中，接铆头子或并帽若有松动，应立即拧紧。

3）被铆接物体上的铆钉孔应与铆钉滑配合，并不得过盈量太大以免影响铆接质量。

第4讲 空气压缩机安全操作

（1）为保证空气压缩机的正常使用，在空气压缩机作业前必须按照以下要求进行检查：

1）燃、润油料均添加充足；

2）各防护装置齐全良好，贮气罐内无存水；

3）各连接部位紧固，各运动机构及各部阀门开闭灵活；

4）电动空气压缩机的电动机及启动器外壳接地良好，接地电阻不大于4Ω。

（2）输气管道输送的压缩空气如果直接吹向人体，会造成人身伤害事故，输气胶管应保持畅通，不得扭曲，开启送气阀前，应将输气管道连接好，并通知现场有关人员后方可送气。在出气口前方，不得有人工作或站立，防止压缩空气外泄伤人。

（3）空气压缩机的进排气管较长时，应加以固定，管路不得有急弯，以减少输气阻力；为防止金属管路因热胀冷缩而变形，对较长管路应设伸缩变形装置。

（4）每工作2h，应将液气分离器、中间冷却器、后冷却器内的油水排放一次。贮气罐内的油水每班应排放1~2次。

（5）空气压缩机作业区应保持清洁和干燥。作为压力容器，贮气罐应放在通风良好处，要尽可能降低温度，以提高储存压缩空气的质量，要远离热源，距贮气罐15m以内不得进行焊接或热加工作业。

（6）发现下列情况之一时应立即停机检查，找出原因并排除故障后，方可继续作业：

1）漏水、漏气、漏电或冷却水突然中断；

2）机械有异响或电动机电刷发生强烈火花；

3）压力表、温度表、电流表指示值超过规定；

4）排气压力突然升高，排气阀、安全阀失效。

（7）运转中，在缺水而使汽缸过热停机时，如果立即注入冷水，高温的汽缸体因骤冷收缩，容易产生裂缝而导致损坏。因此，应待汽缸自然降温至60℃以下时，方可加水。

（8）贮气罐上的安全阀是限制贮气罐内的压力不超过规定值的安全保护装置，作业中贮气罐内压力不得超过铭牌额定压力，安全阀应灵敏有效。进、排气阀，轴承及各部件应无异响或过热现象。

（9）当电动空气压缩机运转中突然停电时，应立即切断电源，等来电后重新在无荷载状态下启动。

（10）贮气罐和输气管路每三年应作水压试验一次，试验压力应为额定压力的150%。压力表和安全阀应每年至少校验一次。

（11）停机后，应关闭冷却水阀门，打开放气阀，放出各级冷却器和贮气罐内的油水和存气，方可离岗。

（12）空气压缩机的内燃机和电动机的使用应分别按照内燃机和电动机安全操作要求进行操作。

（13）空气压缩机应在无载状态下启动，启动后低速空运转，检视各仪表指示值符合要求，运转正常后，逐步进入荷载运转。

（14）停机时，应先卸去荷载，然后分离主离合器，再停止内燃机或电动机的运转。

（15）在潮湿地区及隧道中施工时，对空气压缩机外露摩擦面应定期加注润滑油，对电动机和电气设备应作好防潮保护工作。

第5单元 焊接与切割作业安全操作

第1讲 基本规定

一、设备及操作

（1）设备条件

所有运行使用中的焊接、切割设备必须处于正常的工作状态,存在安全隐患（如：安全性或可靠性不足）时，必须停止使用并由维修人员修理。

（2）操作

所有的焊接与切割设备必须按制造厂提供的操作说明书或规程使用，并且还必须符合《焊接与切割安全》（GB 9448-1999）要求。

二、责任

（1）管理者

1）管理者必须对实施焊接及切割操作的人员及监督人员进行必要的安全培训。培训内容包括：设备的安全操作、工艺的安全执行及应急措施等。

2）管理者有责任将焊接、切割可能引起的危害及后果以适当的方式（如：安全培训教育、口头或书面说明、警告标识等）通告给实施操作的人员。

3）管理者必须标明允许进行焊接、切割的区域，并建立必要的安全措施。

4）管理者必须明确在每个区域内单独的焊接及切割操作规则。并确保每个有关人员对所涉及的危害有清醒的认识并了解相应的预防措施。

5）管理者必须保证只使用经过认可并检查合格的设备（诸如焊割机具、调节器、调压阀、焊机、焊钳及人员防护装置）。

（2）现场管理及安全监督人员

1）焊接或切割现场应设置现场管理和安全监督人员。这些监督人员必须对设备的安全管理及工艺的安全执行负责。在实施监督职责的同时，他们还可担负其他职责，如：现场管理、技术指导、操作协作等。

2）监督者必须保证：

①各类防护用品得到合理使用；

②在现场适当地配置防火及灭火设备；

③指派火灾警戒人员；

④所要求的热作业规程得到遵循。

3）在不需要火灾警戒人员的场合，监督者必须要在热工作业完成后做最终检查并组织消灭可能存在的火灾隐患。

（3）操作者

1）操作者必须具备对特种作业人员所要求的基本条件，并懂得将要实施操作时可能产生的危害以及适用于控制危害条件的程序。操作者必须安全地使用设备，使之不会对生命及财产构成危害。

2）操作者只有在规定的安全条件得到满足，并得到现场管理及监督者准许的前提下，才可实施焊接或切割操作。在获得准许的条件没有变化时，操作者可以连续地实施焊接或切割。

三、工作区域的防护

（1）设备

焊接设备、焊机、切割机具、钢瓶、电缆及其他器具必须放置稳妥并保持良好的秩序，使之不会对附近的作业或过往人员构成妨碍。

（2）警告标志

焊接和切割区域必须予以明确标明，并且应有必要的警告标志。

（3）防护屏板

为了防止作业人员或邻近区域的其他人员受到焊接及切割电弧的辐射及飞溅伤害，应用不可燃或耐火屏板（或屏罩）加以隔离保护。

（4）焊接隔间

在准许操作的地方、焊接场所，必要时可用不可燃屏板或屏罩隔开形成焊接隔间。

四、人身防护

（1）眼睛及面部防护

作业人员在观察电弧时，必须使用带有滤光镜的头罩或手持面罩，或佩戴安全镜、护目镜或其他合适的眼镜。辅助人员亦应配戴类似的眼保护装置。面罩及护目镜必须符合《职业眼面部防护 焊接防护 第1部分:焊接防护具》(GB/T 3609.1-2008)的要求。

对于大面积观察（诸如培训、展示、演示及一些自动焊操作），可以使用一个大面积的滤光窗、幕而不必使用单个的面罩、手提罩或护目镜。窗或幕材料必须对观察者提供安全的保护效果、使其免受弧光、碎渣飞溅的伤害。

（2）身体保护

1）防护服，应根据具体的焊接和切割操作特点选择。防护服必须符合《防护服装 阻燃防护 第2部分：焊接服》(GB 8965.2-2009)的要求，并可以提供足够的保护面积。

2）手套，所有焊工和切割工必须佩戴耐火的防护手套。

3）围裙，当身体前部需要对火花和辐射做附加保护时，必须使用经久耐火的皮制或其他材质的围裙。

4）护腿，需要对腿做附加保护时，必须使用耐火的护腿或其他等效的用具。

5）披肩、斗篷及套袖，在进行仰焊、切割或其他操作过程中，必要时必须佩戴皮制或其他耐火材质的套袖或披肩罩，也可在头罩下佩带耐火质地的斗篷以防头部灼伤。

6）其他防护服，当噪声无法控制在规定的允许声级范围内时，必须采用保护装置（诸如耳套、耳塞或用其他适当的方式保护）。

五、呼吸保护设备

利用通风手段无法将作业区域内的空气污染降至允许限值或这类控制手段无法实施时，必须使用呼吸保护装置，如：长管面具、防毒面具等。

六、通风

（1）充分通风

为了保证作业人员在无害的呼吸氛围内工作，所有焊接、切割、钎焊及有关的操作必须要在足够的通风条件下（包括自然通风或机械通风）进行。

（2）防止烟气流

必须采取措施避免作业人员直接呼吸到焊接操作所产生的烟气流。

（3）通风的实施

为了确保车间空气中焊接烟尘的污染程度低于《车间空气中电焊烟尘卫生标准》（GB 16194-1996）的规定值，可根据需要采用各种通风手段（如：自然通风、机械通风等）。

七、消防措施

（1）防火职责

必须明确焊接操作人员、监督人员及管理人员的防火职责，并建立切实可行的安全防火管理制度。

（2）指定的操作区域

焊接及切割应在为减少火灾隐患而设计、建造（或特殊指定）的区域内进行。因特殊原因需要在非指定的区域内进行焊接或切割操作时，必须经检查、核准。

（3）放有易燃物区域的热作业条件

1）转移工件

焊接或切割作业只能在无火灾隐患的条件下实施。有条件时，首先要将工件移至指定的安全区进行焊接。

2）转移火源

工件不可移时，应将火灾隐患周围所有可移动物移至安全位置。

3）工件及火源无法转移工件及火源无法转移时，要采取措施限制火源以免发生火灾，如：

①易燃地板要清扫干净，并以撒水、铺盖湿沙、金属薄板或类似物品的方法加以保护。

②地板上的所有开口或裂缝应覆盖或封好，或者采取其他措施以防地板下面的易燃物与可能由开口处落下的火花接触。对墙壁上的裂缝或开口、敞开或损坏的门、窗要采取类似的措施。

（4）灭火

1）灭火器及喷水器

在进行焊接及切割操作的地方必须配置足够的灭火设备。其配置取决于现场易燃物品的性质和数量，可以是水池、沙箱、水龙带、消防栓或手提灭火器。在有喷水器的地方，在焊接或切割过程中，喷水器必须处于可使用状态。如果焊接地点距自动喷水头很近，可根据需要用不可燃的薄材或潮湿的棉布将喷头临时遮蔽。而且这种临时遮蔽要便于迅速拆除。

2）火灾警戒人员的设置

在下列焊接或切割的作业点及可能引发火灾的地点，应设置火灾警戒人员：

①靠近易燃物之处建筑结构或材料中的易燃物距作业点 10m 以内。

②开口在墙壁或地板有开口的 10m 半径范围内（包括墙壁或地板内的隐蔽空间）放有外露的易燃物。

③金属墙壁靠近金属间壁、墙壁、天花板、屋顶等处另一侧易受传热或辐射而引燃的易燃物。

3) 火灾警戒职责

①火灾警戒人员必须经必要的消防训练，并熟知消防紧急处理程序。

②火灾警戒人员的职责是监视作业区域内的火灾情况；在焊接或切割完成后检查并消灭可能存在的残火。

③火灾警戒人员可以同时承担其他职责，但不得对其火灾警戒任务有干扰。

（5）装有易燃物容器的焊接或切割

当焊接或切割装有易燃物的容器时，必须采取特殊的安全措施并经严格检查批准方可作业，否则严禁开始工作。

第 2 讲　封闭空间内的安全要求

一、封闭空间内的通风

（1）人员的进入

封闭空间内在未进行良好的通风之前禁止人员进入。如要进入，必须佩戴合适的供气呼吸设备并由戴有类似设备的他人监护。必要时在进入之前，对封闭空间要进行毒气、可燃气、有害气、氧量等的测试，确认无害后方可进入。

（2）邻近的人员

封闭空间内适宜的通风不仅必须确保焊工或切割工自身的安全，还要确保区域内所有人员的安全。

（3）使用的空气

1) 通风所使用的空气，其数量和质量必须保证封闭空间内的有害物质污染浓度低于规定值。

2) 供给呼吸器或呼吸设备的压缩空气必须满足正常的呼吸要求。呼吸器的压缩空气管必须是专用管线，不得与其他管路相连接。

3) 除了空气之外，氧气、其他气体或混合气不得用于通风。

4) 在对生命和健康有直接危害的区域内实施焊接、切割或相关工艺作业时，必须采用强制通风、供气呼吸设备或其他合适的方式。

二、使用设备的安置

（1）气瓶及焊接电源

在封闭空间内实施焊接及切割时，气瓶及焊接电源必须放置在封闭空间的外面。

（2）通风管

用于焊接、切割或相关工艺局部抽气通风的管道必须由不可燃材料制成。这些管道必须根据需要进行定期检查以保证其功能稳定，其内表面不得有可燃残留物。

三、相邻区域

在封闭空间邻近处实施焊接或切割而使得封闭空间内存在危险时，必须使人们知道封闭空间内的危险后果，在缺乏必要的保护措施条件下严禁进入这样的封闭空间。

四、紧急信号

当作业人员从人孔或其他开口处进入封闭空间时，必须具备向外部人员提供救援信号的手段。

五、封闭空间的监护人员

在封闭空间内作业时，如存在着严重危害生命安全的气体，封闭空间外面必须设置监护人员。

监护人员必须具有在紧急状态下迅速救出或保护里面作业人员的救护措施；具备实施救援行动的能力。他们必须随时监护里面作业人员的状态并与他们保持联络，备好救护设备。

第3讲　氧燃气焊接及切割安全

一、一般要求

（1）所有与乙炔相接触的部件（包括：仪表、管路、附件等）不得由铜、银以及铜（或银）含量超过70%的合金制成。

（2）氧气瓶、气瓶阀、接头、减压器、软管及设备必须与油、润滑脂及其他可燃物或爆炸物相隔离。严禁用沾有油污的手、或带有油迹的手套去触碰氧气瓶或氧气设备。

（3）检验气路连接处密封性时，严禁使用明火。

（4）严禁用氧气代替压缩空气使用。氧气严禁用于气动工具、油预热炉、启动内燃机、吹通管路、衣服及工件的除尘，为通风而加压或类似的应用。氧气喷流严禁喷至带油的表面、带油脂的衣服或进入燃油或其他贮罐内。

（5）用于氧气的气瓶、设备、管线或仪器严禁用于其他气体。

（6）未经许可，禁止装设可能使空气或氧气与可燃气体在燃烧前（不包括燃烧室或焊炬内）相混合的装置或附件。

二、焊炬及割炬

只有符合有关标准（如 JB/T 5101、JB/T 6968、JB/T 6969、JB/T 6970 和 JB/T 7947 等）的焊炬和割炬才允许使用。

使用焊炬、割炬时，必须遵守制造商关于焊、割炬点火、调节及熄火的程序规定。点火之前，操作者应检查焊、割炬的气路是否通畅、射吸能力、气密性等等。

点火时应使用摩擦打火机、固定的点火器或其他适宜的火种。焊割炬不得指向人员或可燃物。

三、软管及软管接头

用于焊接与切割输送气体的软管，如氧气软管和乙炔软管，其结构、尺寸、工作压力、机械性能、颜色必须符合《气体焊接设备 焊接、切割和类似作业用橡胶软管》（GB/T 2550-2016）、《焊接及切割用橡胶软管 乙炔橡胶软管》（GB/T 2551-1992）的要求。软管接头则必须满足《气焊设备 焊接、切割和相关工艺设备用软管接头》（GB/T 5107-2008）的要求。

禁止使用泄漏、烧坏、磨损、老化或有其他缺陷的软管。

四、减压器

只有经过检验合格的减压器才允许使用。减压器的使用必须严格遵守《焊接、切割及类似工艺用气瓶减压器》（GB/T 7899-2006）的有关规定。

减压器只能用于设计规定的气体及压力。

减压器的连接螺纹及接头必须保证减压器安在气瓶阀或软管上之后连接良好、无任何泄漏。

减压器在气瓶上应安装合理、牢固。采用螺纹连接时，应拧足五个螺扣以上；采用专门的夹具压紧时，装卡应平整牢固。

从气瓶上拆卸减压器之前，必须将气瓶阀关闭并将减压器内的剩余气体释放干净。

同时使用两种气体进行焊接或切割时，不同气瓶减压器的出口端都应装上各自的单向阀，以防止气流相互倒灌。

当减压器需要修理时，维修工作必须由经劳动、计量部门考核认可的专业人员完成。

五、气瓶

所有用于焊接与切割的气瓶都必须按有关标准及规程制造、管理、维护并使用。使用中的气瓶必须进行定期检查,使用期满或送检未合格的气瓶禁止继续使用。

(1) 气瓶的充气

气瓶的充气必须按规定程序由专业部门承担,其他人不得向气瓶内充气。除气体供应者以外,其他人不得在一个气瓶内混合气体或从一个气瓶向另一个气瓶倒气。

(2) 气瓶的标志

为了便于识别气瓶内的气体成分,气瓶必须按《气瓶颜色标志》(GB/T 7144-2016)规定做明显标志。其标识必须清晰、不易去除。标识模糊不清的气瓶禁止使用。

(3) 气瓶的储存

气瓶必须储存在不会遭受物理损坏或使气瓶内储存物的温度超过40℃的地方。

气瓶必须储放在远离电梯、楼梯或过道,不会被经过或倾倒的物体碰翻或损坏的指定地点。在储存时,气瓶必须稳固以免翻倒。

气瓶在储存时必须与可燃物、易燃液体隔离,并且远离容易引燃的材料(诸如木材、纸张、包装材料、油脂等)至少 6m 以上,或用至少 1.6m 高的不可燃隔板隔离。

(4) 气瓶在现场的安放、搬运及使用

气瓶在使用时必须稳固竖立或装在专用车(架)或固定装置上。

气瓶不得置于受阳光暴晒、热源辐射及可能受到电击的地方。气瓶必须距离实际焊接或切割作业点足够远(一般为 5m 以上),以免接触火花、热渣或火焰,否则必须提供耐火屏障。

气瓶不得置于可能使其本身成为电路一部分的区域。避免与电动机车轨道、无轨电车电线等接触。气瓶必须远离散热器、管路系统、电路排线等,及可能供接地(如电焊机)的物体。禁止用电极敲击气瓶,在气瓶上引弧。

搬运气瓶时,应注意:

1) 关紧气瓶阀,而且不得提拉气瓶上的阀门保护帽;

2) 用吊车、起重机运送气瓶时,应使用吊架或合适的台架,不得使用吊钩、钢索或电磁吸盘。

3) 避免可能损伤瓶体、瓶阀或安全装置的剧烈碰撞。

气瓶不得作为滚动支架或支撑重物的托架。

气瓶应配置手轮或专用搬手启闭瓶阀。气瓶在使用后不得放空,必须留有不小于 98~196kPa 表压的余气。

当气瓶冻住时,不得在阀门或阀门保护帽下面用撬杠撬动气瓶松动。应使用 40℃以下的温水解冻。

(5) 气瓶的开启

1）气瓶阀的清理

将减压器接到气瓶阀门之前，阀门出口处首先必须用无油污的清洁布擦拭干净，然后快速打开阀门并立即关闭以便清除阀门上的灰尘或可能进入减压器的脏物。

清理阀门时操作者应站在排出口的侧面，不得站在其前面。不得在其他焊接作业点、存在着火花、火焰（或可能引燃）的地点附近清理气瓶阀。

2）开启氧气瓶的特殊程序

减压器安在氧气瓶上之后，必须进行以下操作：

①首先调节螺杆并打开顺流管路，排放减压器的气体。

②其次，调节螺杆并缓慢打开气瓶阀，以便在打开阀门前使减压器气瓶压力表的指针始终慢慢地向上移动。打开气瓶阀时，应站在瓶阀气体排出方向的侧面而不要站在其前面。

③当压力表指针达到最高值后，阀门必须完全打开以防气体沿阀杆泄漏。

3）乙炔气瓶的开启

开启乙炔气瓶的瓶阀时应缓慢，严禁开至超过 $1\frac{1}{2}$ 圈，一般只开至 3/4 圈以内以便在紧急情况下迅速关闭气瓶。

4）使用的工具

配有手轮的气瓶阀门不得用榔头或扳手开启。

未配有手轮的气瓶，使用过程中必须在阀柄上备有把手、手柄或专用扳手，以便在紧急情况下可以迅速关闭气路。在多个气瓶组装使用时，至少要备有一把这样的扳手以备急用。

（6）其他

气瓶在使用时，其上端禁止放置物品，以免损坏安全装置或妨碍阀门的迅速关闭。使用结束后，气瓶阀必须关紧。

（7）气瓶的故障处理

1）泄漏

如果发现燃气气瓶的瓶阀周围有泄漏，应关闭气瓶阀拧紧密封螺帽。

当气瓶泄漏无法阻止时，应将燃气瓶移至室外，远离所有起火源，并做相应的警告通知。缓缓打开气瓶阀，逐渐释放内存的气体。

有缺陷的气瓶或瓶阀应做适宜标识，并送专业部门修理，经检验合格后方可重新使用。

2）火灾

气瓶泄漏导致的起火可通过关闭瓶阀，采用水、湿布、灭火器等手段予以熄灭。

在气瓶起火无法通过上述手段熄灭的情况下，必须将该区域做疏散，并用大量水流浇湿气瓶，使其保持冷却。

六、汇流排的安装与操作

在气体用量集中的场合可以采用汇流排供气。汇流排的设计、安装必须符合有关标准规程的要求。汇流排系统必须合理地设置回火保险器、气阀、逆止阀、减压器、滤清器、事故排放管等。安装在汇流排系统的这些部件均应经过单件或组合件的检验认可，并证明符合汇流排系统的安全要求。

气瓶汇流排的安装必须在对其结构和使用熟悉的人员监督下进行。

乙炔气瓶和液化气气瓶必须在直立位置上汇流。与汇流排连接并供气的气瓶，其瓶内的压力应基本相等。

第4讲　电弧焊接及切割安全

一、一般要求

（1）弧焊设备

根据工作情况选择弧焊设备时，必须要考虑到焊接的各方面安全因素。进行电弧焊接与切割时所使用的设备必须符合相应的焊接设备标准规定，还必须满足《弧焊设备》（GB 15579.1~12-2014）的安全要求。

（2）操作者

被指定操作弧焊与切割设备的人员必须在这些设备的维护及操作方面经适宜的培训及考核，其工作能力应得到必要的认可。

（3）操作程序

每台（套）弧焊设备的操作程序应完备。

二、弧焊设备的安装

弧焊设备的安装应满足下列要求：

（1）设备的工作环境与其技术说明书规定相符，安放在通风、干燥、无碰撞或无剧烈震动、无高温、无易燃品存在的地方。

（2）在特殊环境条件下（如：室外的雨雪中；温度、湿度、气压超出正常范围或具有腐蚀、爆炸危险的环境），必须对设备采取特殊的防护措施以保证其正常的工作性能。

（3）当特殊工艺需要高于规定的空载电压值时，必须对设备提供相应的绝缘方法（如：采用空载自动断电保护装置）或其他措施。

（4）弧焊设备外露的带电部分必须设置完好的保护，以防人员或金属物体（如：货车、起重机吊钩等）与之相接触。

三、接地

（1）焊机必须以正确的方法接地（或接零）。接地（或接零）装置必须连接良好，永久性的接地（或接零）应做定期检查。

（2）禁止使用氧气、乙炔等易燃易爆气体管道作为接地装置。

（3）在有接地（或接零）装置的焊件上进行弧焊操作，或焊接与大地密切连接的焊件（如：管道、房屋的金属支架等）时，应特别注意避免焊机和工件的双重接地。

四、焊接回路

（1）构成焊接回路的焊接电缆必须适合于焊接的实际操作条件。

（2）构成焊接回路的电缆外皮必须完整、绝缘良好（绝缘电阻大于 1MΩ）。用于高频、高压振荡器设备的电缆，必须具有相应的绝缘性能。

（3）焊机的电缆应使用整根导线，尽量不带连接接头。需要接长导线时，接头处要连接牢固、绝缘良好。

（4）构成焊接回路的电缆禁止搭在气瓶等易燃品上，禁止与油脂等易燃物质接触。在经过信道、马路时，必须采取保护措施（如：使用保护套）。

（5）能导电的物体（如：管道、轨道、金属支架、暖气设备等）不得用做焊接回路的永久部分。但在建造、延长或维修时可以考虑作为临时使用，其前提是必须经检查确认所有接头处的电气连接良好，任何部位不会出现火花或过热。此外，必须采取特殊措施以防事故的发生。锁链、钢丝绳、起重机、卷扬机或升降机不得用来传输焊接电流。

五、操作

（1）安全操作规程

指定操作或维修弧焊设备的作业人员必须了解、掌握并遵守有关设备安全操作规程及作业标准。此外，还必须熟知《焊接与切割安全》（GB 9448-1999）的有关安全要求（诸如：人员防护、通风、防火等内容）。

（2）连线的检查

完成焊机的接线之后，在开始操作设备之前必须检查一下每个安装的接头以确认其连接良好。其内容包括：

1）线路连接正确合理，接地必须符合规定要求；

2）磁性工件夹爪在其接触面上不得有附着的金属颗粒及飞溅物；

3）盘卷的焊接电缆在使用之前应展开以免过热及绝缘损坏；

4）需要交替使用不同长度电缆时应配备绝缘接头，以确保不需要时无用的长度可被断开。

(3) 泄漏

不得有影响焊工安全的任何冷却水、保护气或机油的泄漏。

(4) 工作中止

当焊接工作中止时（如：工间休息），必须关闭设备或焊机的输出端或者切断电源。

(5) 移动焊机

需要移动焊机时，必须首先切断其输入端的电源。

(6) 不使用的设备

金属焊条和碳极在不用时必须从焊钳上取下以消除人员或导电物体的触电危险。焊钳在不使用时必须置于与人员、导电体、易燃物体或压缩空气瓶接触不到的地方。半自动焊机的焊枪在不使用时亦必须妥善放置以免使枪体开关意外启动。

(7) 电击

在有电气危险的条件下进行电弧焊接或切割时，操作人员必须注意遵守下述原则：

1) 带电金属部件，禁止焊条或焊钳上带电金属部件与身体相接触。

2) 焊工必须用干燥的绝缘材料保护自己免除与工件或地面可能产生的电接触。在坐位或俯位工作时，必须采用绝缘方法防止与导电体的大面积接触。

3) 要求使用状态良好的、足够干燥的手套。

4) 焊钳必须具备良好的绝缘性能和隔热性能，并且维修正常。如果枪体漏水或渗水会严重威胁焊工安全时，禁止使用水冷式焊枪。

5) 焊钳不得在水中浸透冷却。

6) 更换电极或喷嘴时，必须关闭焊机的输出端。

7) 焊工不得将焊接电缆缠绕在身上。

六、维护

所有的弧焊设备必须随时维护，保持在安全的工作状态。当设备存在缺陷或安全危害时必须中止使用，直到其安全性得到保证为止。修理必须由认可的人员进行。

(1) 焊接设备

1) 为了避免可能影响通风、绝缘的灰尘和纤维物积聚，对焊机应经常检查、清理。电气绕组的通风口也要做类似的检查和清理。发电机的燃料系统应进行检查，防止可能引起生锈的漏水和积水。旋转和活动部件应保持适当的维护和润滑。

2) 为了防止恶劣气候的影响，露天使用的焊接设备应予以保护。保护罩不得妨碍其散热通风。

3) 当需要对设备做修改时，应确保设备的修改或补充不会因设备电气或机械额定值的变化而降低其安全性能。

(2) 潮湿的焊接设备

已经受潮的焊接设备在使用前必须彻底干燥并经适当试验。设备不使用时应贮存在清洁干燥的地方。

（3）焊接电缆

焊接电缆必须经常进行检查。损坏的电缆必须及时更换或修复。更换或修复后的电缆必须具备合适的强度、绝缘性能、导电性能和密封性能。电缆的长度可根据实际需要连接，其连接方法必须具备合适的绝缘性能。

（4）压缩气体

在弧焊作业中，用于保护的压缩气体应符合规范要求的管理和使用方法。

第5讲 电阻焊安全

一、一般要求

（1）电阻焊设备

根据工作情况选择电阻焊设备时，必须考虑焊接各方面的安全因素。

电阻焊所使用的设备必须符合相应的焊接设备标准规定及《电阻焊机的安全要求》（GB 5578-2008）标准的安全要求。

（2）操作者

被指定操作电阻焊设备的人员必须在相关设备的维护及操作方面经适宜的培训及考核，其工作能力应得到必要的认可。

（3）操作程序

每台（套）电阻焊设备的操作程序应完备。

二、电阻焊设备的安装

电阻焊设备的安装必须在专业技术人员的监督指导下进行。

三、保护装置

（1）启动控制装置

所有电阻焊设备上的启动控制装置（诸如：按钮、脚踏开关、回缩弹簧及手提枪体上的双道开关等）必须妥善安置或保护，以免误启动。

（2）固定式设备的保护措施

1）有关部件

所有与电阻焊设备有关的链、齿轮、操作连杆及皮带都必须按规定要求妥善保护。

2）单点及多点焊机

在单点或多点焊机操作过程中，当操作者的手需要经过操作区域而可能受到伤害时，必须有效地采用下述某种措施进行保护。这些措施包括（但不局限于）：

①机械保护式挡板、挡块；

②双手控制方法；

③弹键；

④限位传感装置；

⑤任何当操作者的手处于操作点下面时防止压头动作的类似装置或机构。

（3）便携式设备的保护措施

1）支撑系统

所有悬挂的便携焊枪设备（不包括焊枪组件）应配备支撑系统。这种支撑系统必须具备失效保护性能，即当个别支撑部件损坏时，仍可支撑全部载荷。

2）活动夹头

活动夹头的结构必须保证操作者在作业时，其手指不存在被剪切的危险，否则必须提供保护措施。如果无法取得合适的保护方式，可以使用双柄，即每只手柄上带有安在适当位置上的一或两个操作开关。这些手柄及操作开关与剪切点或冲压点保持足够的距离，以便消除手在控制过程中进入剪切点或冲压点的可能。

四、电气安全

（1）电压

所有固定式或便携式电阻焊设备的外部焊接控制电路必须工作在规定的电压条件下。

（2）电容

高压贮能电阻焊的电阻焊设备及其控制面板必须配置合适的绝缘及完整的外壳保护。外壳的所有拉门必须配有合适的联锁装置。这种联锁装置应保证：当拉门打开时可有效地断开电源并使所有电容短路。

除此之外，还可考虑安装某种手动开关或合适的限位装置作为确保所有电容完全放电的补充安全措施。

（3）扣锁和联锁

1）拉门

电阻焊机的所有拉门；检修面板及靠近地面的控制面板必须保持锁定或联锁状态以防止无关人员接近设备的带电部分。

2）远距离设置的控制面板

置于高台或单独房间内的控制面板必须锁定、联锁住或者是用挡板保护并予以标明。当设备停止使用时，面板应关闭。

（4）火花保护

必须提供合适的保护措施防止飞溅的火花产生危险，如：安装屏板、佩带防护眼镜。由于电阻焊操作不同，每种方法必须做单独考虑。

使用闪光焊设备时，必须提供由耐火材料制成的闪光屏蔽并应采取适当的防火措施。

（5）急停按钮

在具备下述特点的电阻焊设备上，应考虑设置一个或多个安全急停按钮：

1）需要 3s 或 3s 以上时间完成一个停止动作。

2）撤除保护时，具有危险的机械动作。

急停按钮的安装和使用不得对人员产生附加的危害。

（6）接地

电阻焊机的接地要求必须符合《施工现场临时用电安全技术规范》（JGJ 46-2005）标准的有关规定。

五、维修

电阻焊设备必须由专人做定期检查和维护。任何影响设备安全性的故障必须及时报告给安全监督人员。

第6讲　电子束焊接安全

一、一般要求

（1）电子束焊接设备

根据工作情况选择电子束焊接设备时，必须考虑焊接的各方面安全因素。

（2）操作者

被指定操作电子束焊接设备的人员必须在相关设备的维护及操作方面经适宜的培训及考核，其工作能力应得到必要的认可。

（3）操作程序

每台（套）电子束焊接设备的操作程序应完备。

二、潜在的危害

电子束焊接引发的下述危害必须予以防护。

（1）电击

设备上必须放置合适的警告标志。

电子束设备上的所有门、使用面板必须适当固定以免突然或意外启动。所有高压导体必须完整地用固定好的接地导电障碍物包围。运行电子束枪及高压电源之前，必须使用接地探头。

（2）烟气

对低真空及非真空工艺，必须提供正面通风抽气和过滤。高真空电子束焊接过程中,清理真空腔室里面时必须特别注意保持溶剂及清洗液的蒸汽浓度低于有害程度。

焊接任何不熟悉的材料或使用任何不熟悉的清洗液之前,必须确认是否存在危险。

（3）X 射线

为了消除或减少 X 射线至无害程度,对电子束设备要进行适当保护。对辐射保护的任何改动必须由设备制造厂或专业技术人员完成。修改完成后必须由制造厂或专业技术人员做辐射检查。

（4）眩光

用于观察窗上的涂铅玻璃必须提供足够的射线防护效果。为了减低眩光使之达到舒适的观察效果,必须选择合适的滤镜片。

（5）真空

电子束焊接人员必须了解和掌握使用真空系统工作所要求的安全事项。

第 6 单元 设备安装工程机械安全操作

第 1 讲 发电机安全操作

（1）作业前检查内燃机与发电机传动部分,应连接可靠,输出线路的导线绝缘良好,各仪表齐全、有效。

（2）发电机电压太低,将对负荷（如电动设备）的运行产生不良影响,对发动机本身运行也

不利,还会影响并网运行的稳定性;电压太高,除影响用电设备的安全运行外,还会影响发电机的使用寿命。因此,发电机连续运行的最高和最低允许电压值不得超过额定值的±10%。其正常运行的电压变动范围应在额定值的±5%以内,超出这个规定值时应进行调整,功率因数为额定值时,发电机额定容量应不变。

（3）启动后检查发电机在升速中应无异响,滑环及整流子上电刷接触良好,无跳动及冒火花现象。待运转稳定,频率、电压达到额定值后,方可向外供电。荷载应逐步增大,三相应保持平衡。

（4）当发电机组在高频率运行时,容易损坏部件,甚至发生事故,当发电机在过低频率运转时,不但对用电设备的安全和效率产生不良影响,而且能使发电机转速降低,定子和转子线圈温度升高。所以发电机在额定频率值运行时,其变动范围不得超过±0.5Hz。

（5）启动前应先将励磁变阻器的电阻值放在最大位置上,然后切断供电输出主开关,接合中性点接地开关。有离合器的机组,应先启动内燃机空载运转,待正

常后再接合发电机。

（6）发电机功率因数不得超过迟相（滞后）0.95。有自动励磁调节装置的，可在功率因数为1的条件下运行，必要时可允许短时间在迟相0.95～1的范围内运行。

（7）以内燃机为动力的发电机，其内燃机部分应严格按照内燃机操作安全规程操作。

（8）发电机运行中应经常检查并确认各仪表指示及各运转部分正常，并应随时调整发电机的荷载。定子、转子电流不得超过允许值。

（9）停机前应先切断各供电分路主开关，逐步减少荷载，然后切断发电机供电主开关，将励磁变阻器复回到电阻最大值位置，使电压降至最低值，再切断励磁开关和中性点接地开关，最后停止内燃机运转。

（10）新装、大修或停用10d以上的发电机，使用前应测量定子和励磁回路的绝缘电阻以及吸收比，定子的绝缘电阻不得低于上次所测值的30%，励磁回路的绝缘电阻不得低于0.5MΩ，吸收比不得小于1.3，并应做好测量记录。

（11）发电机开始运转后，即应认为全部电气设备均已带电。

第2讲　电动机安全技术

（1）长期停用或可能受潮的电动机，使用前应测量绝缘电阻，其值不得小于0.5MΩ。

（2）采用热继电器作电动机过载保护时，其容量小于额定电流时，则电动机未过载时即发生作用；大于额定电流时，就失去了保护作用。因此，其容量应选择电动机额定电流的100%～125%。

（3）当电动机额定电压变动在-5%～+10%的范围内时，可以额定功率连续运行；当超过时，则应控制负荷。

（4）电动机应装设过载和短路保护装置。并应根据设备需要装设断相和失压保护装置。每台电动机应有单独的操作开关。

（5）电动机在正常运行中，不得突然进行反向运转。

（6）电动机的集电环与电刷的接触不良时，会发生火花，集电环与电刷磨损加剧，还会增加电能损耗，甚至影响正常运转。集电环与电刷的接触面不得小于满接触面的75%。电刷高度磨损超过原标准2/3时应更换新电刷。

（7）电动机械在工作中遇停电时，应立即切断电源，将启动开关置于停止位置。

（8）电动机的熔丝额定电流应按下列条件选择。

1）多台电动机合用的总熔丝额定电流为其中最大一台电动机额定电流150%～250%再加上其余电动机额定电流的总和。

2）单台电动机的熔丝额定电流为电动机额定电流的150%～250%。

（9）电动机运行中应无异响、无漏电，轴承温度正常且电刷与滑环接触良好。旋转中电动机的允许最高温度应按下列情况取值：滑动轴承为80℃，滚动轴承为95℃。

（10）直流电动机的换向器表面如有损伤，运转时会产生火花，加剧电刷和换向器的损伤，影响正常运转，直流电动机的换向器表面应保持光洁，当有机械损伤或火花灼伤时应修整。

（11）电动机停止运行前，应首先将荷载卸去，或将转速降到最低，然后切断电源，启动开关应置于停止位置。

第3讲 动力与电气装置操作安全基本要求

（1）清洗机电设备时，不得将水冲到电气设备上。

（2）冷却系统的水质应保持洁净，硬水含有大量矿物质，高温作用下将产生水垢堵塞水道，降低散热功能，所以需要经过软化处理后再使用。

（3）电气装置遇跳闸时，不得强行合闸，以免导致接零或接地失去保护作用烧坏电气设备。应查明原因，排除故障后方可再行合闸。

（4）在同一供电系统中，不得同时采用接零和接地两种保护方法，即：不得将一部分电气设备作保护接地，而将另一部分电气设备作保护接零。

（5）严禁带电作业或采用预约停送电时间的方式进行电气检修。检修前必须先切断电源并在电源开关上挂"禁止合闸，有人工作"的警告牌。警告牌的挂、取应有专人负责。

（6）安装在室内的各类固定式动力机械，基础（基座）应符合规定，移动式动力机械应处于水平状态，放置稳固。内燃机机房应有良好的通风，周围应有1m以上的通道，排气管必须引出室外，并不得与可燃物接触。室外使用动力机械应搭设机棚。

（7）严禁利用大地做工作零线，不得借用机械本身金属结构做工作零线。

（8）电气设备的额定工作电压必须与电源电压等级相符。

（9）各种配电箱、开关箱应配备安全锁，箱内不得存放任何其他物件并应保持清洁。非本岗位作业人员不得擅自开箱合闸。每班工作完毕后，应切断电源，锁好箱门。

（10）电气设备的金属外壳应采用保护接地或保护接零，具体要求如下两点。

1）保护接零：中性点直接接地系统中的电气设备应采用保护接零。

2）保护接地：中性点不直接接地系统中的电气设备应采用保护接地。接地网接地电阻不宜大于4Ω（在高土壤电阻率地区，应遵照当地供电部门的规定）。

（11）电气设备的每个保护接地或保护接零点必须用单独的接地（零）线与接

地干线（或保护零线）相连接。严禁在一个接地（零）线中串接几个接地（零）点。

（12）发生人身触电时，应立即切断电源，然后方可对触电者作紧急救护。严禁在未切断电源之前与触电者直接接触。

（13）在保护接零的零线上串接熔断器或短路设备，将使零线失去保护功能。所以不得在保护接零的零线上装设开关或熔断器。

（14）动力机械的燃油和润滑油牌号应符合该机规定，油质和加油器具应保持洁净（柴油应沉淀过滤），并应按季节要求换油。

（15）电气设备或线路发生火警时，应首先切断电源，在未切断电源之前，不得使身体接触导线或电气设备，也不得用水或泡沫灭火剂进行灭火。

四、10kV 以下配电装置安全技术

（1）施工现场低压电力线路网必须采用两级漏电保护系统，即第一级的总电源（总配电箱）保护和第二级的分电源（分配电箱或开关箱）保护，其额定漏电动作电流和额定漏电动作时间应合理配合，并应具有分级分段保护的功能。

（2）施工电源及高低压配电装置应设专职值班人员负责运行与维护，高压巡视检查工作不得少于两人，每半年应进行一次停电检修和清扫。

（3）配电箱或开关箱内的漏电保护器的额定漏电动作电流不应大于 30mA，额定漏电动作时间应小于 0.1s；使用于潮湿或有腐蚀介质场所的漏电保护器应采用防溅型产品，其额定漏电动作电流不应大于 15mA，额定漏电动作时间应小于 0.1s。

（4）避雷装置在雷雨季节之前应进行一次预防性试验，并应测量接地电阻。雷电后应检查阀型避雷器的瓷瓶、连接线和地线均应完好无损。

（5）施工现场电动建筑机械或手持电动工具的荷载线，必须按其容量选用无接头的铜芯橡皮护套软电缆。其中绿、黄双色线在任何情况下只可用作保护零线或重复接地线。

（6）停用或经修理后的高压油开关，在投入运行前应全面检查，在额定电压下做合闸、跳闸操作各三次，其动作应正确可靠。

（7）在易燃、易爆、有腐蚀性气体的场所应采用防爆型低压电器；在多尘和潮湿或易触及人体的场所应采用封闭型低压电器。

（8）在施工现场专用的中性点直接接地的电力线路中必须采用 TN—S 接零保护系统。施工现场所有电气设备的金属外壳必须与专用保护零线连接。

（9）各种熔断器的额定电流必须按规定合理选用。严禁在现场利用铁丝、铝丝等非专用熔丝替代。熔断器具有在一定温度下被烧断的特性，在电路中起着过载和短路的保护作用，如果熔断器的熔点选择不当或用其他金属丝代替，由于熔点不同，当电路中出现过载或短路时不能及时熔断而失去保护作用。

（10）隔离开关应每季检查一次，瓷件应无裂纹及放电现象；接线柱和螺栓应无松动；刀型开关应无变形、损伤，接触应严密。三相隔离开关各相动触头与静触头应同时接触，前后相差不得大于 3mm。

（11）施工现场的各种配电箱、开关箱必须有防雨设施，并应装设端正、牢固。固定式配电箱、开关箱的底部与地面的垂直距离应为 1.3～1.5m；移动式配电箱、开关箱的底部与地面的垂直距离宜在 0.6～1.5m。

（12）施工现场低压供电线路的干线和分支线的终端，以及沿线每 1km 处的保护零线应作重复接地；配电室或总配电箱的保护零线以及塔式起重机的行走轨道均应作重复接地。重复接地的接地电阻值不应大于 10Ω。

（13）每台电动建筑机械应有各自专用的开关箱，必须实行"一机一闸"制。开关箱应设在机械设备附近。

（14）漏电保护器应按产品使用说明书的规定安装、使用和定期检查，确保动作灵敏、运行可靠、保护有效。

（15）各种电源导线严禁直接绑扎在金属架上。

（16）低压电气设备和器材的绝缘电阻不得小于 0.5MΩ。

（17）配电箱电力容量在 15kW 以上的电源开关严禁采用瓷底胶木刀型开关。4.5kW 以上电动机不得用刀型开关直接启动。各种刀型开关应采用静触头接电源，动触头接荷载，严禁倒接线。

（18）高压油开关的瓷套管应保证完好，油箱无渗漏，油位、油质正常，合闸指示器位置正确，传动机构灵活可靠。并应定期对触头的接触情况、油质、三相合闸的同期性进行检查。

（19）架空导线的截面应满足安全载流量的要求，且电压损失不应大于 5%。同时，导线的截面应满足架空强度要求，绝缘铝线截面不得小于 16mm^2，绝缘铜线截面不得小于 10mm^2。施工现场导线与地面直接距离应大于 4m；导线与建筑物或脚手架的距离应大于 4m。

（20）照明采用电压等级应符合下列要求。

1）一般场所为 220V。

2）在潮湿和易触及带电体场所不大于 24V。

3）在特别潮湿的场所、导电良好的地面、锅炉或金属容器内不大于 12V。

4）隧道、人防工程、有高温、导电灰尘或灯具离地面高度低于 2.4m 等场所不大于 36V。

（21）使用移动发电机供电的用电设备，其金属外壳或底座，应与发电机电源的接地装置有可靠的电气连接。

（22）照明变压器必须使用双绕组型，严禁使用自耦变压器。

（23）电压 400V/230V 的自备发电机组电源应与外电线路电源连锁，严禁并列运行供电。发电机组应设置短路保护和过荷载保护。

五、电焊工具安全操作

1. 焊钳和焊枪安全要求

（1）等离子焊枪应保证水冷却系统密封。不漏气、不漏水。

（2）有良好的绝缘性能和隔热能力。手柄要有良好的绝热层，以防发热烫手。气体保护焊的焊枪头应用隔热材料包覆保护。焊钳由夹条处至握柄联结处止。间距为150mm。

（3）结构轻便、易于操作。手弧焊钳的重量不应超过600g，要采用国家定型产品。

（4）焊钳和焊枪与电缆的连接必须简便牢靠，连接处不得外露，以防触电。

（5）手弧焊钳应保证在任何斜度下都能夹紧焊条，更换方便。

2. 焊接电缆安全要求

焊接电缆是连接焊机和焊钳（枪）、焊件等的绝缘导线，应具备下列安全要求。

（1）焊接电缆应具有良好的抗机械损伤能力、耐油、耐热和耐腐蚀等性能。

（2）轻便柔软，能任意弯曲和扭转，便于操作。

（3）焊接电缆的长度应根据具体情况来决定。太长电压降增大，太短对工作不方便，一般电缆长度取20～30m。

（4）焊接电缆应具有良好的导电能力和绝缘外层。一般是用紫铜芯（多股细线）线外包胶皮绝缘套制成，绝缘电阻不小于1MΩ。

（5）要有适当截面积。焊接电缆的截面积应根据焊接电流的大小，按规定选用。以保证导线不致过热而烧坏绝缘层，电缆截面与最大使用电流见表7—1。

表7—1 电缆截面与最大使用电流

导线截面积 /mm²	单股	25	50	70	95
	双股	2×6	2×16	2×25	2×35
最大使用电流/A		200	300	450	600

（6）严禁利用厂房的金属机构、管道、轨道或其他金属搭接起来作为导线使用。

（7）焊接电缆应用整根的，中间不应有接头。如需用短线接长时，则接头不得超过2个。接长电缆时，应用接头连接器牢固连接，连接处应保持绝缘良好。

（8）不得将焊接电缆放在电弧附近炽热的焊缝金属旁，以避免烧坏绝缘层。同时也要避免碾压磨损等。禁止焊接电缆与油脂等易燃物料接触。

（9）焊接电缆的绝缘情况，应每半年做一次定期检查。

（10）焊接电缆与焊机的接线，必须采用铜（或铝）线鼻子，以避免二次端子板烧坏，造成火灾。

（11）焊机与配电盘连接的电源线，因电压高，除保证良好的绝缘外，其长度不应超过3m。如确需较长导线时，应采取间隔的安全措施，即应离地面2.5m以上沿墙用瓷瓶布设。严禁将电源线沿地铺设，更不要落入泥水中。

3. 电焊工具使用安全要求

为了防止触电事故的发生，除按规定穿戴防护工作服、防护手套和绝缘胶鞋外，还应保持干燥和清洁。在操作过程中，还应注意以下几方面问题。

（1）焊接工作开始前，应首先检查焊机和工具是否完好和安全可靠。如焊钳和焊接电缆的绝缘是否有损坏的地方，焊机的外壳接地和焊机的各接线点接触是否良好。不允许未进行安全检查就开始操作。

（2）工作地点潮湿时，地面应铺有橡胶板或其他绝缘材料。

（3）身体出汗后而使衣服潮湿时，切勿靠在带电的钢板或工件上，以防触电。

（4）在带电情况下，为了安全，焊钳不得夹在腋下去搬被焊工件或将焊接电缆挂在颈上。

（5）推拉闸刀开关时，脸部不允许直对电闸，以防止短路造成的火花烧伤面部。

（6）在狭小空间、船舱、容器和管道内工作时，为防止触电，必须穿绝缘鞋，脚下垫有橡胶板或其他绝缘衬垫；最好两人轮换工作，以便互相照看。否则需有一名监护人员，随时注意操作人的安全情况，一遇有危险情况，就立即切断电源进行抢救。

（7）更换焊条一定要戴皮手套，不要赤手操作。

（8）下列操作，必须在切断电源后才能进行。

改变焊机接头时，更换焊件需要改接二次回路时，更换保险装置时，焊机发生故障需进行检修时，转移工作地点搬动焊机时，工作完毕或临时离开工作现场时。

六、钣金和管工机械安全操作

1. 法兰卷圆机操作安全要求

（1）应先空载运转，确认正常后，方可作业。

（2）当加工法兰直径超过 1000mm 时，应采取适当的安全措施。

（3）当轧制的法兰不能进入第二道型辊时，应使用专用工具送入。严禁用手直接推送。

（4）加工型钢规格不应超过机具的允许范围。

（5）任何人不得靠近法兰尾端。

2. 咬口机操作安全要求

（1）工件长度、宽度不得超过机具允许范围。

（2）应先空载运转，确认正常后，方可作业。

（3）作业中，当有异物进入辊轮中时，应及时停机修理。

（4）严禁用手触摸转动中的辊轮。用手送料到末端时，手指必须离开工件。

3. 套丝切管机操作安全要求

（1）切断作业时，不得在旋转手柄上加长力臂；切平管端时，不得进刀过快。

（2）应按加工管径选用板牙头和板牙，板牙应按顺序放入，作业时应采用润滑油润滑板牙。

（3）当加工件的管径或椭圆度较大时，应两次进刀。

（4）套丝切管机应安放在稳固的基础上。

（5）当工件伸出卡盘端面的长度过长时，后部应加装辅助托架，并调整好高度。

（6）应先空载运转，进行检查、调整，确认运转正常，方可作业。

（7）作业中应使用刷子清除切屑，不得敲打震落。

4. 圆盘下料机操作安全要求

（1）当作业开始需对上、下刀刃时，应先手动盘车，将上下刀刃的间隙调整到板厚的1.2倍，再开机试切。应经多次调整到被切的圆形板无毛刺时，方可批量下料。

（2）下料机应安装在稳固的基础上。

（3）圆盘下料机下料的直径、厚度等不得超过机械出厂铭牌规定，下料前应先将整板切割成方块料，在机旁堆放整齐。

（4）作业前，应检查并确认各传动部件连接牢固可靠，先空运转，确认正常后，方可开始作业。

（5）作业后，应对下料机进行清洁保养工作，并应清除边角料，保持现场整洁。

5. 弯管机操作安全要求

（1）应按加工管径选用管模，并应按顺序放好。

（2）不得在管子和管模之间加油。

（3）作业前，应先空载运转，确认正常后，再套模弯管。

（4）作业场所应设置围栏。

（5）应夹紧机件，导板支承机构应按弯管的方向及时进行换向。

6. 仿形切割机操作安全要求

（1）作业中，四周不得有易燃、易爆物品堆放。

（2）作业前，应先通电后空运转，检查氧、乙炔等配合和加装的仿形样板无误后，方可作试切工作。

（3）应按出厂使用说明书要求接好电控箱到切割机的电缆线，并应作好保护接地。

（4）作业后，应清除设备污物，整理氧气带、乙炔气带及通电电缆线，分别盘好并架起保管。

7. 折板机操作安全要求

（1）作业前，应检查电气设备、液压装置及各紧固件，确认完好后，方可开机。

（2）折板机应安装在稳固的基础上。

（3）作业中，应经常检查上模具的紧固件和液压缸，当发现有松动或泄漏等情况，应立即停机，处理后，方可继续作业。

（4）作业时，应先校对模具，预留被折板厚的1.5~2倍间隙，经试折后，检查机械和模具装备均无误，再调整到折板规定的间隙，方可正式作业。

（5）批量生产时，应使用后标尺挡板进行对准和调整尺寸，并应空载运转，检查及确认其摆动灵活可靠。

8. 坡口机操作安全要求

（1）当管子过长时，应加装辅助托架。

（2）刀排、刀具应稳定牢固。

（3）应先空载运转，确认正常后，方可作业。

（4）作业中，不得俯身近视工件。严禁用手摸坡口及擦拭铁屑。

第8部分

高处作业、现场临时用电安全技术

第1单元 施工现场高处作业

第1讲 高处作业基本规定

(1) 高处作业的安全技术措施及其所需料具,必须列入工程的施工组织设计。

(2) 单位工程施工负责人应对工程的高处作业安全技术负责并建立相应的责任制。施工前,应逐级进行安全技术教育及交底,落实所有安全技术措施和人身防护用品,未经落实时不得进行施工。

(3) 高处作业中的安全标志、工具、仪表、电气设施和各种设备,必须在施工前加以检查,确认其完好,方能投入使用。

(4) 攀登和悬空高处作业人员以及搭设高处作业安全设施的人员,必须经过专业技术培训及专业考试合格,持证上岗,并必须定期进行体格检查。

(5) 施工中对高处作业的安全技术设施,发现有缺陷和隐患时,必须及时解决;危及人身安全时,必须停止作业。

(6) 施工作业场所有坠落可能的物件,应一律先行撤除或加以固定。高处作业中所用的物料,均应堆放平稳,不妨碍通行和装卸。工具应随手放入工具袋;作业中的走道、通道板和登高用具,应随时清扫干净;拆卸下的物件及余料和废料均应及时清理运走,不得任意乱置或向下丢弃。传递物件禁止抛掷。

(7) 雨天和雪天进行高处作业时,必须采取可靠的防滑、防寒和防冻措施。凡水、冰、霜、雪均应及时清除。对进行高处作业的高耸建筑物,应事先设置避雷设施。遇有六级以上强风、浓雾等恶劣气候,不得进行露天攀登与悬空高处作业。暴风雪及台风暴雨后,应对高处作业安全设施逐一加以检查,发现有松动、变形、损坏或脱落等现象,应立即修理完善。

（8）因作业必需，临时拆除或变动安全防护设施时，必须经施工负责人同意，并采取相应的可靠措施，作业后应立即恢复。

（9）防护棚搭设与拆除时，应设警戒区，并应派专人监护。严禁上下同时拆除。

（10）高处作业安全设施的主要受力杆件，力学计算按一般结构力学公式，强度及挠度计算按现行有关规范进行，但刚性受弯构件的强度计算不考虑塑性影响，构造上应符合现行的相应规范的要求。

第2讲 临边作业的安全防护

（1）对临边高处作业，必须设置防护措施，并符合下列规定：

1）基坑周边，尚未安装栏杆或栏板的阳台、料台与挑平台周边雨蓬与挑檐边，无外脚手的屋面与楼层周边及水箱与水塔周边等处，那必须设置防护栏杆。

2）头层墙高度超过 3.2m 的二层楼面周边，以及无外脚手的高度超过 3.2m 的楼层周边，必须在外围架设安全平网一道。

3）分层施工的楼梯口和梯段边，必须安装临时护栏。顶层楼梯口应随工程结构进度安装正式防护栏杆。

4）井架与施工用电梯和脚手架等与建筑物通道的两侧边，必须设防护栏杆。地面通道上部应装设安全防护棚。双笼井架通道中间，应予分隔封闭。

5）各种垂直运输接料平台，除两侧设防护栏杆外，平台口还应设置安全门或活动防护栏杆。

（2）临边防护栏杆杆件的规格及连接要求，应符合下列规定：

1）毛竹横杆小头有效直径不应小于 70mm，栏杆柱小头直径不应小于 80mm，并须用不小于 16 号的镀锌钢丝绑扎，不应少于 3 圈，并无泻滑。

2）原木横杆上干梢径不应小于 70mm，下杆梢经不应小于 60mm，栏杆柱梢径不应小于 75mm。并须用相应长度的圆钉钉紧，或用不小于 12 号的镀锌钢丝绑扎，要求表面平顺和稳固无动摇。

3）钢筋横杆上杆直径不应小于 16mm，下杆直径不应小于 14mm，栏杆柱直径不应小于 18mm，采用电焊或镀锌钢丝绑扎固定。

4）钢管横杆及栏杆柱均采用 $\phi 48 \times (2.75 \sim 3.5)$ mm 的管材，以扣件或电焊固定。

5）以其他钢材如角钢等作防护栏杆杆件时，应选用强度相当的规格，以电焊固定。

（3）搭设临边防护栏杆时，必须符合下列要求：

1）防护栏杆应由上、下两道横杆及栏杆柱组成，上杆离地高度为 1.0～1.2m，下杆离地高度为 0.5～0.6m。坡度大于 1∶22 的屋面．防护栏杆应高 1.5m，并加挂安全立网。除经设计计算外,横杆长度大于 2m 时,必须加设栏杆柱。

2)栏杆柱的固定应符合下列要求:

①当在基坑四周固定时,可采用钢管并打入地面 50~70cm 深。钢管离边口的距离,不应小于 50cm。当基坑周边采用板桩时,钢管可打在板桩外侧。

②当在混凝土楼面、屋面或墙面固定时,可用预埋件与钢管或钢筋焊牢。采用竹、木栏杆时,可在预埋件上焊接 30cm 长的 ∟50×5 角钢,其上下各钻一孔,然后用 10mm 螺栓与竹、木杆件拴牢。

③当在砖或砌块等砌体上固定时,可预先砌入规格相适应的 80×6 弯转扁钢作预埋铁的混凝土块,然后用上项方法固定。

3)栏杆柱的固定及其与横杆的连接,其整体构造应使防护栏杆在上杆任何处,能经受任何方向的 1000N 外力。当栏杆所处位置有发生人群拥挤、车辆冲击或物件碰撞等可能时,应加大横杆截面或加密柱距。

4)防护栏杆必须自上而下用安全立网封闭,或在栏杆下边设置严密固定的高度不低于 18cm 的挡脚板或 40cm 的挡脚笆。挡脚板与挡脚笆上如有孔眼,不应大于 25mm。板与笆下边距离底面的空隙不应大于 10mm。

接料平台两侧的栏杆必须自上而下加挂安全立网或满扎竹笆。

5)当临边的外侧面临街道时,除防护栏杆外,敞口立面必须采取挂满安全网或其他可靠措施作全封闭处理。

第3讲 洞口作业的安全防护

(1)进行洞口作业以及在因工程和工序需要而产生的,使人与物有坠落危险或危及人身安全的其他洞口进行高处作业时,必须按下列规定设置防护设施。

1)板与墙的洞口,必须设置牢固的盖板、防护栏杆、安全网或其他防坠落的防护设施。

2)电梯井口必须设防护栏杆或固定栅门;电梯井内应每隔两层并最多隔 10m 设一道安全网。

3)钢管桩、钻孔桩等桩孔上口、杯形、条形基础上口,未填土的坑槽,以及人孔、天窗、地板门等处,均应按洞口防护设置稳固的盖件。

4)施工现场通道附近的各类洞口与坑槽等处,除设置防护设施与安全标志外,夜间还应设红灯示警。

(2)洞口根据具体情况采取设防护栏杆、加盖件、张挂安全网与装栅门等措施时,必须符合下列要求:

1)楼板、屋面和平台等面上短边尺寸小于 25cm 但大于 2.5cm 的孔口,必须用坚实的盖板盖没。盖板应能防止挪动移位。

2)楼板面等处边长为 25~50cm 的洞口、安装预制构件时的洞口以及缺件临时形成的洞口,可用竹、木等作盖板,盖住洞口。盖板须能保持周围搁置均衡,并有固定其位置的措施。

3) 边长为50~150cm 的洞口。必须设置以扣件扣接钢管而成的网格,并在其上满铺竹笆或脚手板。也可采用贯穿于混凝土板内的钢筋构成防护网,钢筋网格间距不得大于20cm。

4) 边长在150cm 以上的洞口,四周设防护栏杆,洞口下张设安全网。

5) 垃圾井道和烟道,应随楼层的砌筑或安装而消除洞口,或参照预留洞口作防护。管道井施工时,除按以上要求办理外,还应加设明显的标志。如有临时性拆移,需经施工负责人核准,工作完毕后必须恢复防护设施。

6) 位于车辆行驶道旁的洞口、深沟与管道坑、槽,所加盖板应能承受不小于当地额定卡车后轮有效承载力2倍的荷载。

7) 墙面等处的竖向洞口,凡落地的洞口应加装开关式、工具式或固定式的防护门,门栅网格的间距不应大于15cm,也可采用防护栏杆,下设挡脚板(笆)。

8) 下边沿至楼板或底面低于80cm 的窗台等竖向洞口,如侧边落差大于2m时,应加设1.2m 高的临时护栏。

9) 对邻近的人与物有坠落危险性的其他竖向的孔、洞口。均应予以盖设或加以防护,并有固定其位置的措施。

第4讲 攀登作业的安全防护

(1) 在施工组织设计中应确定用于现场施工的登高和攀登设施。现场登高应借助建筑结构或脚手架上的登高设施,也可采用载人的垂直运输设备。进行攀登作业时可使用梯子或采用其他攀登设施。

(2) 柱、梁和行车梁等构件吊装所需的直爬梯及其他登高用拉攀件,应在构件施工图或说明内作出规定。

(3) 攀登的用具,结构构造上必须牢固可靠。供人上下的踏板其使用荷载不应大于1100N。当梯面上有特殊作业,重量超过上述荷载时,应按实际情况加以验算。

(4) 移动式梯子,均应按现行的国家标准验收其质量。

(5) 梯脚底部应坚实,不得垫高使用。梯子的上端应用有固定措施。立梯工作角度以75°±5°为宜,踏板上下间距以30cm 为宜,不得有缺档。

(6) 梯子如需接长使用,必须有可靠的连接措施,且接头不得超过一处。连接后梯梁的强度,不应低于单梯梯梁的强度。

(7) 折梯使用时上部夹角以35°~45°为宜,铰链必须牢固,并应有可靠的拉撑措施。

(8) 固定式直爬梯应用金属材料制成。梯宽不应大50cm,支撑应采用不小于

∟70×6 的角钢，埋设与焊接均必须牢固。梯子顶端的踏棍应与攀登的顶面齐平，并加设 1～1.5m 高的扶手。

使用直爬梯进行攀登作业时，攀登高度以 5m 为宜。超过 2m 时，宜加设护笼，超过 8m 时，必须设置梯间平台。

（9）作业人员应从规定的通道上下，不得在阳台之间等非规定通道进行攀登，也不得任意利用吊车臂架等施工设备进行攀登。

上下梯子时，必须面向梯子，且不得手持器物。

（10）钢柱安装登高时，应使用钢挂梯或设置在钢柱上的爬梯。挂梯构造见图 8—1。

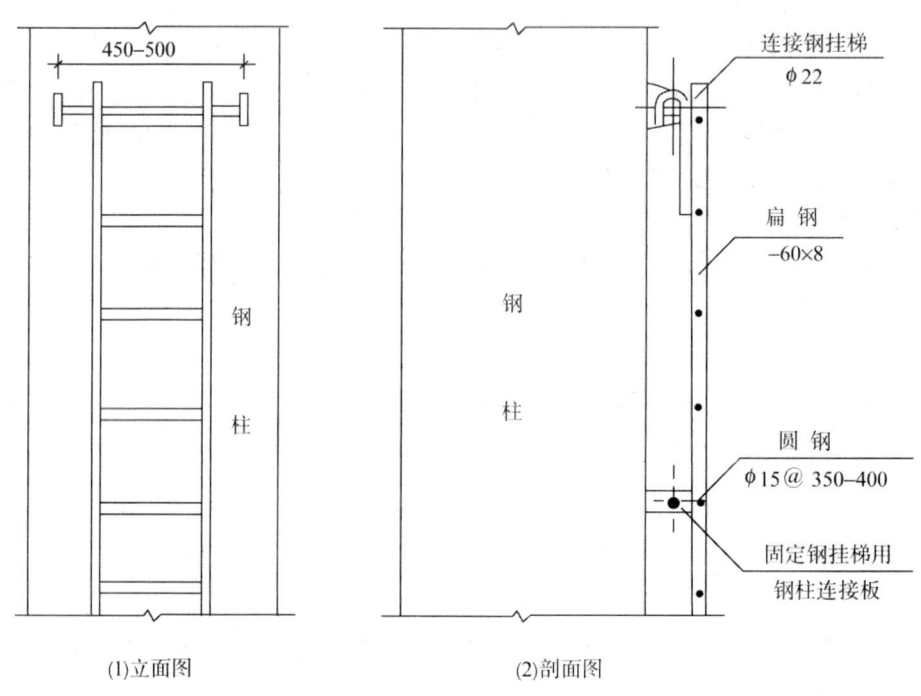

图 8—1 钢柱登高挂梯（单位：mm）

钢柱的接柱应使用梯子或操作台，操作台横杆高度，当无电焊防风要求时，其高度不宜小于 1m、有电焊防风要求时，其高度不宜小于 1.8m，见图 8—2。

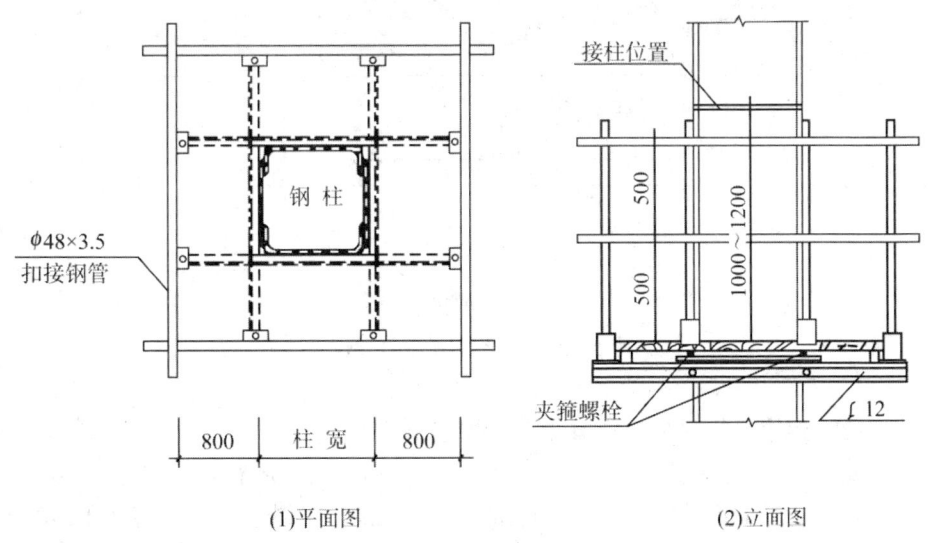

图 8—2 钢柱接柱用操作台（单位：mm）

（11）登高安装钢梁时，应视钢梁高度，在两端设置挂梯或搭设钢管脚手架，构造形式参见图 8—3。

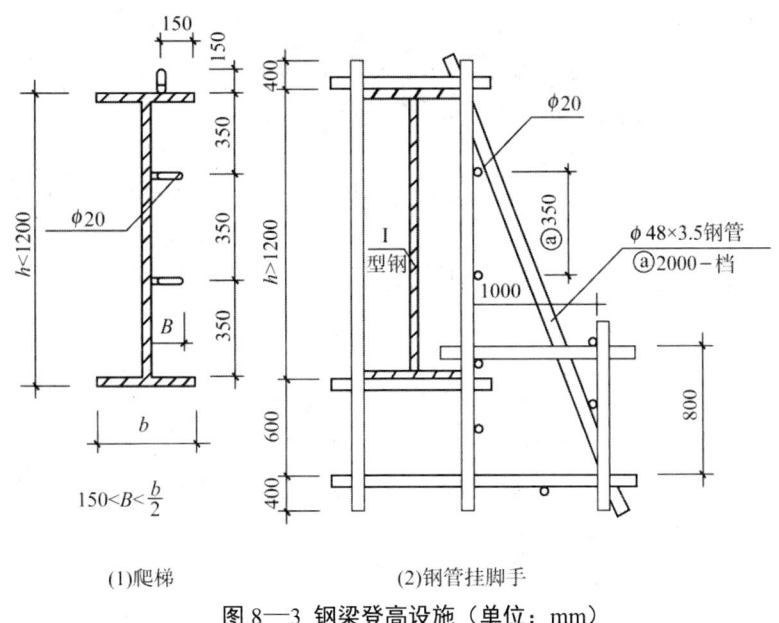

图 8—3 钢梁登高设施（单位：mm）

梁面上需行走时，其一侧的临时护栏横杆可采用钢索，当改用扶手绳时，绳的自然下垂度不应大于 $L/20$，并应控制在 10cm 以内，见图 8—4。L 为绳的长度。

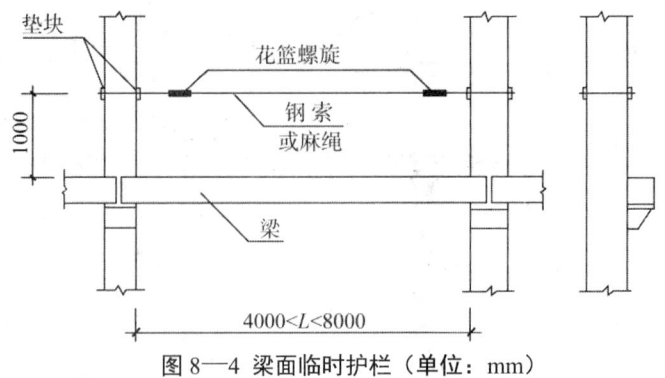

图8—4 梁面临时护栏（单位：mm）

（12）钢屋架的安装，应遵守下列规定：

1）在屋架上下弦登高操作时，对于三角形屋架应在屋脊处，梯形屋架应在两端，设置攀登时上下的梯架。材料可选用毛竹或原木，踏步间距不应大于40cm，毛竹梢径不应小于70mm。

2）屋架吊装以前，应在上弦设置防护栏杆。

3）屋架吊装以前，应预先在下弦挂设安全网；吊装完毕后，即将安全网铺设固定。

第5讲 悬空作业的安全防护

（1）悬空作业处应有牢靠的立足处并必须视具体情况，配置防护栏网、栏杆或其他安全设施。

（2）悬空作业所用的索具、脚手板、吊篮、吊笼、平台等设备，均需经过技术鉴定或检证方可使用。

（3）构件吊装和管道安装时的悬空作业，必须遵守下列规定：

1）钢结构的吊装，构件应尽可能在地面组装，并应搭设进行临时固定、电焊、高强螺栓连接等工序的高空安全设施，随构件同时上吊就位。拆卸时的安全措施，亦应一并考虑和落实。高空吊装预应力钢筋混凝土屋架、桁架等大型构件前，也应搭设悬空作业中所需的安全设施。

2）悬空安装大模板、吊装第一块预制构件、吊装单独的大中型预制构件时，必须站在操作平台上操作。吊装中的大模板和预制构件以及石棉水泥板等屋面板上，严禁站人和行走。

3）安装管道时必须有已完结构或操作平台为立足点，严禁在安装的管道上站立和行走。

（4）模板支撑和拆卸时的悬空作业，必须遵守下列规定：

1）支模应按规定的作业程序进行，模板未固定前不得进行下一道工序。严禁在连接件和支撑件上攀登上下，并严禁在上下同一垂直面上装、拆模板。结构复杂的模板，装、拆应严格按照施工组织设计的措施进行。

2）支设高度在 3m 以上的柱模板，四周应设斜撑，并应设立操作平台。低于 3m 的可使用马凳操作。

3）支设悬挑形式的模板时，应有稳固的立足点。支设临空构筑物模板时，应搭设支架或脚手架。模板上有预留洞时，应在交装后将洞盖没。混凝土板上拆模后形成的临边或洞口，应按本节进行防护。拆模高处作业，应配置登高用具或搭设支架。

（5）钢筋绑扎时的悬空作业，必须遵守下列规定：

1）绑扎钢筋和安装钢筋骨架时，必须搭设脚手架和马道。

2）绑扎圈梁、挑梁、挑檐、外墙和边柱等钢筋时，应搭设操作台和张挂安全网。

悬空大梁钢筋的绑扎，必须在满铺脚手板的支架或操作平台上操作。

3）绑扎立柱和墙体钢筋时，不得站在钢筋骨架上或攀登骨架上下。3m 以内的柱钢筋，可在地面或楼面上绑扎，整体竖立。绑扎 3m 以上的柱钢筋，必须搭设操作平台。

（6）混凝土浇筑时的悬空作业，必须遵守下列规定：

1）浇筑离地 2m 以上框架、过梁、雨篷和小平台时，应设操作平台，不得直接站在模板或支撑件上操作。

2）浇筑拱形结构，应自两边拱脚对称地相向进行。浇筑储仓，下口应先行封闭，并搭设脚手架以防人员坠落。

3）特殊情况下如无可靠的安全设施，必须系好安全带并扣好保险钩，或架设安全网。

（7）进行预应力张拉的悬空作业时，必须遵守下列规定：

1）进行预应力张拉时，应搭设站立操作人员和设置张拉设备用的牢固可靠的脚手架或操作平台。

2）预应力张拉区域应标明显的安全标志，禁止非操作人员进入。张拉钢筋的两端必须设置挡板。挡板应距所张拉钢筋的端部 1.5~2m，且应高出最上一组张拉钢筋 0.5m，其宽度应距张拉钢筋两外侧各不小于 1m。

3）孔道灌浆应按预应力张拉安全设施的有关规定进行。

（8）悬空进行门窗作业时，必须遵守下列规定：

1）安装门、窗、油漆及安装玻璃时，严禁操作人员站在橙子、阳台栏板上操作。门、窗临时固定，封填材料未达到强度，以及电焊时，严禁手拉门、窗进行攀登。

2）在高处外墙安装门、窗，无外脚手架时，应张挂安全网。无安全网时，操作人员应系好安全带，其保险钩应挂在操作人员上方的可靠物件上。

3）进行各项窗口作业时，操作人员的重心应位于室内，不得在窗台上站立，必要时应系好安全带进行操作。

第6讲 操作平台的安全防护

(1) 移动式操作平台,必须符合下列规定:

1) 操作平台应由专业技术人员按现行的相应规范进行设计,计算书及图纸应编入施工组织设计。

2) 操作平台的面积不应超过 $10m^2$。高度不应超过 5m。还应进行稳定验算,并采取措施减少立柱的长细比。

3) 装设轮子的移动式操作平台,轮子与平台的接合处应牢固可靠,立柱底端离地面不得超过 80mm。

4) 操作平台可采用 ϕ(48~51)×3.5mm 钢管以扣件连接,亦可采用门式或承插式钢管脚手架部件,按产品使用要求进行组装。平台的次梁,间距不应大于 40cm;台面应满铺 3cm 厚的木板或竹笆。

5) 操作平台四周必须按临边作业要求设置防护栏杆,并应布置登高扶梯。

(2) 悬挑式钢平台,必须符合下列规定:

1) 悬挑式钢平台应按现行的相应规范进行设计,其结构构造应能防止左右晃动,计算书及图纸应编入施工组织设计。

2) 悬挑式钢平台的搁支点与上部拉结点,必须位于建筑物上,不得设置在脚手架等施工设备上。

3) 斜拉杆或钢丝绳,构造上宜两边各设前后两道,两道中的每一道均应作单道受力计算。

4) 应设置 4 个经过验算的吊环。吊运平台时应使用卡环,不得使吊钩直接钩挂吊环。吊环应用甲类 3 号沸腾钢制作。

5) 钢平台安装时,钢丝绳应采用专用的挂钩挂牢,采取其他方式时卡头的卡子不得少于 3 个。建筑物锐角利口围系钢丝绳处应加衬软垫物,钢平台外口应略高于内口。

6) 钢平台左右两侧必须装置固定的防护栏杆。

7) 钢平台吊装,需待横梁支撑点电焊固定,接好钢丝绳调整完毕,经过检查验收,方可松卸起重吊钩,上下操作。

8) 钢平台使用时,应有专人进行检查,发现钢丝绳有锈蚀损坏应及时调换,焊缝脱焊应及时修复。

(3) 操作平台上应显著地标明容许荷载值。操作平台上人员和物料的总重量,严禁超过设计的容许荷载。应配备专人加以监督。

第7讲 交叉作业的安全防护

（1）支模、粉刷、砌墙等各工种进行上下立体交叉作业时，不得在同一垂直方向上操作，下层作业的位置，必须处于依上层高度确定的可能坠落范围半径之外。不符合以上条件时，应设置安全防护层。

（2）钢模板、脚手架等拆除时，下方不得有其他操作人员。

（3）钢模板部件拆除后，临时堆放处离楼层边沿不得超过 1m，堆放高度不得超过 1m。楼层边口、通道口、脚手架边缘严禁堆放任何拆下物件。

（4）结构施工自二层起，凡人员进出的通道口（包括井架、施工用电梯的进出通道口）均应搭设安全防护棚。高度超过 24m 的层次上的交叉作业，应设双层防护。

（5）由于上方施工可能坠落物件或处于起重机把杆回转范围之内的通道，在其受影响的范围内，必须搭设顶部能防止穿透的双层防护廊。

第8讲 高处作业安全防护设施的验收

（1）建筑施工进行高处作业之前，应进行安全防护设施的逐项检查和验收。验收合格后，方可进行高处作业。验收也可分层进行或分阶段进行。

（2）安全防护设施应由单位工程负责人验收，并组织有关人员参加。

（3）安全防护设施的验收，应具备下列资料：

1）施工组织设计及有关验算数据；

2）安全防护设施验收记录；

3）安全防护设施变更记录及签证。

（4）安全防护设施的验收，主要包括以下内容：

1）所有临边、洞口等各类技术措施的设置状况；

2）技术措施所用的配件、材料和工具的规格和材质；

3）技术措施的节点构造及其与建筑物的固定情况；

4）扣件和连接件的紧固程度；

5）安全防护设施的用品及设备的性能与质量是否合格的验证。

（5）安全防护设施的验收应按类别逐项查验，并作出验收记录。凡不符合规定者，必须修整合格后再行查验。施工工期内还应定期进行抽查。

第2单元 外电线路及电气设备防护

第1讲 电工及用电人员安全基本要求

(1) 临时用电工程应定期检查。定期检查时,应复查接地电阻值和绝缘电阻值。

(2) 临时用电工程定期检查应按分部、分项工程进行,对安全隐患必须及时处理,并应履行复查验收手续。

(3) 安装、巡检、维修或拆除临时用电设备和线路,必须由电工完成,并应有人监护。电工等级应同工程的难易程度和技术复杂性相适应。

(4) 电工必须经过按国家现行标准考核合格后,持证上岗工作;其他用电人员必须通过相关安全教育培训和技术交底,考核合格后方可上岗工作。

(5) 各类用电人员应掌握安全用电基本知识和所用设备的性能,并应符合下列要求。

1) 保管和维护所用设备,发现问题及时报告解决。

2) 移动电气设备时,必须经电工切断电源并做妥善处理后进行。

3) 暂时停用设备的开关箱必须分断电源隔离开关,并应关门上锁。

4) 使用电气设备前必须按规定穿戴和配备好相应的劳动防护用品,并应检查电气装置和保护设施,严禁设备带"缺陷"运转。

第2讲 外电线路防护

(1) 在建工程(含脚手架)的周边与外电架空线路的边线之间的最小操作安全距离应符合规定。

(2) 在建工程不得在外电架空线路正下方施工、搭设作业棚、建造生活设施或堆放构件、架具、材料及其他杂物等。

(3) 施工现场的机动车道与外电架空线路交叉时,架空线路的最低点与路面的最小垂直距离应符合表8—1规定。

表8—1 施工现场的机动车道与架空线路交叉时的最小垂直距离

外电线路电压等级/kV	<1	1~10	35
最小垂直距离/m	6.0	7.0	7.0

(4) 施工现场开挖沟槽边缘与外电埋地电缆沟槽边缘之间的距离不得小于

0.5m。

(5) 起重机严禁越过无防护设施的外电架空线路作业。在外电架空线路附近吊装时，起重机的任何部位或被吊物边缘在最大偏斜时与架空线路边线的最小安全距离应符合规定。

(6) 防护设施与外电线路之间的安全距离不应小于表 8—2 所列数值。

表 8—2　防护设施与外电线路之间的最小安全距离

外电线路电压等级/kV	≤10	35	110	220	330	500
最小安全距离/m	1.7	2.0	2.5	4.0	5.0	6.0

(7) 防护设施应坚固、稳定，且对外电线路的隔离防护应达到 IP30 级。

(8) 在外电架空线路附近开挖沟槽时，必须会同有关部门采取加固措施，防止外电架空线路电杆倾斜、悬倒。

(9) 当施工现场防护设施与外电线路直接最小安全距离无法实现时，必须与有关部门协商，采取停电、迁移外电线路或改变工程位置等措施，未采取上述措施的严禁施工。

第 3 讲　电气设备防护

电气设备设置场所应能避免物体打击和机械损伤，否则应做防护处置；电气设备现场周围不得存放易燃易爆物、污源和腐蚀介质，否则应予清除或做防护处置，其防护等级必须与环境条件相适应。

第 3 单元　施工现场临电接地与防雷

第 1 讲　基本要求

(1) 施工现场的临时用电电力系统严禁利用大地做相线或零线。

(2) 相线、N 线、PE 线的颜色标记必须符合以下规定：相线 L1（A）、L2（B）、L3（C）相序的绝缘颜色依次为黄、绿、红色；N 线的绝缘颜色为淡蓝色；PE 线的绝缘颜色为绿/黄双色。任何情况下上述颜色标记严禁混用和互相代用。

(3) 在施工现场专用变压器的供电的 TN-S 接零保护系统中，电气设备的金属外壳必须与保护零线连接。保护零线应由工作接地线、配电室（总配电箱）电源侧零线或总漏电保护器电源侧零线处引出。

（4）接地装置的设置应考虑土壤干燥或冻结等季节变化的影响，并应符合表8—3的要求，防雷装置的冲击接地电阻值只考虑在雷雨季节中土壤干燥状态的影响。

表8—3 接地装置的季节系数 φ 值

埋 深 /m	φ	
	水平接地体	长2~3m的垂直接地体
0.5	1.4~1.8	1.2~1.4
0.8~1.0	1.25~1.45	1.15~1.3
2.5~3.0	1.0~1.1	1.0~1.1

注：大地比较干燥时，取表中较小值；比较潮湿时，取表中较大值。

（5）使用一次侧由50V以上电压的接零保护系统供电，二次侧为50V及以下电压的安全隔离变压器时，二次侧不得接地，并应将二次线路用绝缘管保护或采用橡皮护套软线。

当采用普通隔离变压器时，其二次侧一端应接地，且变压器正常不带电的外露可导电部分应与一次回路保护零线相连接。

以上变压器尚应采取防直接接触带电体的保护措施。

（6）PE线所用材质与相线、工作零线（N线）相同时，其最小截面应符合表8—4的规定。

表8—4 PE线截面与相线截面的关系

相线芯线截面 S/mm^2	PE线最小截面/mm^2
$S \leq 16$	5
$16 < S \leq 35$	16
$S > 35$	$S/2$

（7）保护零线必须采用绝缘导线。配电装置和电动机械相连接的PE线应为截面积不小于2.5mm^2的绝缘多股铜线。手持式电动工具的PE线应为截面积不小于1.5mm^2的绝缘多股铜线。

（8）PE线上严禁装设开关或熔断器，严禁通过工作电流，且严禁断线。

（9）当施工现场与外电线路共用同一供电系统时，电气设备的接地、接零保护应与原系统保持一致；不得一部分设备做保护接零，另一部分设备做保护接地；采用TN系统做保护接零时，工作零线（N线）必须通过总漏电保护器，保护零线（PE线）必须由电源进线零线重复接地处或总漏电保护器电源侧零线处，引出形成局部TN-S接零保护系统。

（10）在TN接零保护系统中，通过总漏电保护器的工作零线与保护零线之间不得再做电气连接；在 TN 接零保护系统中，PE 零线应单独敷设。重复接地线必须与 PE 线相连接，严禁与 N 线相连接。

第 2 讲　保护接零

（1）城防、人防、隧道等潮湿或条件特别恶劣施工现场的电气设备必须采用保护接零。

（2）在 TN 系统中，下列电气设备不带电的外露可导电部分，可不做保护接零。

1）安装在配电柜、控制柜金属框架和配电箱的金属箱体上，且与其可靠电气连接的电气测量仪表、电流互感器、电器的金属外壳。

2）在木质、沥青等不良导电地坪的干燥房间内，交流电压 380V 及以下的电气装置金属外壳（当维修人员可能同时触及电气设备金属外壳和接地金属物件时除外）。

（3）在 TN 系统中，下列电气设备不带电的外露可导电部分应做保护接零。

1）配电柜与控制柜的金属框架。

2）电气设备传动装置的金属部件。

3）电机、变压器、电器、照明器具、手持式电动工具的金属外壳。

4）配电装置的金属箱体、框架及靠近带电部分的金属围栏和金属门。

5）安装在电力线路杆（塔）上的开关、电容器等电气装置的金属外壳及支架。

6）电力线路的金属保护管、敷线的钢索、起重机的底座和轨道、滑升模板金属操作平台等。

第 3 讲　接地与接地电阻

（1）移动式发电机供电的用电设备，其金属外壳或底座应与发电机电源的接地装置有可靠的电气连接。

（2）在 TN 系统中，严禁将单独敷设的工作零线再做重复接地。

（3）每一接地装置的接地线应采用两根及以上导体，在不同点与接地体做电气连接；不得采用铝导体做接地体或地下接地线。垂直接地体宜采用角钢、钢管或光面圆钢，不得采用螺纹钢；接地可利用自然接地体，但应保证其电气连接和热稳定。

（4）TN 系统中的保护零线除必须在配电室或总配电箱处做重复接地外，还必须在配电系统的中间处和末端处做重复接地；在 TN 系统中，保护零线每一处重复接地装置的接地电阻值不应大于 10Ω。在工作接地电阻值允许达到 10Ω 的电力系统中，所有重复接地的等效电阻值不应大于 10Ω。

(5) 单台容量超过 100kV·A 或使用同一接地装置并联运行且总容量超过 100kV·A 的电力变压器或发电机的工作接地电阻值不得大于 4Ω；

单台容量不超过 100kV·A 或使用同一接地装置并联运行且总容量不超过 100kV·A 的电力变压器或发电机的工作接地电阻值不得大于 10Ω；

在土壤电阻率大于 1000Ω·m 的地区，当达到上述接地电阻值有困难时，工作接地电阻值可提高到 30Ω。

(6) 在有静电的施工现场内，对集聚在机械设备上的静电应采取接地泄漏措施。每组专设的静电接地体的接地电阻值不应大于 100Ω，高土壤电阻率地区不应大于 1000Ω。

(7) 移动式发电机系统接地应符合电力变压器系统接地的要求。下列情况可不另做保护接零。

1) 不超过两台的用电设备由专用的移动式发电机供电，供、用电设备间距不超过 50m，且供、用电设备的金属外壳之间有可靠的电气连接时。

2) 移动式发电机和用电设备固定在同一金属支架上，且不供给其他设备用电时。

第4讲 防雷

(1) 施工现场内的起重机、井字架、龙门架等机械设备，以及钢脚手架和正在施工的在建工程等的金属结构，当在相邻建筑物、构筑物等设施的防雷装置接闪器的保护范围以外时，应按表 8—5 的规定安装防雷装置；当最高机械设备上避雷针（接闪器）的保护范围能覆盖其他设备，且又最后退出现场，则其他设备可不设防雷装置。

表 8—5 施工现场内机械设备及高架设施需安装防雷装置的规定

地区年平均雷暴日/d	机械设备高度/m
≤15	≥50
>15, <40	≥32
≥40, <90	≥20
≥90 及雷害特别严重地区	≥12

(2) 机械设备上的避雷针（接闪器）长度应为 1~2m。塔式起重机可不另设避雷针（接闪器）。

(3) 做防雷接地机械上的电气设备，所连接的 PE 线必须同时做重复接地，同一台机械电气设备的重复接地和机械的防雷接地可共用同一接地体，但接地电阻应符合重复接地电阻值的要求。

(4) 安装避雷针（接闪器）的机械设备，所有固定的动力、控制、照明、信号及通信线路，宜采用钢管敷设。钢管与该机械设备的金属结构体应做电气连接。

(5) 机械设备或设施的防雷引下线可利用该设备或设施的金属结构体，但应保证电气连接。

(6) 施工现场内所有防雷装置的冲击接地电阻值不得大于 30Ω。

(7) 在土壤电阻率低于 $200\Omega\cdot m$ 区域的电杆可不另设防雷接地装置，但在配电室的架空进线或出线处应将绝缘子铁脚与配电室的接地装置相连接。

第 4 单元　施工照明用电安全

第 1 讲　基本要求

(1) 无自然采光的地下大空间施工场所，应编制单项照明用电方案。

(2) 照明器的选择必须按下列环境条件确定。

1) 有酸碱等强腐蚀介质场所，选用耐酸碱型照明器。

2) 含有大量尘埃但无爆炸和火灾危险的场所，选用防尘型照明器。

3) 正常湿度一般场所，选用开启式照明器。

4) 潮湿或特别潮湿场所，选用密闭型防水照明器或配有防水灯头的开启式照明器。

5) 存在较强振动的场所，选用防振型照明器。

6) 有爆炸和火灾危险的场所，按危险场所等级选用防爆型照明器。

(3) 照明器具和器材的质量应符合国家现行有关强制性标准的规定，不得使用绝缘老化或破损的器具和器材。

(4) 现场照明应采用高光效、长寿命的照明光源。对需大面积照明的场所，应采用高压汞灯、高压钠灯或混光用的卤钨灯等。

(5) 在坑、洞、井内作业、夜间施工或厂房、道路、仓库、办公室、食堂、宿舍、料具堆放场及自然采光差等场所，应设一般照明、局部照明或混合照明；在一个工作场所内，不得只设局部照明；停电后，操作人员需及时撤离的施工现场，必须装设自备电源的应急照明。

第 2 讲　照明供电

(1) 室内、室外照明线路的敷设应符合国家标准相关要求。

(2) 使用行灯应符合下列要求：

1) 灯体与手柄应坚固、绝缘良好并耐热耐潮湿；

2）灯泡外部有金属保护网；

3）灯头与灯体结合牢固，灯头无开关；

4）电源电压不大于36V；

5）金属网、反光罩、悬吊挂钩固定在灯具的绝缘部位上。

(3) 工作零线截面应按下列规定选择。

1）三相四线制线路中，当照明器为白炽灯时，零线截面不小于相线截面的50%；当照明器为气体放电灯时，零线截面按最大负载相的电流选择。

2）在逐相切断的三相照明电路中，零线截面与最大负载相相线截面相同。

3）单相二线及二相二线线路中，零线截面与相线截面相同。

(4) 携带式变压器的一次侧电源线应采用橡皮护套或塑料护套铜芯软电缆，中间不得有接头，长度不宜超过3m，其中绿/黄双色线只可作PE线使用，电源插销应有保护触头。

(5) 远离电源的小面积工作场地、道路照明、警卫照明或额定电压为12～36V照明的场所，其电压允许偏移值为额定电压值的-10%～5%；其余场所电压允许偏移值为额定电压值的±5%。

(6) 照明系统宜使三相负荷平衡，其中每一单相回路上，灯具和插座数量不宜超过25个，负荷电流不宜超过15A。

(7) 下列特殊场所应使用安全特低电压照明器。

1）特别潮湿场所、导电良好的地面、锅炉或金属容器内的照明，电源电压不得大于12V。

2）潮湿和易触及带电体场所的照明，电源电压不得大于24V。

3）隧道、人防工程、高温、有导电灰尘、比较潮湿或灯具离地面高度低于2.5m等场所的照明，电源电压不应大于36V。

(8) 照明变压器必须使用双绕组型安全隔离变压器，严禁使用自耦变压器。

(9) 一般场所宜选用额定电压为220V的照明器。

第3讲 照明装置

(1) 暂设工程的照明灯具宜采用拉线开关控制，开关安装位置宜符合下列要求。

1）其他开关距地面高度为1.3m，与出入口的水平距离为0.15～0.2m。

2）拉线开关距地面高度为2～3m，与出入口的水平距离为0.15～0.2m，拉线的出口向下。

(2) 螺口灯头及其接线应符合下列要求。

1）相线接在与中心触头相连的一端，零线接在与螺纹口相连的一端。

2）灯头的绝缘外壳无损伤、无漏电。

(3)室外220V灯具距地面不得低于3m,室内220V灯具距地面不得低于2.5m。

普通灯具与易燃物距离不宜小于300mm；聚光灯、碘钨灯等高热灯具与易燃物距离不宜小于500mm,且不得直接照射易燃物。达不到规定安全距离时，应采取隔热措施。

(4)碘钨灯及钠、铊、铟等金属卤化物灯具的安装高度宜在3m以上，灯线应固定在接线柱上，不得靠近灯具表面。

(5)投光灯的底座应安装牢固，应按需要的光轴方向将枢轴拧紧固定。

(6)对夜间影响飞机或车辆通行的在建工程及机械设备，必须设置醒目的红色信号灯，其电源应设在施工现场总电源开关的前侧，并应设置外电线路停止供电时的应急自备电源。

(7)荧光灯管应采用管座固定或用吊链悬挂。荧光灯的镇流器不得安装在易燃的结构物上。

(8)灯具内的接线必须牢固，灯具外的接线必须做可靠的防水绝缘包扎。

(9)路灯的每个灯具应单独装设熔断器保护。灯头线应做防水弯。

(10)灯具的相线必须经开关控制，不得将相线直接引入灯具。

(11)照明灯具的金属外壳必须与PE线相连接，照明开关箱内必须装设隔离开关、短路与过载保护电器和漏电保护器。

参 考 文 献

[1] 中华人民共和国住房和城乡建设部. 建筑与市政工程施工现场专业人员职业标准（JGJ/T 250-2011）[S]. 北京：中国建筑工业出版社，2011.

[2] 北京土木建筑学会. 安全员必读. [M]. 北京：中国电力出版社，2013.

[3] 本书编委会. 建筑施工手册 [M]. 5 版. 北京：中国建筑工业出版社，2012.

[4] 江苏省建设教育协会. 安全员专业管理实务 [M]. 北京：中国建筑工业出版社，2014.

[5] 中华人民共和国住房和城乡建设部. 混凝土结构工程施工规范（GB 50666-2011）[S]. 北京：中国建筑工业出版社，2011.

[6] 本书编委会. 现行建筑施工规范大全. 第 5 册. 质量验收·安全卫生 [M]. 北京：中国建筑工业出版社，2014.